中等职业学校规划教材
获中国石油和化学工业优秀教材奖一等奖

化 工 分 析

第四版

张振宇　姚金柱　主编

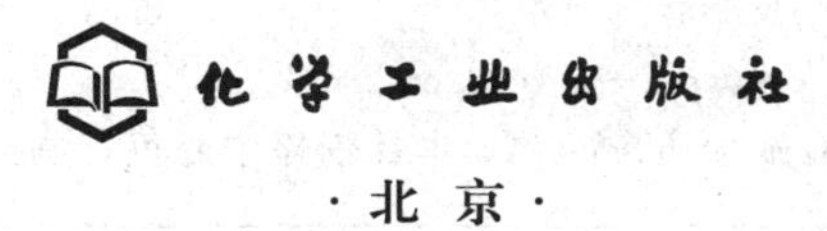

·北京·

本书是在《化工分析》第三版基础上修订而成的，主要内容涵盖常用的各类滴定分析法、电位分析、吸光光度分析、气相色谱分析和化工产品质量检验等，包括定量分析的基本原理、操作技术和33个典型实验项目。

本教材符合中职教育的需求，内容简明、实用、便于教学。这次修订突出了技能培养要求和操作层面的讲述，做到实验内容与技术标准及生产检验规程相一致，以利于培养分析检验的职业能力，满足毕业生零距离上岗就业的需要。

本教材可供中等职业学校化工类及相关专业教学使用，也可作为化工企业在职分析化验人员的培训用书。

图书在版编目（CIP）数据

化工分析/张振宇，姚金柱主编．—4版．—北京：化学工业出版社，2015.1（2025.1重印）

中等职业学校规划教材

ISBN 978-7-122-22237-4

Ⅰ.①化… Ⅱ.①张…②姚… Ⅲ.①化学工业-分析方法-中等专业学校-教材 Ⅳ.①TQ014

中国版本图书馆CIP数据核字（2014）第254155号

责任编辑：陈有华　　文字编辑：刘志茹

责任校对：吴　静　　装帧设计：王晓宇

出版发行：化学工业出版社（北京市东城区青年湖南街13号　邮政编码100011）

印　　刷：北京云浩印刷有限责任公司

装　　订：三河市振勇印装有限公司

850mm×1168mm　1/32　印张11¼　字数291千字

2025年1月北京第4版第13次印刷

购书咨询：010-64518888　　售后服务：010-64518899

网　　址：http：//www.cip.com.cn

凡购买本书，如有缺损质量问题，本社销售中心负责调换。

定　　价：30.00元

前言
FOREWORDS

本书面世二十多年来，历经三次再版多次印刷，2008 年荣获“中国石油和化学工业优秀教材奖一等奖”。这是广大中等职业学校师生和相关企业分析检验人员关注和支持的结果。在此向采用本书的学校、企业和读者朋友表示诚挚的谢意，感谢大家对本书的认同和厚爱。

随着我国经济社会发展的需求，职业教育越来越受到重视。努力培养高素质劳动者和技术技能型人才是职业教育的迫切任务。中等职业教育需要编写基础知识够用，注重操作技能教学的教材，并在教学实践中反复训练，以培养出胜任生产检验一线工作的操作人员。这就是本书修订的宗旨。

本书符合中等职业教育的需求，内容简明实用，既利于教师教，又利于学生学。这次修订保持原书的体例架构和编写风格，主要在以下几方面进行修改和加强。

1. 按照国家标准和化工行业标准的最新版本，规范有关术语、分析方法和操作步骤，力求做到教材内容与技术标准及现场检验规程相一致。同时指出标准资料的来源和检索方法，培养学生的查阅能力，获得举一反三的学习效果。

2. 强调技能目标和训练环节的要求，充实操作层面的描述，并贯彻到具体实验项目之中。如气相色谱柱的制备、安装，进样技术等，使学生在学校实验室受到企业岗位分析人员的训练，以满足毕业生就业的需要。

3. 删去陈旧的仪器。限于教材篇幅和当前仪器厂商型号的多样化，这次修订更注重普及型仪器的使用方法。通过实验让学生熟练掌握常用仪器的操作技术。如有条件使用先进的智能化仪器，请深入学习仪器说明书。

4. 关于分析原理的讨论，尽量深入浅出，举例说明。力求讲清重点问题，突破教学难点。例如，不涉及活度、条件电位等概念；第五章增编一节"有关计算问题解析"，归纳出氧化还原滴定计算要领和步骤，以利于学生掌握。

5. 对各章末的"知识窗"内容进行了更新，简介其他分析方法、相关知识和发展趋势。以开阔学生视野，激发学习兴趣，引领学生学习更多的专业知识。

另外，与本书配套编写的《化工分析例题与习题》已经出版发行。该书包括典型例题解析、各类习题荟萃、技能测试项目和评分标准，为学生考取分析检验职业资格开辟了绿色通道。

这次修订，第一、第七、第八、第九、第十章由姚金柱执笔，第二、第三、第四、第五、第六章由聂英斌执笔。李刚绘制插图和预做新编实验。李伸荣、王延武负责调研并提供宝贵的生产实践资料。全书由张振宇统一修改定稿。

本书的修订工作，承蒙化学工业出版社、中国石油吉林石化公司质检部门和吉林工业职业技术学院工业分析与检验教研室的大力支持。陈立波副教授在百忙中审阅修改稿并提出建设性意见。在此一并表示衷心的感谢。

传承职业技能，彰显职教特色，这是教材编写者的共同夙愿。本次修订，难免还存在不足和疏漏，敬请各位同仁和读者朋友不吝指教。

编　者

2014 年 9 月

第一版前言

FOREWORDS

本书系根据化工部化工中专基础化学教材编审委员会1987年3月审定的化工分析教学大纲编写的，适用于四年制化工中专工艺类专业。与1980年出版的化工分析试用教材相比，本书具有以下特点。

按照教学大纲的规定，本书只编写化工分析课程的讲授内容。关于实验内容，单独编成实验教材，另册出版。根据化工工艺专业对分析课程的要求和少而精的原则，本书以滴定分析、吸光光度分析和气相色谱分析为重点，删去了称量分析和非水滴定等章，保留了气体分析一章。

根据中专教育的培养目标，本着“理论降调，加强实践”的精神，简明扼要地说明分析方法原理，应用部分力求结合化工生产实际。例如，以电离理论为起点，不讲酸碱质子理论；提出光吸收定律，但不推导公式；不讲气相色谱塔板理论和速率理论等。另一方面，充实了化工分析中比较适用的内容，如以中位值报告分析结果；汞量法测定氯化物；费休法测水；紫外光度法测定某些有机物等。

根据我国推行法定计量单位制的要求，本书主要采用物质的量浓度进行滴定分析的计算，采用了符合法定计量单位制的一些术语，并贯穿全书。考虑到学生可能查找文献资料的需要，在注释中简单介绍了当量浓度的概念以及和物质的量浓度之间的换算关系。

为了扩大学生视野，在阐述课程基本内容的同时，适当介绍一点近年来国内外分析技术的进展。例如，新的基准物质；滴定碳酸钠用混合指示剂；三元络合物在光度分析中的应用；气相色谱中的化学键合固定相等。书中一些专用名词术语，第一次出现时加注了英文。

书中在各章正文之后编写了“本章小结”，指出教学重点和必须掌握的基本问题，以利于学生复习巩固所学知识。每章最后都列出了较多的问题和习题，供学生思考和练习，以培养分析问题和解决问题的能力。

参加本书编写工作的有吉林化工学校张振宇（第一、二、三、七、八、九章），河北化工学校靳东来（第四、五、六章），并由张振宇统一修改定稿。

河北化工学校朱永泰担任主审。参加审稿的还有湖南化工学校柳明现，北京化工学校王芝，兰州化工学校毕务贤，徐州化工学校顾明华，常州化工学校黄一石、沈吕星。他们对初稿提出了宝贵的意见，特此一并致谢。

由于编者业务水平、教学经验有限，加之时间仓促，书中错误在所难免。特别是采用法定计量单位制以后一些计算公式的处理，理论教材与实验教材的衔接等方面可能有欠妥之处，欢迎读者提出批评和指正，不胜感谢。

编者

1988 年 2 月

第二版前言
FOREWORDS

《化工分析》作为化工中专教材，曾于1980年、1989年两次编写出版，并经多次重印，受到各校师生和广大读者的青睐。十多年来科学技术的发展和教育体制的变革对职业教育提出了新的要求。为适应中等职业学校培养高素质的劳动者和中初级专门人才的需要，笔者在1989年版的基础上重新编写了这本《化工分析》教材，作为化工中等职业学校工艺类专业教学用书，也可供与分析化验有关的其他专业或在职分析化验人员学习参考。

第二版《化工分析》与1989年版相比，具有以下特点。

1. 保留原教材的基本内容框架，吸取了原教材的精华。删去了气体分析一章，增加了电位分析和电导分析、化工产品质量检验等章。讲授内容与教学实验合编为一册，有利于理论教学与实验的融合，使用本书更为方便。

2. 适当降低教学起点，删去了活度、条件稳定常数、条件电极电位等偏深内容。涉及到理论问题以“必需”和“够用”为度，尽量简明扼要地说明分析方法的基本原理，重点立足于应用，加强学生实践技能的培养。

3. 采用我国法定单位制和现行国家标准。按照“等物质的量反应规则”进行滴定分析的计算；采用GB/T 14666—93推荐的分析化学术语和符号。例如，定量分析结果以质量分数、体积分数或质量浓度表示等。

4. 教学实验的编写兼顾到基本操作训练和按标准进行产品质量检验。删去了一些陈旧的实验，补充了国家标准中规定的一些通用分析方法，实验规程可靠、实用。书中提供的实验项目多于给定的学时，各校可结合专业需要决定取舍。

5. 教材注重对学生职业能力的培养。在每个实验项目中都编有“思考与讨论”；各章编有“本章要点”，指出教学重点、必须掌握的基本问题和基本技能；每章最后列出了“复习与练习”，以利于学生巩固所学知识和技能，培养分析问题和解决问题的能力。

本教材承河北化工学校朱永泰高级讲师审稿，并提出宝贵意见，对此表示衷心感谢。

限于笔者的水平，书中不足之处在所难免，恳请同行与读者提出批评指正。

编者

2001 年 6 月

第三版前言
FOREWORDS

《化工分析》作为中等职业学校化工类及相关专业的教材，以其简明、实用、便于教学而受到职校师生和企业分析化验人员的认可。至今，化学工业出版社已经印刷了 17 次，笔者十分感激广大读者对本书的选择和厚爱。为了满足蓬勃发展的职业教育培养技能型人才的需求，与时俱进，不断扬弃教材内容，强化职业能力培养，势在必行。

本书第三版保持了第二版的基本结构和编写特色，主要从以下几方面进行了修改和充实。

1. 在各章的开始，指出“知识目标”和“技能目标”的基本要求，在章末的小结中归纳出知识要点和技能训练环节，以明确教学目的，提升技能教学水平。

2. 编入了日趋普及的一些新型分析仪器，如电子分析天平、紫外-可见分光光度计和气相色谱仪等，并调整、更新了部分实验项目，其内容更符合生产实际和学生就业的需要。

3. 注重贯彻近年来新颁布的国家标准。采用 GB/T 14666—2003 推荐的分析化学术语；按照 GB/T 601—2002 等新标准规范标准滴定溶液和制剂的制备。

4. 补充了一些“复习与练习”题目，计算题给出了答案，以便学生复习巩固所学知识，自检学习效果。

5. 增编“知识窗”栏目，主要是简介与化工分析相关的知识、分析方法和新技术，以开阔学生视野，激发学习兴趣，引导中等职业的学生继续学习。

这次教材的修订，承蒙化学工业出版社教育分社和吉林工业职业技术学院实验中心的鼎力支持。王延武修订了本书的实验内容，李伸荣提供了极具价值的生产实际资料，李刚制作全书的电子文稿，姚金柱审阅了初稿并提出宝贵意见。在此表示诚挚的谢意。对于书中可能存在的不妥之处，欢迎同行和广大读者批评斧正。

编者

2007 年 4 月

目录
CONTENTS

第一章　绪论……………………………………………………… 1
第一节　化工分析的任务和方法………………………………… 1
一、化工分析的任务与作用……………………………………… 1
二、定量分析的方法……………………………………………… 3
三、分析实验用水和试剂………………………………………… 5
四、定量分析的一般过程………………………………………… 6
第二节　分析试样的采取与处理………………………………… 7
一、液体试样的采取……………………………………………… 7
二、气体试样的采取……………………………………………… 8
三、固体试样的采取、制备及溶解……………………………… 9
第三节　分析天平和称量方法 ………………………………… 10
一、双盘分析天平 ……………………………………………… 11
二、电子分析天平 ……………………………………………… 14
三、称量试样的方法 …………………………………………… 16
第四节　分析数据与误差问题 ………………………………… 17
一、定量分析结果的表示 ……………………………………… 17
二、分析的准确度与精密度 …………………………………… 18
三、误差的来源及减免方法 …………………………………… 21
四、有效数字及其处理规则 …………………………………… 22
实验1　分析天平的称量练习 ………………………………… 25
本章要点 ………………………………………………………… 27
复习与练习 ……………………………………………………… 28
知识窗　分析检验史话 ………………………………………… 30
第二章　滴定分析 ……………………………………………… 32
第一节　滴定分析的条件和方法 ……………………………… 32
一、滴定分析的基本条件 ……………………………………… 33

二、滴定分析的方法 …… 33
第二节　标准滴定溶液 …… 34
一、标准滴定溶液组成的表示方法 …… 35
二、标准滴定溶液的制备 …… 36
第三节　滴定分析的计算 …… 38
一、等物质的量反应规则 …… 38
二、计算示例 …… 40
第四节　滴定分析仪器及操作技术 …… 42
一、滴定管 …… 42
二、容量瓶 …… 47
三、吸量管 …… 49
实验2　滴定分析仪器的准备与操作练习 …… 51
本章要点 …… 54
复习与练习 …… 55
知识窗　公认的参照物——标准物质 …… 57
第三章　酸碱滴定法 …… 60
第一节　酸碱电离平衡 …… 61
一、酸碱水溶液的酸度 …… 61
二、水解性盐溶液 …… 63
三、酸碱缓冲溶液 …… 64
第二节　酸碱指示剂 …… 66
一、指示剂的变色原理 …… 66
二、常用的酸碱指示剂 …… 67
第三节　滴定曲线及指示剂的选择 …… 69
一、强酸或强碱的滴定 …… 70
二、弱酸或弱碱的滴定 …… 72
三、水解性盐的滴定 …… 75
第四节　酸碱滴定方式和应用 …… 76
一、直接滴定 …… 76

二、返滴定 …… 78
三、间接滴定 …… 79
实验 3 氢氧化钠标准滴定溶液的制备 …… 81
实验 4 乙酸溶液含量的分析 …… 84
实验 5 盐酸标准滴定溶液的制备 …… 85
实验 6 烧碱液中 NaOH 与 Na_2CO_3 含量的分析 …… 86
实验 7 铵盐纯度的测定 …… 88
实验 8 工业甲醛溶液含量分析 …… 90
实验 9 氨水中氨含量的分析 …… 91
本章要点 …… 92
复习与练习 …… 94
知识窗 在非水溶剂中滴定 …… 97
第四章 配位滴定法 …… 99
第一节 EDTA 及其分析特性 …… 100
一、EDTA 与金属离子的配位反应 …… 100
二、酸度对配位滴定的影响 …… 102
第二节 金属指示剂 …… 104
一、金属指示剂的作用原理 …… 104
二、常用的金属指示剂 …… 106
第三节 配位滴定方式和应用 …… 107
一、单组分含量的测定 …… 107
二、多组分含量的测定 …… 108
实验 10 EDTA 标准滴定溶液的制备 …… 110
实验 11 工业用水硬度的测定 …… 111
实验 12 混合液中铁、铝含量的测定 …… 113
本章要点 …… 115
复习与练习 …… 116
知识窗 重金属污染与防治 …… 118
第五章 氧化还原滴定法 …… 120

第一节　氧化还原滴定反应的条件…………………………………… 121
一、反应的自发方向……………………………………………………… 121
二、反应的完全程度……………………………………………………… 122
三、反应速率……………………………………………………………… 123
第二节　高锰酸钾法……………………………………………………… 124
一、滴定反应和条件……………………………………………………… 124
二、$KMnO_4$ 标准滴定溶液 ………………………………………… 126
三、应用实例……………………………………………………………… 127
第三节　碘量法…………………………………………………………… 128
一、滴定方法和条件……………………………………………………… 128
二、标准滴定溶液………………………………………………………… 130
三、应用实例……………………………………………………………… 131
第四节　其他氧化还原滴定法…………………………………………… 134
一、重铬酸钾法…………………………………………………………… 134
二、溴酸钾法……………………………………………………………… 136
第五节　有关计算问题解析……………………………………………… 137
一、标准溶液的基本单元………………………………………………… 137
二、被测物质的基本单元………………………………………………… 138
实验 13　高锰酸钾标准滴定溶液的制备 ……………………………… 141
实验 14　过氧化氢含量的分析 ………………………………………… 143
实验 15　硫代硫酸钠标准滴定溶液的制备 …………………………… 144
实验 16　硫酸铜含量的分析 …………………………………………… 145
实验 17　聚合硫酸铁中全铁的测定 …………………………………… 147
实验 18　卡尔·费休法测定化工产品中的微量水 ……………………… 149
本章要点…………………………………………………………………… 151
复习与练习………………………………………………………………… 153
知识窗　从滴定废液中回收碘、银和汞………………………………… 156
第六章　沉淀滴定和沉淀称量法………………………………………… 158
第一节　沉淀与溶解平衡………………………………………………… 158

一、溶度积规则…………………………………………… 158
二、沉淀完全的条件………………………………………… 160
三、分步沉淀………………………………………………… 161
四、沉淀的转化……………………………………………… 162
五、沉淀剂的选择…………………………………………… 163
第二节　沉淀滴定——银量法…………………………………… 164
一、莫尔法——铬酸钾作指示剂………………………………… 164
二、福尔哈德法——铁铵矾作指示剂…………………………… 166
三、法扬斯法——吸附指示剂…………………………………… 167
第三节　沉淀称量法……………………………………………… 167
一、试样的溶解与沉淀………………………………………… 167
二、沉淀的过滤和洗涤………………………………………… 169
三、沉淀的烘干和灼烧………………………………………… 172
四、分析结果的计算…………………………………………… 174
五、应用实例………………………………………………… 174
实验 19　硝酸银标准滴定溶液的制备和水中氯化物的测定 ………………………………………… 175
实验 20　硫酸钠含量的分析 ………………………………… 177
本章要点……………………………………………………… 179
复习与练习…………………………………………………… 180
知识窗　奇特的纳米材料……………………………………… 183
第七章　电位分析和电导分析……………………………… 185
第一节　电位测量用电极和仪器……………………………… 186
一、工作电池………………………………………………… 186
二、参比电极………………………………………………… 186
三、指示电极………………………………………………… 188
四、测量仪器………………………………………………… 191
第二节　直接电位法…………………………………………… 193
一、测定水溶液的 pH ………………………………………… 193

二、测定其他离子的含量 …… 195
第三节　电位滴定法 …… 196
一、仪器装置和操作 …… 196
二、滴定终点的确定方法 …… 197
三、应用实例 …… 199
第四节　电导分析法 …… 199
一、电导率和摩尔电导率 …… 199
二、电导的测量 …… 201
三、应用实例 …… 204
实验 21　电位法测定水溶液的 pH …… 205
实验 22　纯碱中少量氯化物的测定（银量-电位滴定法） …… 207
实验 23　电导法检测水的纯度 …… 209
本章要点 …… 210
复习与练习 …… 212
知识窗　微型电化学传感器 …… 214
第八章　吸光光度分析 …… 216
第一节　物质对光的选择性吸收 …… 216
一、光吸收的本质 …… 216
二、光吸收曲线 …… 218
三、光吸收定律 …… 219
第二节　显色反应及其应用 …… 221
一、显色剂的选择 …… 221
二、显色反应条件 …… 223
三、应用实例 …… 225
第三节　分光光度计及其操作 …… 227
一、仪器的构成 …… 227
二、可见分光光度计 …… 229
三、紫外-可见分光光度计 …… 232
四、光度测量条件的选择 …… 234

第四节　光度定量分析………………………………………… 235
一、标准溶液……………………………………………… 235
二、目视比色法…………………………………………… 236
三、标准曲线法…………………………………………… 237
四、标准对照法…………………………………………… 239
实验 24　液态化工产品色度的测定 ……………………… 240
实验 25　纯碱中微量铁的测定 …………………………… 242
实验 26　工业乙二醇中微量醛的测定 …………………… 244
实验 27　环己烷中微量苯的测定 ………………………… 247
本章要点……………………………………………………… 248
复习与练习…………………………………………………… 250
知识窗　有机化合物的“指纹”红外光谱………………… 252
第九章　气相色谱分析……………………………………… 254
第一节　气相色谱分离原理及条件………………………… 255
一、气固色谱法（GSC） ………………………………… 255
二、气液色谱法（GLC） ………………………………… 256
三、分离操作条件的选择………………………………… 258
第二节　气相色谱仪及其操作……………………………… 259
一、仪器的构成…………………………………………… 259
二、基本操作技术………………………………………… 263
第三节　定性和定量分析…………………………………… 269
一、色谱图及有关术语…………………………………… 269
二、定性分析……………………………………………… 271
三、定量分析……………………………………………… 271
四、色谱数据处理机的使用……………………………… 276
第四节　应用实例…………………………………………… 279
一、常见永久性气体的分析……………………………… 279
二、烃类的分析…………………………………………… 281
三、含氧、含卤有机物的分析…………………………… 282

四、微量水分的分析 …… 284
实验28 填充色谱柱的制备与安装 …… 285
实验29 C_1～C_3石油裂解气的分析 …… 286
实验30 苯系混合物的分析 …… 288
实验31 乙醇中少量水分的分析 …… 290
实验32 工业乙酸丁酯的分析 …… 291
本章要点 …… 294
复习与练习 …… 296
知识窗 高效液相色谱 …… 298
第十章 化工产品质量检验 …… 301
第一节 分析检验的质量保证 …… 301
一、分析检验的质量控制 …… 302
二、分析检验的质量评定 …… 303
第二节 技术标准和标准分析方法 …… 303
一、标准的内容和种类 …… 303
二、利用计算机上网检索标准资料 …… 305
三、利用工具书籍查阅标准资料 …… 307
第三节 产品质量检验与品级鉴定 …… 309
一、技术要求 …… 310
二、试验方法 …… 311
三、品级鉴定 …… 312
实验33 化工产品的质量检验和品级鉴定（综合实验） …… 312
本章要点 …… 313
复习与练习 …… 314
知识窗 仪器分析展望 …… 315
附录 …… 317
一、弱酸和弱碱的离解常数（25℃） …… 317
二、氧化还原半反应的标准电极电位 …… 319
三、一些物质在热导检测器上的相对响应值和相对

校正因子…………………………………………………… 321
四、一些物质在氢焰检测器上的相对质量响应值和
相对质量校正因子……………………………………… 325
五、常见化合物的摩尔质量……………………………… 328
六、相对原子质量（2005年） ………………………… 331
七、分析检验中常用的量及其法定单位……………… 333
参考文献………………………………………………………… 335

Chapter 1

第一章 绪论

知识目标

1. 了解化工分析的任务、定量分析的过程和常用方法。
2. 了解常用分析天平的结构和主要性能。
3. 掌握定量分析准确度、精密度和分析结果的表示方法。
4. 了解定量分析误差的来源，以及对实验用水和化学试剂的要求。

技能目标

1. 初步掌握双盘分析天平的操作技术。
2. 掌握电子分析天平的操作方法。
3. 掌握直接法和减量法称取固体样品的操作。
4. 按有效数字保留规则记录和处理实验数据。

第一节 化工分析的任务和方法

一、化工分析的任务与作用

化工分析是以分析化学的基本原理和方法为基础，解决化工生产和产品检验中实际分析任务的学科。

分析化学是研究物质组成、含量、结构及其他多种信息的一门科学，主要包括定性分析和定量分析。定性分析的任务是检测物质中原子、原子团、分子等成分的种类；定量分析的任务是测定物质化学成分的含量。

化工生产控制分析和化工商品检验工作，在物料基本组成已知的情况下，主要是对原料、中间产物和产品进行定量分析，以检验原料和产品的质量，监督生产或商品流通过程是否正常。对于产品检验，国家颁布了各种化工产品的质量标准，规定了合格产品的纯度、杂质的允许含量及分析检验方法，分析工作者必须严格遵照执行。另一方面，为了确保产品质量，还必须对生产过程进行严格的中间控制分析。例如，用离子膜法生产烧碱的工艺过程中，要求精制食盐水中 NaCl 含量为（310±5)g/L，而盐水中杂质 Ca^{2+}、Mg^{2+} 含量≤20μg/L。在高分子化学工业中，为了生产高质量的聚乙烯、聚丙烯、乙丙橡胶和顺丁橡胶，需要高纯单体——聚合级乙烯、丙烯和丁二烯等，要求它们仅含有极微量的杂质。这些工艺指标的测定就是靠化工分析来完成的。通过分析检验评定原料和产品的质量，检查工艺过程是否在正常进行，从而使人们在生产上能最经济地使用原料和燃料，减免废品和次品，及时消除生产事故，保护环境。因此，化工技术人员只有掌握化工分析的要点和方法，才能熟悉整个生产过程的全貌，根据各控制点的分析数据进行有效地调节，以保证优质、高产、低耗和安全地进行生产。

应当指出，分析检验不仅在化学、化工领域起着重要的作用，而且对国民经济和科学技术的发展都具有重大的实际意义。例如，农业生产中土壤性质、农作物生长过程营养和毒物的研究；在工业生产的各个方面，如资源的勘探开发与利用、新产品的试制、新工艺的探索以及“三废”（废水、废气、废渣）处理和综合利用等，都必须以分析检验的结果为重要依据；在商品流通领域，需要对商品质量及其变化进行监督与评估。我国加入世界贸易组织（WTO）以来，进出口商品的品种和数量逐年增加，其中化工产品占有较大份额。进口或出口的商品必须由权威部门批准并进行严格的检验。在科学技术领域，如生命科学、材料科学、环境科学，凡是涉及化学变化的内容，几乎都离不开分析检验。可以说分析检验是人们认识物质世界和指导生产实践的“眼睛”。

在中等职业学校化工及其相关类各专业中，化工分析是一门实践性很强的学科，实验占有较大的比例。学生要在实验技能方面取得成功，必须付出艰苦劳动，准确树立量的概念，一丝不苟，正确掌握分析实验的基本操作，养成良好的实验习惯。通过本课程的学习，能够培养学生严格执行国家标准，自觉遵守行业法规和实事求是的科学态度，认真观察、分析和解决问题的能力；为从事化工生产控制、产品分析检验，以及在物质化学组成和结构的信息科学领域的再学习，打下良好基础。

二、定量分析的方法

按照分析原理和操作技术的不同，定量分析方法可分为化学分析法和仪器分析法两大类。

1. 化学分析法

化学分析法是以物质的化学计量反应为基础的分析方法，可用通式表示为：

$$\text{待测组分} + \text{试剂} \longrightarrow \text{反应产物}$$

由于采取的具体测定方法不同，又分为滴定分析法和称量分析法。

（1）滴定分析法　将一种已知准确浓度的试剂溶液滴加到待测物质溶液中，直到所加试剂恰好与待测组分定量反应为止。根据试剂溶液的用量和浓度计算待测组分的含量。这种分析方法称为滴定分析法或称容量分析法。例如，用酸碱滴定法可以测定酸性或碱性物质的含量；用氧化还原滴定法可以测定还原性或氧化性物质的含量等。

（2）称量分析法　根据称量反应产物的质量来计算待测组分含量的方法称为称量分析法。例如，测定试样中硫酸盐的含量时，在试液中加入稍过量的 $BaCl_2$ 溶液，使 SO_4^{2-} 生成难溶的 $BaSO_4$ 沉淀，经过滤、洗涤、灼烧后，称量 $BaSO_4$ 的质量，便可求出试样中硫酸盐的含量。

化学分析法通常用于试样中常量组分（1%以上）的测定。其中，称量分析法准确度较高，但操作繁琐费时，目前应用较少；滴定分析法操作简便、快速，准确度也较高，是广泛应用的一种定量分析技术。

2. 仪器分析法

仪器分析法是以物质的物理或物理化学性质为基础的分析方法。因这类方法需要使用光、电、电磁、热、放射能等测量仪器，故称为仪器分析法。现代仪器分析包括多种检测方法，本书只介绍化工分析中常用的几种。

(1) 电化学分析法　以物质的电学或电化学性质为基础建立起来的分析方法称为电化学分析法。如果一项滴定分析不是靠指示剂变色来指示滴定终点，而是借助于溶液电导或电极电位的变化找出滴定终点，则分别称为电导滴定和电位滴定。属于电化学分析法的还有直接电位法、库仑分析法和极谱分析法等。

(2) 光学分析法　以物质的光学性质为基础建立起来的分析方法称为光学分析法。如高锰酸钾溶液，浓度越大，颜色越深，吸光度越大，利用溶液的这种吸光性质可作锰的吸光光度分析。属于这类分析法的还有紫外分光光度法、红外分光光度法和原子吸收光谱法等。

(3) 色谱分析法　以物质在不同的两相中吸附或分配特性为基础建立起来的分析方法称为色谱分析法。例如，流动的氢气携带少量空气样品通过一根装有分子筛吸附剂的柱管后，可将空气分离为氧和氮，并能对各组分进行定性、定量分析，这种方法就是气相色谱法。属于这类分析方法的还有高效液相色谱法、纸色谱法和薄层色谱法等。

仪器分析法灵敏度高，分析速度快，适宜于低含量组分的测定。例如，化工产品中某些杂质的定量分析，如果用化学分析法因其含量太少难以进行，而用吸光光度法就能够测得比较满意的结果。

随着科学技术和现代化生产的迅速发展，对分析方法不断提出更高更新的要求，尤其是石油化工的飞跃发展，促进了分析方法的不断改革，许多经典的化学分析项目已被先进的仪器分析所代替。

近年来，我国分析仪器的大批生产和广泛应用已取得了令人鼓舞的成绩，特别是电子计算机（或微处理机）与分析仪器联用，不但可以自动报出分析数据，对生产工艺进行自动调节，而且还可以控制分析工作的程序和仪器的操作条件，使分析过程自动化。由于仪器分析法中关于试样处理、方法准确度的校验等往往需要应用化学分析法的内容，因此化学分析仍是所有分析方法的基础，各种分析方法必须互相配合、互相补充。

本书主要讨论目前国内化工分析中普遍应用的各种滴定分析、称量分析、电化学分析、吸光光度分析和气相色谱分析等方法。关于其他分析方法可查阅有关分析化学专著。

三、分析实验用水和试剂

1. 实验用水

分析实验不能直接使用自来水或其他天然水，需使用按一定方法制备且检测合格的水。我国已建立了实验室用水规格的国家标准GB/T 6682—2008 中规定的实验室用水级别及主要指标见表 1-1。

表 1-1　实验室用水的级别及主要指标

名　　称		一级	二级	三级
pH 范围(25℃)		—	—	5.0～7.5
电导率(25℃)/(mS/m)	≤	0.01	0.10	0.50
可氧化物质含量(以 O 计)/(mg/L)	≤	—	0.08	0.4
吸光度(254nm,1cm 光程)	≤	0.001	0.01	—
蒸发残渣(105℃±2℃)含量/(mg/L)	≤	—	1.0	2.0
可溶性硅(以 SiO_2 计)含量/(mg/L)	≤	0.01	0.02	—

在化学定量分析实验中，一般使用三级水；仪器分析实验一般使用二级水，有的实验也可使用三级水。制备实验用水，过去多采用蒸馏的方法，故通常称为蒸馏水。为节约能源和减少污染，目前多改用离子交换法、电渗析法或反渗透法制备。检查实验用水质量的主要指标是电导率，用电导仪检测水质的方法见本书第七章。

2. 化学试剂

定量分析所用试剂的纯度对分析结果准确度的影响很大，不同的分析工作对试剂纯度的要求也不相同。根据化学试剂中所含杂质的多少，一般将实验室普遍使用的试剂划分为四个等级，具体的名称、标志和主要用途见表 1-2。

表 1-2　化学试剂的级别和主要用途

级　别	中文名称	英文标志	标签颜色	主 要 用 途
一级	优级纯	G. R.	绿色	精密分析实验
二级	分析纯	A. R.	红色	多数分析实验
三级	化学纯	C. P.	蓝色	工矿、教学分析实验
四级	实验试剂	L. R.	黄色	一般化学实验

此外，还有基准试剂、色谱纯试剂、光谱纯试剂等。基准试剂的纯度相当于或高于优级纯试剂。高纯试剂和基准试剂的价格要比一般试剂高数倍乃至数十倍，因此，应根据分析工作的具体情况进行选择，不要盲目地追求高纯度。滴定分析常用的标准溶液，一般应选用分析纯试剂配制，再用基准试剂进行标定。某些情况下（例如对分析结果要求不很高的实验），也可以用优级纯或分析纯试剂代替基准试剂。滴定分析中所用其他试剂一般为分析纯。仪器分析实验一般使用优级纯或专用试剂，测定微量或超微量成分时应选用高纯试剂。

四、定量分析的一般过程

进行定量分析，首先需要从批量的物料中采出少量有代表性的试样，并将试样处理成可供分析的状态。固体样品通常需要溶解制成溶液。若试样中含有影响测定的干扰物质，还需要预先分离，然后才能对指定成分进行测定。因此，定量分析的全过程一般包括：

（1）采样与制样（包括粉碎、缩分等）；

（2）试样处理（包括试样的溶解、必要的分离等）；

（3）对指定成分进行定量测定；

（4）计算和报告分析结果。

本章首先概述分析试样的采取与处理、分析天平与称量、计算和报告分析结果的基本要求和方法。关于定量分析的各种具体方法将在以后各章中深入讨论。

第二节　分析试样的采取与处理

采样的基本要求是从大宗物料中，在机会均等的情况下采取少量样品，从而获得良好的代表性。化工分析可能遇到的分析对象是多种多样的，有固体、液体和气体，有均匀的和不均匀的等。显然，应根据分析对象的性质、均匀程度、数量等决定具体的采样和制样步骤。国家标准 GB/T 6678～6681—2003 详细规定了采样的要求和具体步骤。本节仅讨论液体试样、气体试样的采取，固体试样的采取、制备及溶解的基本原则。

一、液体试样的采取

对于水、酸碱溶液、石油产品、有机溶剂等液体物料，任意采取一部分或稍加混合后取一部分，即成为具有代表性的分析试样。尽管如此，还应根据物料性质和贮存容器的不同，力求避免产生不均匀的一些因素。

自大型贮罐或槽车中取样，一般应在不同深度取几个样品，混合后作为分析试样。取样工具可以使用装在金属架上的玻璃瓶，或特制的采样器。用绳索将取样容器沉入液面下一定深度，然后拉绳拔塞，让液体灌入瓶中，取出。

自小型容器中取样，可以使用长玻璃管，插入容器底部后塞紧管的上口，抽出取样管，将液体样品转移到试样瓶中。

对于化工生产过程控制分析，经常需要测定管道中正在输送的液体物料，这种情况下要通过装在管道上的取样阀取样。根据分析目的，按有关规程每隔一定时间打开取样阀，最初流出的液体弃去，然后取样。取样量按规定或实际需要确定。

应当指出，采取液体试样前，取样容器必须洗净，且要用少量欲采取的试样润洗几次，以防止取样容器玷污样品。

二、气体试样的采取

化工分析中一般通过安装在设备或管道上的取样阀采取气体试样。设备或管道中的气体可能处于常压、正压或负压状态，对于不同状态的气体，应该采取不同的采样方式。

（1）常压下取样　当气体压力近于大气压力时，常用改变封闭液面位置的方法引入气体试样，或用流水抽气管抽取，如图 1-1（a）、（b）所示。封闭液一般采用氯化钠或硫酸钠的酸性溶液，以降低气体在封闭液中的溶解度。

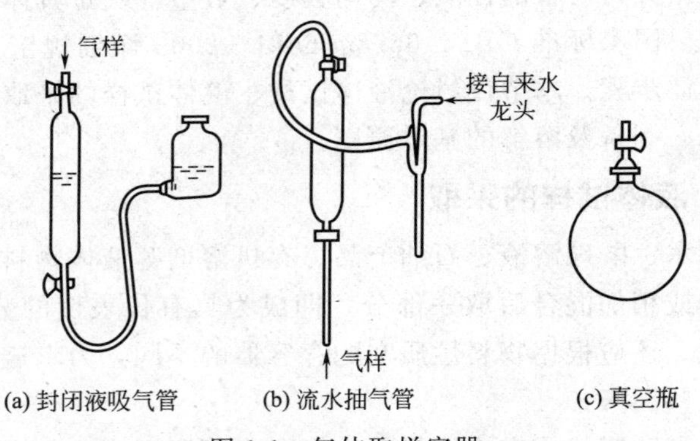

(a) 封闭液吸气管　(b) 流水抽气管　(c) 真空瓶

图 1-1　气体取样容器

（2）正压下取样　当气体压力高于大气压力时，只需开放取样阀，气体就会流入取样容器中。如气体压力过大，在取样管和取样容器之间应接入缓冲器。正压下取样常用的取样容器是橡皮球胆或塑料薄膜球。

（3）负压下取样　负压较小的气体，可用流水抽气管吸取气体试样。当负压较大时，必须用真空瓶取样。图 1-1（c）为常用的真空瓶。取样前先用真空泵将瓶内空气抽出（压力降至 8～13kPa），称量空瓶质量。取完气样以后再称量，增加的质量即为气体试样的质量。精密的气体分析应对瓶内残余空气进行校正，或经多次置换后再吸取气体试样。

采取气体试样时，必须注意：采样前要用样气多次置换取样容器；用改变封闭液液面位置的方法采样时，封闭液事先要用被分析的气体进行饱和处理；取样容器要严密，不得漏气；采取气样以后，要立即进行分析。

三、固体试样的采取、制备及溶解

对于组成较为均匀的固体化工产品、金属等取样比较简单。对一些颗粒大小不匀、组成不均匀的物料，如矿石、煤炭等，选取具有代表性的试样是一项既复杂又困难的工作。现以采取煤样为例来说明。

第一步是采取大量的“粗样”。采取粗样的量取决于颗粒大小和颗粒的均匀性。粗样是不均匀的，但应能代表整体的平均组成。如果煤是在传送带上移动着的，可以在一个固定的位置，每隔一定时间取一定分量的试样；如果煤是堆放着的，应根据堆放情况，从不同部位和不同深度各取一定分量的试样。

粗样经破碎、过筛、混合和缩分后，制成分析试样。常用的缩分法为四分法：将试样混匀后，堆成圆锥形，略为压平，通过中心分为四等份，把任意对角的两份弃去，其余对角的两份收集在一起混匀，如图 1-2 所示。这样每经一次处理，试样就缩减了一半。根据需要可将试样再粉碎和缩分，直到留下所需量为止。在试样粉碎过程中，应避免混入杂质，过筛时不能弃去未通过筛孔的粗颗粒，而应再磨细后使其通过筛孔，以保证所得试样能代表整个物料的平均组成。

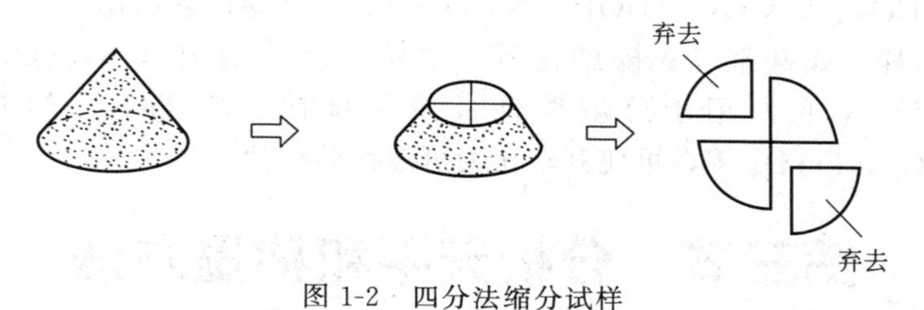

图 1-2　四分法缩分试样

定量分析的大多数方法都需要把试样制成溶液。有些样品溶解于水；有些可溶于酸；有些可溶于有机溶剂；有些既不溶于水、酸，又不溶于有机溶剂，则需经熔融或微波消解法，使待测组分转变为可溶于水或酸的化合物。

（1）水　多数分析项目是在水溶液中进行的，水又最易纯制，不引进干扰杂质。因此，凡是能在水中溶解的样品，如多数无机盐和部分有机物，应尽可能用水作溶剂，将样品制成水溶液。有时在水中加入少量酸，以防止某些金属阳离子水解而产生沉淀。

（2）有机溶剂　许多有机样品易溶于有机溶剂。例如，有机酸类易溶于碱性有机溶剂，有机碱类易溶于酸性有机溶剂；极性有机化合物易溶于极性有机溶剂，非极性有机化合物易溶于非极性有机溶剂。常用的有机溶剂有醇类、酮类、芳香烃和卤代烃等。

（3）无机酸　各种无机酸常用于溶解金属、合金、碳酸盐、硫化物和一些氧化物。常用的酸有盐酸、硝酸、硫酸、高氯酸、氢氟酸等。在金属活动性顺序中，氢以前的金属以及多数金属的氧化物和碳酸盐，皆可溶于盐酸。盐酸中的 Cl^- 可与很多金属离子生成稳定的配离子。硝酸具有氧化性，它可以溶解金属活动性顺序中氢以后的多数金属，几乎所有的硫化物及其矿石皆可溶于硝酸。硫酸沸点高（338℃），可在高温下分解矿石、有机物或用以逐去易挥发的酸。用一种酸难以溶解的样品时，可以采用混合酸，如 HCl-HNO_3、H_2SO_4-HF、H_2SO_4-H_3PO_4 等。

（4）熔剂　对于难溶于酸的样品，可加入某种固体熔剂，在高温下熔融，使其转化为易溶于水或酸的化合物。常用的碱性熔剂有 Na_2CO_3、K_2CO_3、$NaOH$、Na_2O_2 或其混合物，它们用于分解酸性试样，如硅酸盐、硫酸盐等。常用的酸性溶剂有 $K_2S_2O_7$ 或 $KHSO_4$，它们用于分解碱性或中性试样，如 TiO_2、Al_2O_3、Cr_2O_3、Fe_3O_4 等，可使其转化为可溶性硫酸盐。

第三节　分析天平和称量方法

分析天平是定量分析最重要的仪器之一，称量的准确度直接影响测定结果。因此了解分析天平的种类、结构，掌握正确的称量方法非常重要。

常用的分析天平有双盘天平、单盘天平和电子天平等。

一、双盘分析天平

1. 构造和性能

双盘部分机械加码分析天平是依据力矩平衡原理制成的，又称半自动电光分析天平，其构造如图 1-3 所示。天平由外框、立柱、横梁部分、悬挂系统、制动系统、光学读数系统和机械加码装置构成。天平的左盘放被称量的物品，右盘放 1g 以上的砝码（用镊子夹取），1g 以下的环状砝码通过机械加码器进行加减，10mg 以下的质量通过光学投影装置读取。现将操作者经常触及的部件说明

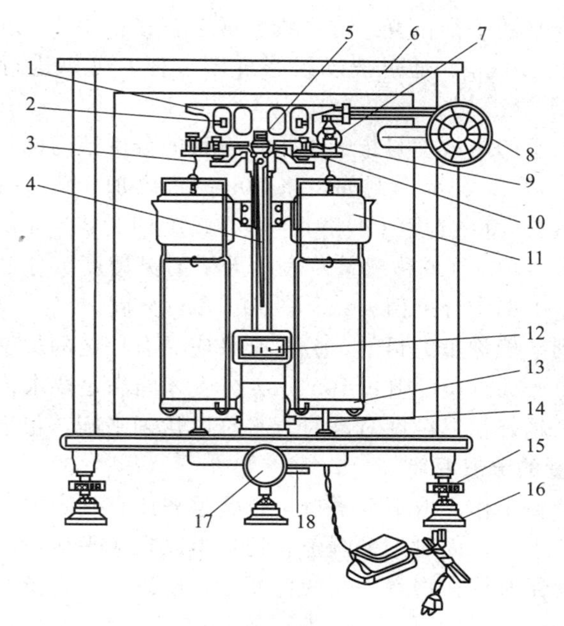

图 1-3　双盘部分机械加码分析天平

1—横梁；2—平衡螺丝；3—吊耳；4—指针；5—支点刀；6—框罩；7—环形砝码；8—指数盘；9—支力销；10—折叶；11—阻尼内筒；12—投影屏；13—秤盘；14—盘托；15—螺旋脚；16—垫脚；17—升降旋钮；18—投影屏调节杆

如下。

（1）升降旋钮　使用天平时顺时针转动升降旋钮，天平梁下降，即为启动天平；休止天平时要反时针转动升降旋钮，将天平梁托起。

（2）平衡螺丝　用于调节天平的零点。

（3）螺旋脚　用于调节天平的水平位置。

（4）加码器指数盘　用于加减1g以下的环码，外圈读出100～900mg，内圈读出10～90mg。

（5）指针和投影屏　指针固定在天平梁的中央，指针下端有一个透明微分标尺，电光系统发出的光将微分标尺的刻度投射在投影屏上。在投影屏的中央有一条纵向刻线，微分标尺的投影与刻线重合处即为天平的平衡位置。可在投影屏上直接读出10mg以下的质量，读准至0.1mg。通过拨动投影屏调节杆，可以进行小范围的零点调节。

分析天平的灵敏度是指天平指针偏移的分度数与添加的小砝码质量之比，以 E 表示。例如，将10mg砝码加于天平的一盘中，引起指针偏移100分度（小格），其灵敏度即为 $E=10$ 分度/mg。也可以用分度值 e（或称感量）表示天平的灵敏度。分度值是灵敏度的倒数，上例中分度值 $e=1/E=0.1$mg/分度。

要达到准确称量的目的，分析天平应具有一定的灵敏度。如称量误差允许±0.1mg，则 $e=0.1$mg/分度才能满足要求。但是灵敏度并非越高越好，灵敏度过高时天平难以达到平衡，稳定性变差。

2. 称量的一般程序

（1）准备工作　取下天平罩，折叠整齐放在规定的地方。操作者戴上细纱手套，面对天平端坐。记录本放在天平前面，存放和接受称量物的器皿放在物盘一侧的台面上，砝码盒放在指数盘一侧的台面上。

（2）清洁和检查　检查天平各个部件是否都处于正常位置，指数盘是否对准零位，砝码是否齐全。

察看天平秤盘和底板是否清洁。若不清洁可用软毛刷轻轻扫净，或用细布擦拭。

检查天平是否处于水平位置。从正上方向下目视水平仪，若气泡不在水平仪的中心，可旋转底板下面的前两个螺丝脚，调好水平。

调整天平零点。关闭天平门，接通电源，旋转升降旋钮，观察投影光屏，若微分标尺上的“0”刻度不与光屏上的标线重合，可拨动投影屏调节杆使其重合。使用拨杆不能调至零点时，可细心调整天平横梁上的平衡螺丝，直至微分标尺上的“0”刻度对准光屏上的标线为止。

（3）预称（粗称） 对于初学者或要求控制称量范围时，应将被称物如装有试样的称量瓶，先用托盘天平进行预称。预称一般能准确到 0.2g，参照预称的质量可以缩短用分析天平的称量时间。

（4）称量 将被称物放在左盘中央，按预称质量用镊子夹取砝码放在右盘中央，关上左右天平门。用左手轻轻开启升降旋钮半开天平，以指针偏移方向或光标移动方向判断两盘轻重。要记住“指针总是偏向轻盘”，“光屏上的光标总是向重盘方向移动”。然后，关好升降旋钮，按照“由大到小、中间截取、逐级试验”的原则，更换砝码。每次试加砝码时都应缓慢半开天平进行试验。当砝码与被称物质量相差 1g 以下时，关闭侧门，一挡一挡转动机械加码装置的指数盘试毫克组环码，先试几百毫克组（外圈），再试几十毫克组（内圈），注意每次转动指数盘时也要休止天平。直至砝码、环码与被称物的质量相差 10mg 以下，指针摆动较缓慢时，再将升降旋钮全部打开，准备读数。

（5）读数与记录 待指针停止摆动后，在投影光屏上读取微分标尺读数（0～10mg 范围）。根据克组砝码读数（先读盒中空位，再看盘中砝码核对）、加码指数盘读数和微分标尺读数，得出被称物的质量，立即用钢笔或圆珠笔记在记录本上。例如，一次称量中克组砝码用了 1g、5g、10g 三个；环码指数盘读数为 430mg，光屏读数为＋6.8mg，则被称物的质量应记为 16.4368g。

（6）关闭天平 关闭天平升降旋钮，取出天平盘上的物体和砝码，砝码放在规定的空位中，将指数盘回零。这时应检查一下天平零点变动情况，如果超过 2 小格，则应重称。

(7) 切断电源　切断电源，将砝码盒放回天平箱顶部，罩好天平布罩，将天平台收拾干净。

二、电子分析天平

1. 性能特点

电子分析天平是根据电磁力补偿原理设计的。放在称量盘上的物体有向下作用的重力；在磁场中的通电补偿线圈产生向上作用的电磁力，并与物体所受重力相平衡。整个称量过程均由微处理器进行计算和调控。当称量盘上加载后，即接通了补偿线圈的电流，计算器就开始计算冲击脉冲，达到平衡后，显示屏上自动显示出载荷的质量值。

电子分析天平体积小，质量轻，无机械天平的横梁和升降旋钮，直接称量，全量程不需要砝码，放上被称物后，在几秒钟内即达平衡，并自动显示称量读数，因此具有稳定性好、操作简便、称量速度快、灵敏度高等特点，还具有自动调零、自动校准、自动去皮、计件称量等功能。

国产 FA1604 型电子分析天平的外形和键盘结构如图 1-4 所示。

2. 基本操作

(1) 水平调节　观察水平仪。如水平仪水泡偏移，需调整水平脚，使水泡位于水平仪中心。

(2) 预热　接通电源，预热 1h 后，开启显示器进行操作。称量完毕，一般不用切断电源［若较短时间内（如 2h 内）暂不使用天平］，再用时可省去预热时间。

(3) 开启显示器　轻按“ON”键，显示器全亮，约 2s 后显示天平的型号，然后是称量模式 0.0000g。读数时应关上天平门。

(4) 天平基本模式的设定　天平通常为“通常情况”模式，并具有断电记忆功能。使用时若改为其他模式，使用后一经按

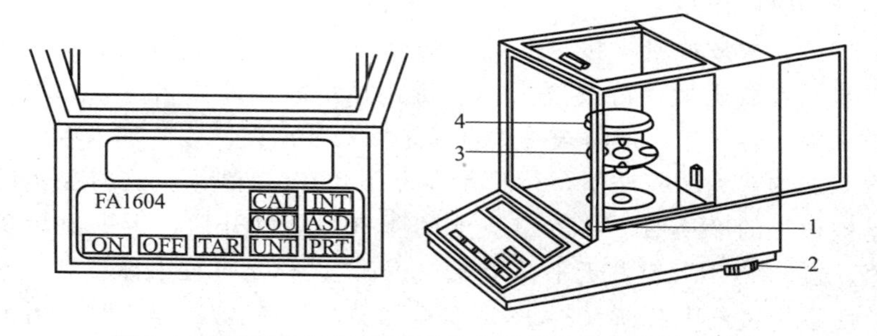

图 1-4　国产 FA1604 型电子分析天平的外形和键盘结构

1—水平仪；2—水平调节脚；3—盘托；4—称量盘

ON—开启显示器键；OFF—关闭显示器键；TAR—清零、去皮键；

CAL—校准功能键；INT—积分时间调整键；COU—点数功能键；

ASD—灵敏度调整键；UNT—量制转换键；PRT—输出模式设定键

“OFF”键，天平即恢复“通常情况”模式。

量制单位的设置由“UNT”键控制，如在显示“g”时松手，即设置单位为克。积分时间的选择由“INT”键控制：INT-0，快速；INT-1，短；INT-2，较短；INT-3，较长。灵敏度的选择由“ASD”键控制。灵敏度的顺序为：ASD-0，最高；ASD-1，高；ASD-2，较高；ASD-3，低。

“ASD”键和“INT”键两者配合使用情况如下。

最快称量速度：INT-1　ASD-3

通常情况：　　INT-3　ASD-2

环境不理想时：INT-3　ASD-3

（5）校准　天平安装后，第一次使用前，应对天平进行校准。因存放时间较长、位置移动、环境变化或为获得精确测量，天平在使用前也应进行校准。图 1-4 所示天平采用外校准（有的电子天平具有内校准功能），由“TAR”键清零后，按“CAL”键，放上 100g 标准砝码，显示 100.000g，即完成校准。

（6）称量　按“TAR”键，显示为零后，置被称物于称量盘上，待数字稳定，即显示器左下脚的“0”标志熄灭后，该数字即为被称物的质量值。

(7) 去皮称量　按“TAR”键清零，置容器于称量盘上，天平显示容器质量，再按“TAR”键，显示零，即为去皮重。再置被称物于容器中，或将被称物（粉末状物或液体）逐步加入容器中直至加物达到所需质量，待显示器左下角“0”熄灭，这时显示的是被称物的净质量。将称量盘上的所有物品拿开后，天平显示负值，按“TAR”键，天平显示0.0000g。若称量过程中称量盘上的总质量超过最大载荷（FA1604型电子分析天平为160g）时，天平仅显示上部线段，此时应立即减少载荷。

(8) 称量结束后，按“OFF”键关闭显示器。若当天不再使用天平，应拔下电源插头。

三、称量试样的方法

1. 直接称样法

某些在空气中没有吸湿性、不与空气反应的试样，如邻苯二甲酸氢钾等，可以用直接称样法称量。

按照前述称量的一般程序检查调整好天平之后，先称出清洁干燥的表面皿（或称样纸）的质量，再用牛角匙取试样放入表面皿，称出表面皿和试样的总质量。两次称量质量之差即为试样的质量。然后将试样全部转移到接受容器中。

2. 递减称样法（减量法或差减法）

对于易吸湿、易氧化、易与空气中CO_2反应的样品，如碳酸钠等，宜用递减称样法称量。

首先将盛装一定量试样的称量瓶放在分析天平上准确称量。然后从天平盘上取出称量瓶（注意必须戴细纱手套），拿到接收器上方，右手打开瓶盖，将瓶身慢慢向下倾斜，用瓶盖轻轻敲击瓶的上方，使试样慢慢落入接受容器中，如图1-5所示。当倾出试样接近需要量时，一边继续敲击瓶口，一边渐将瓶身竖直。盖好瓶盖，放回天平盘上再准确称其质量。两次质量之差即为倾入接受容器里的试样质量。称量时应检查所倾出的试样质量是否在称量范围内，如不足应重复上面的操作。

递减称样法简便、快速，若称取三份试样，只需连续称量四次。

3. 指定质量称样法

有时为了配制准确浓度的标准溶液或为了计算方便，对于在空气中稳定的样品，可以通过调整样品的量，称得指定的准确质量。

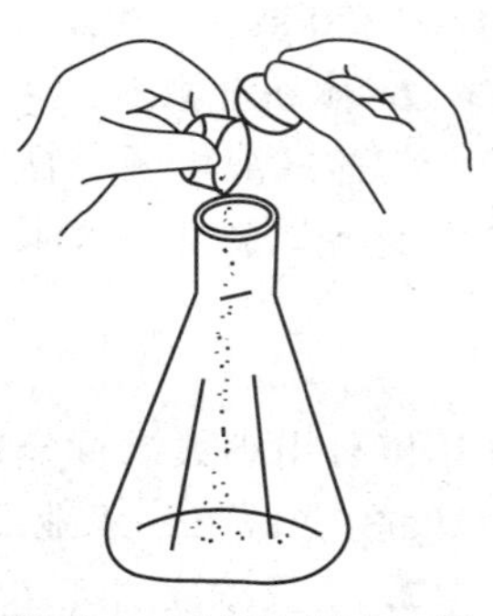

图 1-5　减量法倾出试样

使用机械天平时，先在天平上准确称出洁净干燥的表面皿的质量，加好所需样品量的砝码，用小药匙或窄纸条慢慢将试样加到表面皿上。在接近所需量时，应用食指轻弹小药匙，使试样一点点地落入表面皿中，直至所指定的质量为止（若不慎加多了试样，必须关闭升降旋钮，用药匙取出多余试样，重复以上操作）。取出表面皿，将试样全部转入小烧杯中。

使用电子天平时，称量过程很简单。将表面皿放在称量盘上，去皮重后，只需将样品缓慢加到表面皿上，直到天平显示所需的样品质量即可。

第四节　分析数据与误差问题

一、定量分析结果的表示

定量分析的结果，有多种表示方法。按照我国现行国家标准的规定，应采用质量分数、体积分数或质量浓度加以表示。

1. 质量分数（w_B）

物质中某组分 B 的质量（m_B）与物质总质量（m）之比，称为 B 的质量分数。

$$w_B=\frac{m_B}{m} \tag{1-1}$$

其比值可用小数或百分数表示。例如，某纯碱中碳酸钠的质量分数为0.9820或98.20%。

2. 体积分数（φ_B）

气体或液体混合物中某组分B的体积（V_B）与混合物总体积（V）之比，称为B的体积分数。

$$\varphi_B=\frac{V_B}{V} \tag{1-2}$$

其比值可用小数或百分数表示。例如，某天然气中甲烷的体积分数为0.93或93%；工业乙醇中乙醇的体积分数为95.0%。

3. 质量浓度（ρ_B）

气体或液体混合物中某组分B的质量（m_B）与混合物总体积（V）之比，称为B的质量浓度。

$$\rho_B=\frac{m_B}{V} \tag{1-3}$$

其常用单位为克每升（g/L）或毫克每升（mg/L）。例如，乙酸溶液中乙酸的质量浓度为360g/L，生活用水中铁含量一般小于0.3mg/L。在定量分析中，一些杂质标准溶液的含量和辅助溶液的含量也常用质量浓度表示。

二、分析的准确度与精密度

1. 准确度与误差

分析结果的准确度是指测得值与真实值或标准值[1]之间相符合的程度，通常用绝对误差的大小来表示。

$$\text{绝对误差}=\text{测得值}-\text{真实值} \tag{1-4}$$

显然，绝对误差越小，测定结果越准确。但绝对误差不能反映误差在真实值中所占的比例。例如，用分析天平称量两个样品的质量各为2.1750g和0.2175g，假定这两个样品的真实质量各为2.1751g和0.2176g，则二者称量的绝对误差都是−0.0001g；而这个绝对

[1] 标准值是采用多种可靠的分析方法，由具有丰富经验的分析人员，经过反复多次测得的准确结果。如国家标准物质中心提供的铁与钢的标准物质、化工产品标准物质等。

误差在第一个样品质量中所占的比例，仅为第二个样品质量中所占比例的1/10。也就是说，当被称量的量较大时，称量的准确程度就比较高。因此用绝对误差在真实值中所占的百分数可以更确切地比较测定结果的准确度。这种表示误差的方法称为相对误差，即

$$相对误差=\frac{绝对误差}{真实值}\times 100\% \tag{1-5}$$

因为测得值可能大于或小于真实值，所以绝对误差和相对误差都有正、负之分。

2. 精密度与偏差

在定量分析中，待测组分的真实值一般是不知道的。这样，衡量测定结果是否准确就有困难。因此常用测得值的重现性又叫精密度来表示分析结果的可靠程度。精密度是指在相同条件下，对同一试样进行几次测定（平行测定）所得值互相符合的程度，通常用偏差的大小表示精密度。

设测定次数为 n，其各次测得值（x_1，x_2，…，x_n）的算术平均值为 $\bar{x}$，则个别绝对偏差（d_i）是各次测得值（x_i）与它们的平均值之差。

$$d_i=x_i-\bar{x} \tag{1-6}$$

平均偏差（$\bar{d}$）是各次测定的个别绝对偏差的绝对值的平均值，即

$$\bar{d}=\frac{\sum|x_i-\bar{x}|}{n} \tag{1-7}$$

$$相对平均偏差=\frac{\bar{d}}{\bar{x}}\times 100\% \tag{1-8}$$

滴定分析测定常量组分时，分析结果的相对平均偏差一般小于0.2%。

在确定标准滴定溶液的准确浓度时，常用“极差”表示精密度。“极差”是指一组平行测定值中最大值与最小值之差。

在化工产品标准中，常常见到关于“允许差”（或称公差）的规定。一般要求某一项指标的平行测定结果之间的绝对偏差不得大

于某一数值，这个数值就是“允许差”，它实际上是对测定精密度的要求。在规定实验次数的测定中，每次测定结果均应符合允许差要求。若超出允许差范围，应在短时间内增加测定次数，至测定结果与前面几次（或其中几次）测定结果之差值符合允许差规定时，再取其平均值。否则应查找原因，重新按规定进行分析。

3. 分析结果的报告

不同的分析任务，对分析结果准确度的要求不同，平行测定次数和分析结果的报告也不同。

（1）例行分析　在例行分析和生产中间控制分析中，一个试样一般做两次平行测定。如果两次分析结果之差不超过允许差的 2 倍，则取平均值报告分析结果；如果超过允许差的 2 倍，则需再做一份分析，最后取两个差值小于允许差 2 倍的数据，以平均值报告结果。

【例 1-1】 某化工产品中微量水的测定，若允许差为 0.05%，而样品平行测定结果分别为 0.50%、0.66%，应如何报告分析结果？

解　因 $0.66\%-0.50\%=0.16\%>2\times0.05\%$

故应再做一份分析，若这次分析结果为 0.60%

$$0.66\%-0.60\%=0.06\%<2\times0.05\%$$

则应取 0.66%与 0.60%的平均值 0.63%报告分析结果。

（2）多次测定结果　在严格的商品检验或开发性实验中，往往需要对同一试样进行多次测定。这种情况下应以多次测定的算术平均值或中位值报告结果，并报告平均偏差及相对平均偏差。

中位值（x_{m}）是指一组测定值按大小顺序排列时中间项的数值。当 n 为奇数时，正中间的数只有一个；当 n 为偶数时，正中间的数有两个，中位值是指这两个值的平均值。采用中位值的优点是，计算方法简单，它与两个极端值的变化无关。

【例 1-2】 分析某化肥含氮量时，测得下列数据：34.45%、34.30%、34.20%、34.50%、34.25%。计算这组数据的算术平均值、中位值、平均偏差和相对平均偏差。

解 将测得数据按大小顺序列成下表：

顺 序	x	$d=x-\bar{x}$
1	34.50%	+0.16%
2	34.45%	+0.11%
3	34.30%	−0.04%
4	34.25%	−0.09%
5	34.20%	−0.14%
$n=5$	$\sum x=171.70\%$	$\sum\lvert d\rvert=0.54\%$

由此得出

中位值 $x_m=34.30\%$

算术平均值 $\bar{x}=\dfrac{\sum x}{n}=\dfrac{171.70\%}{5}=34.34\%$

平均偏差 $\bar{d}=\dfrac{\sum\lvert d\rvert}{n}=\dfrac{0.54\%}{5}\approx 0.11\%$

相对平均偏差 $\dfrac{\bar{d}}{\bar{x}}\times 100\%=\dfrac{0.11\%}{34.34\%}\times 100\%=0.32\%$

三、误差的来源及减免方法

定量分析中的误差，按其来源和性质可分为系统误差和随机误差两类。

由于某些固定的原因产生的分析误差叫系统误差，其显著特点是朝一个方向偏离。造成系统误差的原因可能是试剂不纯、测量仪器不准、分析方法不妥、操作技术较差等。只要找到产生系统误差的原因，就能设法纠正和克服。

由于某些难以控制的偶然因素造成的误差叫随机误差或偶然误差。实验环境温度、湿度和气压的波动，仪器性能的微小变化等都会产生随机误差。

从误差产生的原因来看，只有消除或减小系统误差和随机误差，才能提高分析结果的准确度。通常采用下列方法。

1. 对照试验

对照试验是检验系统误差的有效方法。将已知准确含量的标准样，按照与待测试样同样的方法进行分析，所得测定值与标准值比较，得一分析误差。用此误差校正待测试样的测定值，就可使测定结果更接近真值。

2. 空白试验

不加试样，但用与有试样时同样的操作进行的试验，叫做空白试验。所得结果称为空白值。从试样的测定值中扣除空白值，就能得到更准确的结果。例如，确定标准滴定溶液准确浓度的实验，国家标准规定必须做空白试验。空白试验可以扣除试剂、蒸馏水、实验器皿等所含有的杂质对分析结果造成的影响。

3. 校准仪器

对于分析的准确度要求较高的场合，应对测量仪器进行校正，并利用校正值计算分析结果。例如，滴定管未加校正造成测定结果偏低，校正了滴定管即可加以补正。

4. 增加平行测定份数

取同一试样几份，在相同的操作条件下对它们进行测定，叫做平行测定。增加平行测定份数，可以减小随机误差。对同一试样，一般要求平行测定 2～4 份，以获得较准确的结果。

5. 减小测量误差

一般分析天平称量的绝对偏差为±0.0001g。为减小相对偏差，试样的质量不宜过少。用滴定分析法测定化工产品的主成分含量时，消耗标准滴定溶液的体积一般设计在 30～35mL，也是为了减小滴定管读数所造成的相对偏差。此外，在数据记录和计算过程中，必须严格按照有效数字的运算和修约规则进行。

四、有效数字及其处理规则

定量分析需要经过若干测量环节，读取若干次实验数据，再经过一定的运算才能获得最终分析结果。为使记录、运算的数据与测量仪器的精度相适应，必须注意有效数字的处理问题。

1. 有效数字的意义

有效数字是指分析仪器实际能够测量到的数字。在有效数字中只有最末一位数字是可疑的，可能有±1 的偏差。例如，在分度值为 0.1mg 的分析天平上称一试样，质量为 0.6050g，这样记录是正确的，与该天平所能达到的准确度相适应。这个结果有四位有效数字，它表明试样质量在 0.6049～0.6051g 之间。如果把结果记为 0.605g 则是错误的，因为后者表明试样质量在 0.604～0.606g 之间，显然损失了仪器的精度。可见，数据的位数不仅表示数量的大小，而且反映了测量的准确程度。现将定量分析中经常遇到的各类数据，举例如表 1-3。

表 1-3　定量分析中常见测量数据举例

被测量	数据举例	有效数字(测量方式)
试样的质量	0.6050g	四位有效数字(用分析天平称量)
溶液的体积	35.36mL 25.00mL 25mL	四位有效数字(用滴定管计量) 四位有效数字(用移液管量取) 两位有效数字(用量筒量取)
溶液的浓度	0.1000mol/L 0.2mol/L	四位有效数字 一位有效数字
质量分数	34.34%	四位有效数字
pH	4.30	两位有效数字
离解常数 K	1.8×10^{-5}	两位有效数字

注意："0"在数字中有几种意义。数字前面的 0 只起定位作用，本身不算有效数字；数字之间的 0 和小数末尾的 0 都是有效数字；以 0 结尾的整数，最好用 10 的幂指数表示，这时前面的系数代表有效数字。由于 pH 为氢离子浓度的负对数值，所以 pH 的小数部分才为有效数字。

2. 有效数字的处理规则

(1) 直接测量值应保留一位可疑值，记录原始数据时也只有最后一位是可疑的。例如，用分析天平称量要称到 0.000xg，普通滴定管读数要读到 0.0xmL，其最末一位有±1 的偏差。

(2) 舍去多余数字的处理称为数据修约，其规则是"四舍六入五成双"。即当尾数≥6 时，进入；尾数≤4 时，舍去；当尾数恰为

5而后面数为0时，若5的前一位是奇数则入，是偶数（包括0）则舍；若5后面还有不是0的任何数皆入。注意，数字修约时只能对原始数据进行一次修约到需要的位数，不能逐级修约。

【例1-3】 将下列数据修约到4位有效数字：

0.526647→0.5266

0.362661→0.3627

250.650→250.6

18.08502→18.09

207.549→207.5

（3）计算中遇到常数、倍数、系数等，可视为无限多位有效数字。若某个数字的第一位有效数字≥8，则有效数字的位数应多算一位（相对误差接近）。

（4）进行数字计算前，应将原始数据先修约到正确的有效位数，再进行计算。加减法应以各数字中小数点后位数最少（绝对误差最大）的数字为依据决定结果的有效位数。乘除法应以各数字中有效数字位数最少（相对误差最大）的数字为依据决定结果的有效位数。

【例1-4】 ① 计算 50.1＋1.45＋0.5812＝?

修约及计算为：50.1＋1.4＋0.6＝52.1

② 计算 0.0121×25.64×1.05782＝?

修约及计算为：0.0121×25.6×1.06＝0.3283456

结果仍要保留三位有效数字，故应记录为：

0.0121×25.6×1.06＝0.328

注意：用计算器计算后，也要按照运算规则对结果进行修约。

（5）分析结果的数据应与技术要求量值的有效位数一致。对于高含量组分（>10%），一般要求以四位有效数字报出结果；对中等含量的组分（1%～10%），一般要求以三位有效数字报出；对于微量组分（<1%），一般只以两位有效数字报出结果。测定杂质含量时，若实际测得值低于技术指标一个或几个数量级，可用“小于”该技术指标来报结果。

实验1　分析天平的称量练习

一、目的要求

1. 了解分析天平的构造，初步掌握称量的一般程序。

2. 掌握天平零点和灵敏度的测定。

3. 练习直接称样法和递减称样法。

二、仪器与试剂

1. 仪器

双盘分析天平　　电子分析天平　　10mg 环码　　托盘天平　　铜片表面皿　　称量瓶　　牛角匙　　锥形瓶

2. 试剂

碳酸钠

三、实验步骤

1. 检查

按照称量的一般程序检查分析天平，理解各部件的作用，并调好天平的零点。

2. 天平灵敏度的测定

调好零点后，在天平的物盘上加 10mg 环码，观察平衡点。根据测得数据计算天平空载时灵敏度 E 和空载分度值 e。测定两次。

3. 直接法称量铜片

在托盘天平上粗称表面皿和已编号的铜片质量，再将表面皿放在分析天平上准确称出其质量。将铜片放到表面皿上称出二者的总质量。

4. 递减称样法称量固体样品

将干燥清洁的称量瓶先放在托盘天平上粗称，加入约 1g 固体碳酸钠粉末，盖好瓶盖。然后拿到分析天平上准确称量，记下质量（m_1）。按递减称样法向已编号的锥形瓶中敲入 0.2～0.3g 碳酸钠，再准确称出称量瓶和剩余试样的质量（m_2）。以同样的方法连续称出三份试样。

5. 电子分析天平称量练习

启动和校准电子分析天平。将上述第 3 步称过的表面皿和铜片，放在电子分析天平上称量，记录称量数据并与部分机械加码分析天平的称量结果进行比较。

四、记录与计算

1. 天平灵敏度的测定

次序	加 10mg 后平衡点	灵敏度/(分度/mg)	分度值/(mg/分度)
1			
2			

2. 直接法称量铜片

铜片编号	1#	2#
表面皿质量/g		
铜片＋表面皿质量/g		
铜片质量/g		
已知铜片质量/g		
称量误差		

3. 递减称样法称量固体样品

试样编号	1#	2#	3#
m_1(称量瓶＋试样)/g			
m_2(倾样后称量瓶＋试样)/g			
m_1-m_2(试样质量)/g			

五、思考与讨论

(1) 为什么每次称量前和称量后都必须测定天平的零点？本次实验前后天平零点变动多少？

(2) 将用两种天平称得的铜片质量与已知质量（由教师掌握）核对，找出误差，并讨论产生误差的原因。

(3) 总结一下递减称样法称量样品的注意事项。

本章要点

1. 课程性质和任务

分析化学——研究物质组成、含量、结构及其他多种信息的一门科学，包括定性分析和定量分析。

化工分析——以定量分析的基本原理和方法为基础，解决化工生产和产品检验中实际分析任务的学科。包括原料和产品分析、商品检验、生产过程控制分析。

2. 定量分析的过程和方法

（1）采样　关键是取得具有代表性的分析试样，特别是组成不均匀的固体试样，采样和制样尤为重要。

（2）样品处理　大多数定量分析方法要求将样品处理成溶液，必要时还需分离有干扰的物质，然后才能测定。

（3）定量测定　根据样品性质、分析要求选择适当的定量分析方法。常用的方法有：

- 化学分析法
  - 滴定分析法
  - 称量分析法
- 仪器分析法
  - 吸光光度分析法
  - 电位分析法
  - 气相色谱分析法

（4）计算和报告分析结果

① 在记录实验数据和计算过程中，要遵守有效数字的修约和运算规则。

② 根据试样的不同，定量分析结果可以用质量分数（w_B）、体积分数（φ_B）或质量浓度（ρ_B）表示。

③ 在例行分析中，在允许差范围内可取平行测定的平均值报告分析结果；在多次测定中，可取算术平均值或中位值报告分析结果，同时报告平均偏差和相对平均偏差。

④ 对于超过允许差的情况，应初步查询误差的来源，能够提出一些减免误差的办法。

3. 分析天平和称量技术训练

以部分机械加码双盘分析天平为主，完成下列环节的技能训练：

（1）检查天平，测定和调整天平的零点。

（2）测定天平的灵敏度，计算出感量。

（3）按一般程序，用直接法称量容器和样品。

（4）用减量法称量固体细粒状样品。

（5）校准电子分析天平并用于称量指定的物品。

1. 化工分析的任务是什么？在化工生产和商品检验中有何作用？

2. 定量分析过程一般包括哪些步骤？常用的定量分析方法有哪些？

3. 定量分析实验对化学试剂和实验用水有哪些要求？

4. 采样的原则是什么？如何溶解固体试样？

5. 什么是分析结果的准确度和精密度？二者关系如何？

6. 什么叫空白试验？什么情况下需要做空白试验？

7. 解释下列各名词的意义：绝对误差、相对误差、绝对偏差、平均偏差、相对平均偏差、极差、允许差、质量分数、质量浓度、体积分数。

8. 部分机械加码分析天平由哪些部件构成？各部件的作用如何？

9. 什么是天平的灵敏度？什么是天平的分度值？二者有何关系？

10. 电子分析天平具有什么特点？TAR 键的作用如何？

11. 称量固体试样的方法有几种？分别适用于什么情况？

12. 用部分机械加码分析天平称量一物体质量时，用了 10g、2g 两个砝码，指数盘读数为 180mg，投影光屏读数为＋2.6mg，求该物体的质量是多少。

13. 说明用分析天平进行称量的一般程序。为什么取放物品或砝码时必须休止天平？

14. 某分析天平称量的最大绝对误差为±0.2mg，要使称量的相对误差不大于0.2%，至少应称多少样品？

答：100mg

15. 滴定管的读数误差为±0.01mL。若滴定用去标准滴定溶液35.00mL，相对误差是多少？若用去标准滴定溶液20.00mL，相对误差又是多少？这说明什么问题？

答：0.03%；0.05%

16. 某试剂盐酸密度为1.19g/mL。移取2.00mL，用酸碱滴定法测出其中HCl含量为0.881g。求该试剂中HCl的质量分数和质量浓度。

答：0.370；440g/L

17. 光度法测定水中的铁含量，平行5次测得数据为0.48mg/L、0.37mg/L、0.47mg/L、0.40mg/L、0.43mg/L。试求算术平均值、平均偏差和相对平均偏差。

答：0.43mg/L；0.036mg/L；8.4%

18. 分析软锰矿标样中的锰含量，测得锰的质量分数为37.45%、37.20%、37.50%、37.30%、37.25%。已知标准值为37.41%。求分析结果的绝对误差、相对误差、平均偏差、相对平均偏差。

答：−0.07%；−0.19%；0.12%；0.32%

19. 分析煤样中的灰分时，平行测定3次得到的数据为12.0%、12.2%和12.3%，报告测定平均值为12.167%。这样报告对吗？为什么？

答：不对；12.2%

20. 按有效数字的运算规则，计算下列各式的结果：

(1) $\dfrac{0.0983}{1.050\times\dfrac{25}{250}}$

(2) $\dfrac{(50.00\times1.020-30.00\times0.1000)\times\dfrac{1}{2}\times100.09}{2.500\times1000}$

(3) $0.0025+2.5\times10^{-3}+0.1025$

(4) $1.212\times3.18+4.8\times10^{-4}-0.0121\times0.008142$

答：0.9362；0.9609；0.1075；3.85

分析检验史话

18世纪欧洲的化学工业主要产品有硫酸、盐酸、苏打和氯水等。当时纺织、玻璃、食品等行业要购买和应用这些化工产品，如果这些产品在质量上不符合要求，就会造成经济损失。用户必须对买来的化工产品进行检查，“质量检验”的问题便提出来了。不久，化验室就成为这些工厂的一个重要部门，分析化学便从化学家和学院的实验室扩展出来。工业生产不允许等待一个星期才报告分析结果，当时流行的重量分析法不能满足工业上的需求，这就促进了快速、简便的滴定分析法的发展。

1729年，法国人日夫鲁瓦第一次把酸碱中和应用于分析目的，他为了测定醋酸的浓度，以碳酸钾作基准物，把要测定的醋酸滴加到碳酸钾中去，根据停止发生气泡来指示终点。氧化还原滴定的产生与新兴的漂白技术联系在一起，生产中发现次氯酸盐的浓度对漂白效果起着关键作用。德克劳西于1795年以靛蓝的硫酸溶液滴定次氯酸盐，直到溶液变为绿色为止，这就是最早的氧化还原滴定。无数分析化验人员经历近百年的辛勤探索，到19世纪初才形成了用量器、滴定剂和指示剂进行滴定分析的基本模式。盖·吕萨克继承前人的成果，对滴定分析进行了深入的研究，对滴定法的进一步发展，特别是对提高准确度方面做出了贡献。他所提出的银量法，至今仍在应用。

利用氨羧配位剂进行配位滴定是20世纪40年代取得的成就。1945年瑞士化学家施瓦岭巴赫及其同事对乙二胺四乙酸（EDTA）

进行了广泛的研究，并提出作为配位剂测定碱土金属离子，测定水的硬度获得巨大的成功，之后又应用于其他方面。

20世纪以来分析化学经历的三次巨大变革。在世纪之初，由于物理化学中关于溶液理论的发展并应用于分析化学，分析检验不再是各种方法的简单堆砌，而是从经验上升到理论阶段，使分析化学从一种技术演变成为一门科学。第二次变革是在第二次世界大战前后，由于物理学和电子学的发展，改变了以往经典化学分析为主的局面，开创了仪器分析的新时代。各种光谱分析仪器、电化学分析仪器以及色谱分离分析方法相继出现。现在正处于第三次变革时期，由于生物学、信息科学和计算机技术的引入，以及生命科学、环境科学和新材料科学等的发展，分析化学进入了一个崭新的境界。如今分析化学的任务已不限于测定物质的组成和含量，还要对物质的形态、结构以及化学和生物活性等作出检测和变化过程控制。现代分析化学已发展成为获取形形色色物质尽可能全面的信息，进一步认识自然、改造自然的科学。

Chapter 2

第二章 滴定分析

知识目标

1. 了解滴定分析的概念和常用方法。
2. 初步掌握标准滴定溶液的制备及其浓度表示方法。
3. 理解等物质的量反应规则，并应用于滴定分析的计算。

技能目标

1. 根据分析目的和实验数据，选择计算公式计算标定标准溶液和试样的测定结果。
2. 在滴定分析计算中运用有效数字的处理规则。
3. 初步掌握滴定管、容量瓶和吸量管的计量特性及其操作方法。

第一节 滴定分析的条件和方法

滴定分析是将已知准确浓度的标准滴定溶液（滴定剂）通过滴定管滴加到试样溶液中，与待测组分进行定量的化学反应，达到化学计量点时根据消耗标准滴定溶液的体积和浓度计算待测组分的含量。

化学计量点是加入的滴定剂物质的量与被滴定组分物质的量正好符合化学反应式的计量关系的点。也可以说是滴定过程中，被滴定组分的物质的量浓度和滴定剂的物质的量浓度达到相等时的点[1]。

---

[1] 化学计量点习惯上又称为等量点或等当点。对于被测组分能100%与滴定剂反应完全转化为生成物的滴定反应，可以理解为是被测组分与滴定剂恰好反应完了的那一点；对于被测组分与滴定剂不能完全反应（允许有<0.1%的剩余）的滴定反应，文中对这一术语的描述更为严谨。

为了确定化学计量点，常在试样溶液中加入少量指示剂，借助它的颜色变化作为化学计量点到达的信号。指示剂发生颜色变化的转折点，称为滴定终点。由于指示剂不一定恰好在化学计量点时变色，可能存在终点误差，因此滴定分析需要选择合适的指示剂，使滴定终点尽可能接近化学计量点。

一、滴定分析的基本条件

不是任何化学反应都能用于滴定分析，适用于滴定分析的化学反应必须具备以下基本条件。

（1）反应按化学计量关系定量进行，即严格按一定的化学方程式进行，无副反应。如果有共存物质干扰滴定反应，必须用适当方法排除干扰。

（2）反应必须进行完全，即当滴定达到终点时，被测组分有99.9%以上转化为生成物，这样才能保证分析的准确度。

（3）反应速率要快。对于速率较慢的反应，如某些氧化还原反应，可通过加热或加入催化剂等办法来加速反应，以使反应速率与滴定速率基本一致。

（4）有适当的指示剂或其他方法，可以简便可靠地确定滴定终点。

凡是能满足上述要求的反应，都可以用标准滴定溶液直接滴定被测物质，这类滴定方式称为直接滴定。当标准滴定溶液与被测物质的反应不完全符合上述条件时，无法直接滴定，这种情况可以采用一些间接的方式测定有关物质的含量。各种间接滴定方式将在以后各章中加以说明。

二、滴定分析的方法

按照标准滴定溶液与被测组分之间发生化学反应类型的不同，滴定分析有以下四类具体方法。

1. 酸碱滴定法

利用酸碱中和反应，其反应实质为生成难电离的水。

$$H^+ + OH^- \longrightarrow H_2O$$

常用强酸（HCl 或 H_2SO_4）溶液作滴定剂测定碱性物质；或用强碱（NaOH）溶液作滴定剂测定酸性物质。

2. 配位滴定法

利用配位化合物形成反应。常用乙二胺四乙酸二钠盐（缩写为 EDTA）溶液作滴定剂测定一些金属离子。例如：

$$Mg^{2+} + Y^{4-} \longrightarrow MgY^{2-}$$

式中，Y^{4-} 表示 EDTA 的阴离子。

3. 氧化还原滴定法

利用氧化还原反应。常用高锰酸钾、重铬酸钾、碘、硫代硫酸钠等作滴定剂，测定具有还原性或氧化性的物质。例如：

$$5Fe^{2+} + MnO_4^- + 8H^+ \longrightarrow 5Fe^{3+} + Mn^{2+} + 4H_2O$$

$$I_2 + 2S_2O_3^{2-} \longrightarrow 2I^- + S_4O_6^{2-}$$

4. 沉淀滴定法

利用生成沉淀的反应。常用硝酸银溶液作滴定剂测定卤素离子。例如：

$$Cl^- + Ag^+ \longrightarrow AgCl\downarrow$$

上述几种滴定分析法各有其特点和应用范围，同一种物质有时可用不同的方法进行测定。

滴定分析一般适用于被测组分含量在 1%以上的情况，有时也用于测定微量组分。滴定分析比较准确，测定的相对误差通常为 0.1%～0.2%。与称量分析相比，滴定分析具有简便、快速、应用范围广等优点，因此已成为对原料、成品以及生产过程监控的常用分析方法。

第二节　标准滴定溶液

滴定分析要通过标准滴定溶液的用量和浓度，计算出试液中被测组分的含量。正确配制标准滴定溶液，准确标定其浓度，对于提高滴定分析的准确度具有重要意义。

一、标准滴定溶液组成的表示方法

滴定分析所用标准滴定溶液的组成通常用物质的量浓度表示。物质的量浓度（c）简称浓度。物质 A 作为溶质时，其物质的量浓度 c_A 定义为物质的量 n_A 与相应溶液的体积 V 之比，单位是 mol/L。

$$c_A = \frac{n_A}{V} \tag{2-1}$$

按照 SI 制和我国法定单位制，物质的量的单位是摩尔（mol）。它是一个系统的物质的量，该系统中所包含的基本单元数与 0.012kg ^{12}C 的原子数目相等。使用摩尔时基本单元应予指明，可以是原子、分子、离子、电子及其他粒子，或是这些粒子的特定组合。因此在表示物质的量、物质的量浓度和摩尔质量时，必须同时指明基本单元。

在滴定分析中，为了便于计算分析结果，规定了标准滴定溶液和待测物质选取基本单元的原则：酸碱反应以给出或接受一个 H^+ 的特定组合作为基本单元；氧化还原反应以给出或接受一个电子的特定组合作为基本单元；EDTA 配位反应和卤化银沉淀反应通常以参与反应物质的分子或离子作为基本单元。根据这些规定，常用标准滴定溶液物质的量浓度的含义就完全确定下来了。例如：

$c(NaOH) = 0.5mol/L$，表示每升溶液中含有氢氧化钠 20g，基本单元是氢氧化钠分子。

$c\left(\frac{1}{2}H_2SO_4\right) = 1.000mol/L$，表示每升溶液中含有硫酸 49.04g，基本单元是硫酸分子的二分之一。

$c\left(\frac{1}{5}KMnO_4\right) = 0.100mol/L$，表示在酸性介质中反应的情况下，每升溶液中含有高锰酸钾 3.16g，基本单元是高锰酸钾分子的五分之一。

在工厂实验室的例行分析中，有时用滴定度表示标准溶液的组成，可以简化分析结果的计算。滴定度是指 1mL 标准滴定溶液相当于被测组分的质量，用 $T_{被测组分/滴定剂}$ 表示。例如，$T_{Cl^-/AgNO_3}$ = 0.500mg/mL 表示 1mL $AgNO_3$ 标准滴定溶液相当于 0.500mg Cl^-。测定工业用水中氯化物的含量时，用这个滴定度乘以滴定用去的标准滴定溶液体积，就可以得到分析结果。

二、标准滴定溶液的制备

1. 直接配制法

准确称取一定量物质，溶解后在容量瓶中准确稀释至一定体积，计算出该溶液的准确浓度。例如，配制 $c\left(\frac{1}{6}K_2Cr_2O_7\right)$ = 0.1mol/L 的重铬酸钾溶液 250mL，可以称取优级纯试剂重铬酸钾 1.2～1.3g（称准至 0.0001g），溶于水后定量地转移到 250mL 容量瓶中，用水稀释至刻度。根据称量的准确质量和溶液体积，计算出准确浓度。

用直接法配制标准滴定溶液的物质，必须符合下列要求：

① 具有足够的纯度，其杂质含量应少到滴定分析所允许的误差限度以下；

② 物质的组成（包括结晶水）与化学式完全符合；

③ 性质稳定。

符合这些条件的物质称为基准物质或基准试剂。常用的基准物质有无水碳酸钠、氯化钠、氯化钾、重铬酸钾和邻苯二甲酸氢钾等。利用基准物质，除了直接配制成标准滴定溶液外，更多的是用来标定间接法配制溶液的准确浓度。基准物质使用之前一般需经过干燥处理。现将一些常用基准物质的干燥条件和应用范围列于表2-1。

表 2-1　常用基准物质的干燥条件和应用范围

基准物质		干燥后的组成	干燥条件/℃	标定对象
名称	化学式			
碳酸氢钠	$NaHCO_3$	Na_2CO_3	270～300	酸
无水碳酸钠	Na_2CO_3	Na_2CO_3	270～300	酸

续表

基准物质		干燥后的组成	干燥条件/℃	标定对象
名称	化学式			
硼砂	$Na_2B_4O_7 \cdot 10H_2O$	$Na_2B_4O_7 \cdot 10H_2O$	放在装有 NaCl 和蔗糖饱和溶液的干燥器中	酸
邻苯二甲酸氢钾	$KHC_8H_4O_4$	$KHC_8H_4O_4$	105～110	碱
二水合草酸	$H_2C_2O_4 \cdot 2H_2O$	$H_2C_2O_4 \cdot 2H_2O$	室温空气干燥	碱或 $KMnO_4$
重铬酸钾	$K_2Cr_2O_7$	$K_2Cr_2O_7$	120	还原剂
溴酸钾	$KBrO_3$	$KBrO_3$	130	还原剂
三氧化二砷	As_2O_3	As_2O_3	室温干燥器中	氧化剂
草酸钠	$Na_2C_2O_4$	$Na_2C_2O_4$	130	氧化剂
碳酸钙	$CaCO_3$	$CaCO_3$	110	EDTA
氧化锌	ZnO	ZnO	800	EDTA
氯化钠	NaCl	NaCl	500～600	$AgNO_3$
氯化钾	KCl	KCl	500～600	$AgNO_3$

2. 间接配制法

有些物质不符合基准物质的条件，如氢氧化钠易吸收空气中的水分和二氧化碳，浓盐酸易挥发，这些物质的标准滴定溶液必须采用间接法配制。首先用原装试剂和水配成接近所需浓度的溶液；然后称取一定量的基准物质，溶解后用配制的溶液滴定。根据基准物质的质量和配制溶液所消耗的体积，求出该溶液的准确浓度。这种用基准物质测定标准滴定溶液准确浓度的操作过程称为“标定”。

例如，欲配制 0.1mol/L NaOH 标准滴定溶液，先配成大约为这个浓度的溶液，然后用该溶液滴定准确称量的邻苯二甲酸氢钾，根据化学计量点时 NaOH 溶液的用量和邻苯二甲酸氢钾的质量，即可求出 NaOH 溶液的准确浓度（见实验 3）。

常用标准滴定溶液的配制与标定方法见本书实验部分。更为详细的资料可查阅国家标准《GB/T 601—2002 化学试剂 标准滴定溶液的制备》和化工行业标准《HG/T 3696.1—2011 无机化工产品 化学分析用标准溶液、制剂和制品的制备 第1部分 标准滴定溶液的制备》。这两套技术标准中规定的常用标准滴定溶液的制备方法和步骤基本相同。前者是化学试剂系列的国家标准，对标准滴定溶液标定的准确度要求十分严格。后者不仅适用于无机化工产品分析，也可以应用于其他产品分析。为了确保标准滴定溶液浓度的准确性，HG/T 3696.1—2011 规定标定标准滴定溶液浓度时，需两人同时各做三份平行试验，每人三份平行测定结果的极差与平均值之比不得大于 0.2%，两人测定结果之差与两人测定结果平均值之比不得大于 0.2%，结果取平均值，浓度值给出四位有效数字。

第三节　滴定分析的计算

一、等物质的量反应规则

在滴定分析中，为了方便通常采用等物质的量反应规则进行计算。例如，用氢氧化钠标准滴定溶液滴定硫酸溶液时，反应方程式为：

$$H_2SO_4 + 2NaOH \longrightarrow Na_2SO_4 + 2H_2O$$

按照选取基本单元的原则，一分子 H_2SO_4 给出 2 个 H^+，应以 $\frac{1}{2}H_2SO_4$ 作为基本单元；一分子 NaOH 接受一个 H^+，基本单元就是其化学式。显然，参加反应的硫酸物质的量 $n\left(\frac{1}{2}H_2SO_4\right)$ 等于参加反应的氢氧化钠物质的量 $n(NaOH)$。因此，在上述规定选取基本单元原则下，滴定到化学计量点时，待测组分物质的量 n_B 与滴定剂物质的量 n_A 必然相等。这就是等物质的量反应规则。

若 c_A、c_B 分别代表滴定剂 A 和待测组分 B 两种溶液的浓度 (mol/L)；V_A、V_B 分别代表两种溶液的体积 (L)，则当反应到达化学计量点时

$$n_A = n_B \tag{2-2}$$

$$c_A V_A = c_B V_B \tag{2-3}$$

若 m_B、M_B 分别代表物质 B 的质量 (g) 和摩尔质量 (g/mol)，则 B 物质的量为：

$$n_B = \frac{m_B}{M_B} \tag{2-4}$$

当 B 与滴定剂 A 反应完全时

$$c_A V_A = \frac{m_B}{M_B} \tag{2-5}$$

设试样质量为 m，则试样中 B 的质量分数[1]为：

$$w_B = \frac{m_B}{m} = \frac{c_A V_A M_B}{m} \tag{2-6}$$

或表示成

$$w(B) = \frac{c(A)V(A)M(B)}{m}$$

若试样溶液体积为 V，则试样中 B 的质量浓度（g/L）为：

$$\rho_B = \frac{m_B}{V} = \frac{c_A V_A M_B}{V} \tag{2-7}$$

或

$$\rho(B) = \frac{c(A)V(A)M(B)}{V}$$

在分析实践中，有时不是滴定全部试样溶液，而是取其中一部分进行滴定。这种情况应将 m 或 V 乘以适当的分数。如将质量为 m 的试样溶解后定容为 250.0mL，取出 25.00mL 进行滴定，则每份被滴定的试样质量应是 $m \times \frac{25}{250}$。如果滴定试液并做了空白试验，则式(2-6) 和式(2-7) 中的 V_A 应减去空白值。

应当指出，式(2-3) 也适用于某种溶液被稀释的计算。虽然稀释前后溶液浓度发生了变化，但溶质物质的量未变。式(2-5) 还适用于根据所需溶液的浓度和体积计算溶质的质量；根据基准物质的质量和被标定溶液所消耗的体积计算标准滴定溶液的浓度。在后一

---

[1] 物质的量浓度（c_A）和摩尔质量（M_B）的下角标或后面括弧中指明的是基本单元；而溶液的体积（V_A、V_B）、纯物质的质量（m_B）、质量分数（w_B）及质量浓度（ρ_B）的下角标或后面括弧中标明的是相应物质的化学式。

种情况下，B 代表基准物质，A 代表被标定的溶液。

二、计算示例

【例 2-1】 滴定 25.00mL 氢氧化钠溶液，用去 0.1050mol/L HCl 标准溶液 26.50mL。求该氢氧化钠溶液物质的量浓度和质量浓度。

解 按式(2-3) 有

$$c(\mathrm{HCl})V(\mathrm{HCl})=c(\mathrm{NaOH})V(\mathrm{NaOH})$$

$$0.1050\times 26.50=c(\mathrm{NaOH})\times 25.00$$

解得

$$c(\mathrm{NaOH})=0.1113(\mathrm{mol/L})$$

按式(2-7) 有

$$\rho(\mathrm{NaOH})=\frac{c(\mathrm{HCl})V(\mathrm{HCl})M(\mathrm{NaOH})}{V}$$

$$=\frac{0.1050\times 26.50\times 40.00}{25.00}$$

$$=4.452(\mathrm{g/L})$$

【例 2-2】 现有 2000mL 浓度为 0.1024mol/L 的某标准溶液。欲将其浓度恰调整为 0.1000mol/L，需加入多少毫升水？

解 利用式(2-3)，下角标 A、B 分别代表稀释前后溶液的两种状态。

设应加水 $V(H_2O)$，则

$$V_B=V_A+V(H_2O)$$

$$c_AV_A=c_B[V_A+V(H_2O)]$$

$$0.1024\times 2000=0.1000\times[2000+V(H_2O)]$$

解得

$$V(H_2O)=48.00(\mathrm{mL})$$

【例 2-3】 称取工业硫酸 1.740g，以水定容于 250.0mL 容量瓶中，摇匀。移取 25.00mL，用 $c(\mathrm{NaOH})=0.1044\mathrm{mol/L}$ 的氢氧化钠溶液滴定，消耗 32.41mL。求试样中 H_2SO_4 的质量分数。

解 根据式(2-6)，注意到硫酸的基本单元为 $\frac{1}{2}H_2SO_4$，实际

被滴定的试样质量为 $m\times\frac{25}{250}$，于是

$$w(H_2SO_4)=\frac{c(NaOH)V(NaOH)M\left(\frac{1}{2}H_2SO_4\right)}{m\times\frac{25}{250}}$$

$$=\frac{0.1044\times32.41\times10^{-3}\times\frac{1}{2}\times98.08}{1.740\times\frac{25}{250}}$$

$$\approx0.9536$$

【例 2-4】 欲配制 $c\left(\frac{1}{6}K_2Cr_2O_7\right)=0.1000mol/L$ 的重铬酸钾标准滴定溶液 250.0mL，应称取基准 $K_2Cr_2O_7$ 多少克？

解 按式(2-5)有

$$c\left(\frac{1}{6}K_2Cr_2O_7\right)V(K_2Cr_2O_7)=\frac{m(K_2Cr_2O_7)}{M\left(\frac{1}{6}K_2Cr_2O_7\right)}$$

$$m(K_2Cr_2O_7)=c\left(\frac{1}{6}K_2Cr_2O_7\right)V(K_2Cr_2O_7)M\left(\frac{1}{6}K_2Cr_2O_7\right)$$

$$=0.1000\times250.0\times10^{-3}\times49.03$$

$$\approx1.226(g)$$

【例 2-5】 用基准草酸钠标定高锰酸钾溶液。称取 0.2215g $Na_2C_2O_4$，溶于水后加入适量硫酸酸化，然后用高锰酸钾溶液滴定，用去 30.67mL。求高锰酸钾溶液物质的量浓度。

解 滴定反应为

$$5C_2O_4^{2-}+2MnO_4^-+16H^+\longrightarrow2Mn^{2+}+8H_2O+10CO_2\uparrow$$

反应中一分子 $Na_2C_2O_4$ 给出 2 个电子，基本单元为 $\frac{1}{2}Na_2C_2O_4$；一分子 $KMnO_4$ 获得 5 个电子，基本单元为 $\frac{1}{5}KMnO_4$。按式(2-5) 有

$$c\left(\frac{1}{5}KMnO_4\right)V(KMnO_4)=\frac{m(Na_2C_2O_4)}{M\left(\frac{1}{2}Na_2C_2O_4\right)}$$

$$c\left(\frac{1}{5}KMnO_4\right)=\frac{0.2215}{30.67\times10^{-3}\times\frac{1}{2}\times134.0}$$

$$\approx0.1078(mol/L)$$

第四节　滴定分析仪器及操作技术

在滴定分析中，用于准确测量溶液体积的玻璃仪器有滴定管、容量瓶和吸量管。正确使用这些仪器是滴定分析最基本的操作技术。

一、滴定管

滴定管是滴定时用来准确测量流出的滴定剂体积的量器。常量分析用的滴定管容积为 50mL 和 25mL，最小分度值为 0.1mL，读数可估计到 0.01mL。

实验室最常用的滴定管有两种：一种是下部带有磨口玻璃活塞的具塞滴定管，也称酸式滴定管，其形状如图 2-1(a) 所示；另一种是无塞滴定管，也称碱式滴定管，它的下端连接一橡胶软管，内放一玻璃珠，橡胶管下端再连一尖嘴玻璃管，如图 2-1(b) 所示。酸式滴定管只能用来盛放酸性、中性或氧化性溶液，不能盛放碱液，因磨口玻璃活塞会被碱类溶液腐蚀，放置久了会粘连住。碱式滴定管用来盛放碱液，不能盛放氧化性溶液，如 $KMnO_4$、I_2 或 $AgNO_3$ 等，避免腐蚀橡皮管。

近年来又制成了聚四氟乙烯酸碱两用滴定管，其旋塞是用聚四氟乙烯材料做成的，耐腐蚀、不用涂油、密封性好。本书主要介绍前两种滴定管的洗涤和使用方法。

1. 滴定管使用前的准备

(1) 滴定管的洗涤　无明显油污的滴定管，直接用自来水冲洗。若有油污，则用铬酸洗液洗涤。

用洗液洗涤时，先关闭酸式滴定管的活塞，倒入 10～15mL 洗液于滴定管中，两手平端滴定管，并不断转动，直到洗液布满全管为止。然后打开活塞，将洗液放回原瓶中。若油污严重，可倒入温洗液浸泡一段时间。碱式滴定管洗涤时，要注意不能使铬酸洗液直接接触橡胶管。为此，可将碱式滴定管倒立于装有铬酸洗液的烧杯中，橡胶管接在抽水泵上，打开抽水泵，轻捏玻璃珠，待洗液徐徐上升到接近橡胶管处即停止。让洗液浸泡一段时间后，将洗液放回原瓶中。洗液洗涤后，先用自来水将管中附着的洗液冲净，再用蒸馏水涮洗几次。洗净的滴定管的内壁应完全被水均匀润湿而不挂水珠。否则，应再用洗液浸洗，直到洗净为止。

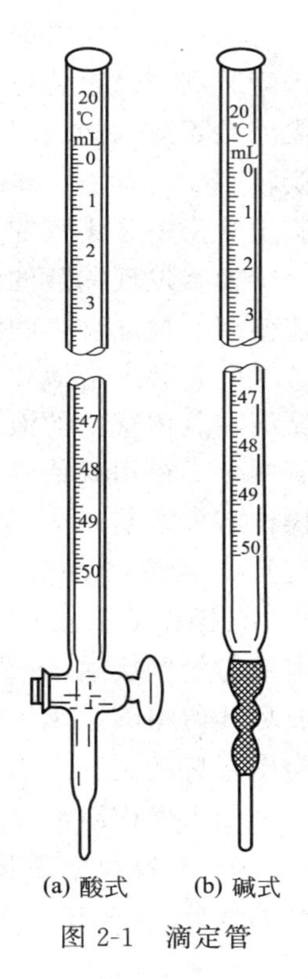

(a) 酸式　　(b) 碱式

图 2-1　滴定管

(2) 活塞涂油和检漏　酸式滴定管使用前，应检查活塞转动是否灵活而且不漏。如不符合要求，则取下活塞，用滤纸擦干净活塞及塞座。用手指蘸少量（切勿过多）凡士林，在活塞两端沿圆周各涂极薄的一层，把活塞径直插入塞座内，向同一方向转动活塞（不要来回转），直到从外面观察时，凡士林均匀透明为止。当凡士林用量太多，堵塞了活塞中间的小孔时，可取下活塞，用细铜丝捅出。如果是滴定管的出口管尖堵塞，可先用水充满全管，将出口管尖浸入热水中，温热片刻后，打开活塞，使管内的水流突然冲下，将熔化的油脂带出。最后用小孔胶圈套在玻璃旋塞小头槽内，防止塞子松动或滑出而损坏。

碱式滴定管使用前应检查橡胶管长度是否合适，是否老化变质。要求橡胶管内玻璃珠大小合适，能灵活控制液滴。如发现不合要求，应重新装玻璃珠和橡胶管。

滴定管使用之前必须严格检查，确保不漏。检查时，将酸式滴定管装满蒸馏水，把它垂直夹在滴定管架上，放置5min。观察管尖处是否有水滴滴下，活塞缝隙处是否有水渗出，若不漏，将活塞旋转180°，静置5min，再观察一次，无漏水现象即可使用。碱式滴定管只需装满蒸馏水直立5min，若管尖处无水滴滴下即可使用。

检查发现漏液的滴定管，必须重新装配，直至不漏，滴定管才能使用。检漏合格的滴定管，需用蒸馏水洗涤3～4次。

（3）装入溶液和赶气泡　首先将试剂瓶中的操作溶液摇匀，使凝结在瓶内壁上的液珠混入溶液。操作溶液应小心地直接倒入滴定管中，不得用其他容器（如烧杯、漏斗等）转移溶液。其次，在加操作溶液之前，应先用少量此种操作溶液洗滴定管数次，以除去滴定管内残留的水分，确保操作溶液的浓度不变。一般每次用约10mL操作溶液洗滴定管，要注意务必使操作溶液洗遍全管，并使溶液与管壁接触1～2min，每次都要冲洗滴定管出口管尖，并尽量放尽残留溶液。倒入操作溶液时，关闭活塞，用左手大拇指和食指与中指持滴定管上端无刻度处，稍微倾斜，右手拿住细口瓶往滴定管中倒入操作溶液，让溶液沿滴定管内壁缓缓流下，直到操作溶液至“0”刻度以上为止。为使溶液充满出口管（不能留有气泡或未充满部分），在使用酸式滴定管时，右手拿滴定管上部无刻度处，滴定管倾斜约30°，左手迅速打开活塞使溶液冲出，从而可使溶液充满全部出口管。如出口管中仍留有气泡或未充满部分，可重复操作几次。如仍不能使溶液充满，可能是出口管部分没洗干净，必须重洗。对于碱式滴定管，应注意玻璃珠下方的洗涤。用操作溶液洗完后，将其装满溶液垂直地夹在滴定管架上，左手拇指和食指放在稍高于玻璃珠所在的部位，并使橡胶管向上弯曲，出口管斜向上，往一旁轻轻挤捏橡胶管，使溶液从管口喷出，再一边捏橡胶管，一边将其放直，这样可排除出口管中的气泡，并使溶液充满出口管。注意，应在橡胶管放直后，再松开拇指和食指，否则出口管中仍会有气泡。排尽气泡后，加入操作溶液使之在“0”刻度以上，再调节液面在0.00mL刻度处，备用。如液面不在0.00mL时，则应记下初读数。

2. 滴定管的使用

（1）滴定管的操作　将滴定管垂直地夹于滴定管架上的滴定管夹上。

使用酸式滴定管时，用左手控制活塞，无名指和小指向手心弯曲，轻轻抵住出口管，大拇指在前，食指和中指在后，手指略微弯曲，轻轻向内扣住活塞，手心空握，如图 2-2(a) 所示。转动活塞时切勿向外（右）用力，以防顶出活塞，造成漏液。也不要过分往里拉，以免造成活塞转动困难，不能自如操作。

使用碱式滴定管时，左手拇指在前，食指在后，捏住橡胶管中玻璃珠所在部位稍上的地方，向右方挤橡胶管，使其与玻璃珠之间形成一条缝隙，从而放出溶液［见图 2-2(b)］。注意不能捏玻璃珠下方的橡胶管，以免当松开手时空气进入而形成气泡，也不要用力捏压玻璃珠，或使玻璃珠上下移动，那样做是白费力气并不能放出溶液。

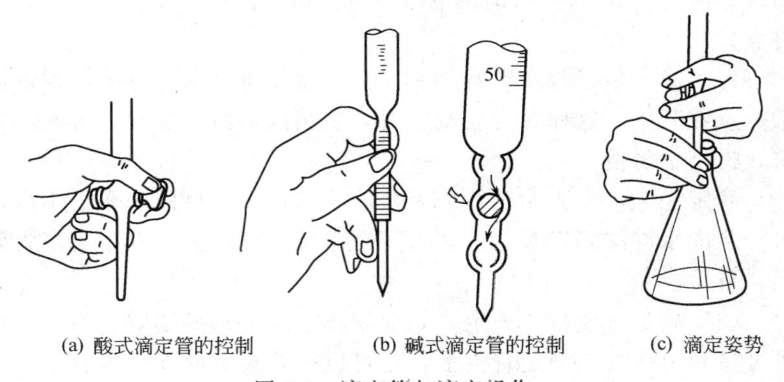

(a) 酸式滴定管的控制　(b) 碱式滴定管的控制　(c) 滴定姿势

图 2-2　滴定管与滴定操作

要能熟练自如地控制滴定管中溶液流出的技术：①使溶液逐滴流出；②只放出一滴溶液；③使液滴悬而未落（当在瓶上靠下来时即为半滴）。

（2）滴定操作　滴定通常在锥形瓶中进行，锥形瓶下垫一白瓷板作背景，右手拇指、食指和中指捏住瓶颈，瓶底离瓷板为2～3cm。调节滴定管高度，使其下端伸入瓶口约1cm。左手按前述方法操作滴定管，右手运用腕力摇动锥形瓶，使其向同一方向作圆周运动，边滴加溶液边摇动锥形瓶，见图2-2(c)。

在整个滴定过程中，左手一直不能离开活塞任溶液自流。摇动锥形瓶时，要注意勿使溶液溅出、勿使瓶口碰滴定管口，也不要使瓶底碰白瓷板，不要前后振动。一般在滴定开始时，无可见的变化，滴定速度可稍快，一般为6～8mL/min，即约3滴/s。滴定到一定时候，滴落点周围出现暂时性的颜色变化。在离滴定终点较远时，颜色变化立即消逝。临近终点时，变色甚至可以暂时地扩散到全部溶液，不过在摇动1～2次后变色完全消逝。此时，应改为滴1滴，摇几下。等到必须摇2～3次后，颜色变化才完全消逝时，表示离终点已经很近。微微转动活塞使溶液悬在出口管嘴上形成半滴，但未落下，用锥形瓶内壁将其沾下。然后将瓶倾斜把附于壁上的溶液洗入瓶中，再摇匀溶液。如此重复直到刚刚出现达到终点时出现的颜色而又不再消逝为止。一般30s内不再变色即到达滴定终点。

每次滴定最好都从读数0.00mL开始，也可从0.00mL附近的某一读数开始，这样在重复测定时，使用同一段滴定管，可减小误差，提高精密度。

滴定完毕，弃去滴定管内剩余的溶液，不得倒回原瓶。用自来水、蒸馏水冲洗滴定管，并装入蒸馏水至刻度以上，夹于滴定管架上，备用。

(3) 滴定管读数　滴定开始前和滴定终了都要读取数值。读数时可将滴定管夹在滴定管夹上，也可以从管夹上取下，用右手大拇指和食指捏住滴定管上部无刻度处，使管自然下垂，两种方法都应使滴定管保持垂直。在滴定管中的溶液形成一个弯液面，即待测容量的液体与空气之间的界面。无色或浅色溶液的弯液面下缘比较清晰，易于读数。读数时，使弯液面的最低点与分度线上边缘的水平面相切，视线与分度线上边缘在同一水平面上，以防止视差。因为液面是球面，改变眼睛的位置会得到不同的读数，见图 2-3(a)。

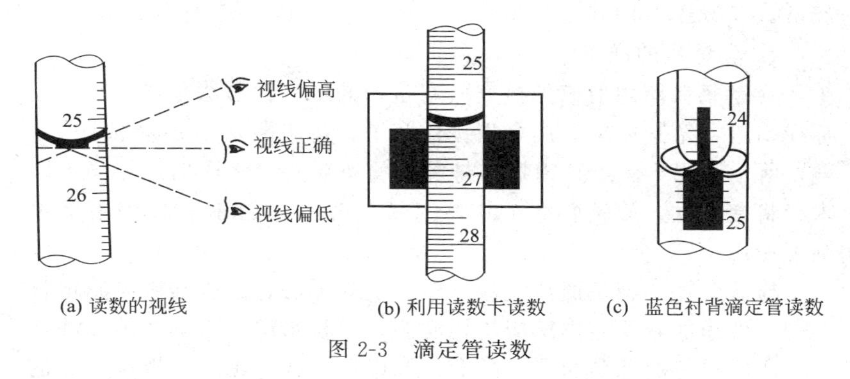

(a) 读数的视线　　(b) 利用读数卡读数　　(c) 蓝色衬背滴定管读数

图 2-3　滴定管读数

为了便于读数，可在滴定管后衬一读数卡。读数卡可用黑纸或涂有黑长方形（约 3cm×1.5cm）的白纸制成。读数时，手持读数卡放在滴定管背后，使黑色部分在弯液面下约 1mm 处，此时即可看到弯液面的反射层成为黑色，然后读此黑色弯液面下缘的最低点，见图 2-3(b)。

在使用带有蓝色衬背的滴定管时，液面呈现三角交叉点，应读取交叉点与刻度相交之点的读数，见图 2-3(c)。

颜色太深的溶液，如 $KMnO_4$ 溶液、I_2 溶液等，弯液面很难看清楚，可读取液面两侧的最高点，此时视线应与该点成水平。

必须注意：初读数与终读数应采用同一读数方法。刚刚添加完溶液或刚刚滴定完毕，不要立即调整零点或读数，而应等 0.5～1min，以使管壁附着的溶液流下来，使读数准确可靠。读数需准确至 0.01mL。读取初读数前，若滴定管尖悬挂液滴时，应该用锥形瓶外壁将液滴沾去。在读取终读数前，如果出口管尖悬有溶液，此次读数不能取用。

二、容量瓶

容量瓶是细颈梨形的平底玻璃瓶，带有玻璃磨口塞或塑料塞。颈上有标线，表示在所指温度下（一般为 20℃），当液体充满到标线时瓶内的液体体积。容量瓶主要用于配制标准溶液或试样溶液，也可用于将一定量的浓溶液稀释成准确体积的稀溶液。通常有25mL、50mL、100mL、250mL、500mL、1000mL等数种规格。

1. 容量瓶的准备

容量瓶在使用前应先检查瓶塞是否漏水，其方法是加自来水至标线附近，塞紧瓶塞。用食指按住塞子，将瓶倒立2min，如图2-4(a)所示。用干滤纸片沿瓶口缝隙处检查看有无水渗出。如果不漏水，将瓶直立，旋转瓶塞180°，塞紧，再倒立2min，如仍不漏水则可使用。

检验合格的容量瓶应洗涤干净。洗涤方法、原则与洗涤滴定管相同。洗净的容量瓶内壁应均匀润湿，不挂水珠，否则必须重洗。

必须保持瓶塞与瓶子的配套，标以记号或用细绳、橡皮筋等把它系在瓶颈上，以防跌碎或与其他瓶塞混乱。

2. 容量瓶的操作

由固体物质配制溶液时，准确称取一定量的固体物质，置于小烧杯中，加水或其他溶剂使其全部溶解（若难溶，可盖上表面皿，加热溶解，但需放冷后才能转移），定量转移入容量瓶中。转移时，将玻璃棒伸入容量瓶中，使其下端靠住瓶颈内壁，上端不要碰瓶口，烧杯嘴紧靠玻璃棒，使溶液沿玻璃棒和内壁流入，如图2-4(b)所示。溶液全部转移后，将玻璃棒稍向上提起，同时使烧杯

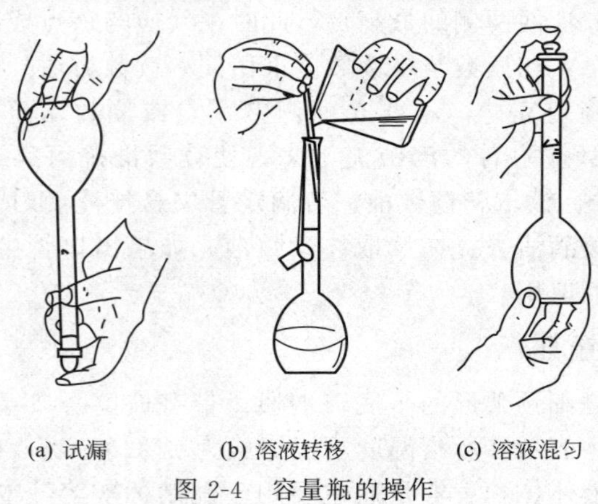

(a) 试漏　　(b) 溶液转移　　(c) 溶液混匀

图2-4　容量瓶的操作

直立，将玻璃棒放回烧杯。用洗瓶中的蒸馏水吹洗玻璃棒和烧杯内壁，将洗涤液也转移至容量瓶中。如此重复洗涤多次（至少 3 次）。完成定量转移后，加水至容量瓶容积的 3/4 左右时，将容量瓶摇动几周（勿倒转），使溶液初步混匀。然后把容量瓶平放在桌上，慢慢加水到接近标线 1cm 左右，等 1～2min，使黏附在瓶颈内壁的溶液流下。用细长滴管伸入瓶颈接近液面处，眼睛平视标线，加水至弯液面下缘最低点与标线相切。立即塞上干的瓶塞，按图 2-4(c) 握持容量瓶的姿势（对于容积小于 100mL 的容量瓶，只用左手操作即可），将容量瓶倒转，使气泡上升到顶。将瓶正立后，再次倒立振荡，如此重复 10～20 次，使溶液混合均匀。最后放正容量瓶，打开瓶塞，使其周围的溶液流下，重新塞好塞子，再倒立振荡 1～2 次，使溶液全部充分混匀。

注意不能用手掌握住瓶身，以免体温造成液体膨胀，影响容积的准确性。热溶液应冷却至室温后，才能注入容量瓶中，否则会造成体积误差。容量瓶不能久贮溶液，尤其是碱性溶液，会侵蚀玻璃使瓶塞粘住，无法打开。配好的溶液如需保存，应转移到试剂瓶中。容量瓶用毕，应用水冲洗干净。如长期不用，将磨口处洗净擦干，垫上纸片。容量瓶也不能加热，更不得在烘箱中烘烤。

三、吸量管

1. 吸量管的分类

吸量管是用来准确移取一定体积液体的量出式玻璃量器。吸量管分单标线吸量管（也称移液管）和分度吸量管（简称吸量管）两类，见图 2-5。

单标线吸量管用来准确移取一定体积的溶液。吸量管上部刻有一标线，此标线是按放出液体的体积来刻度的。常见的单标线吸量管有 5mL、10mL、25mL、50mL 等规格。

分度吸量管是带有分刻度的，用于准确移取所需不同体积的液体。

单标线吸量管标线部分管径较小，准确度较高；分度吸量管读数的刻度部分管径较大，准确度稍差，因此当量取整数体积的溶液时，常用相应大小的单标线吸量管而不用分度吸量管。分度吸量管在仪器分析中配制浓度较小的系列溶液时应用较多。

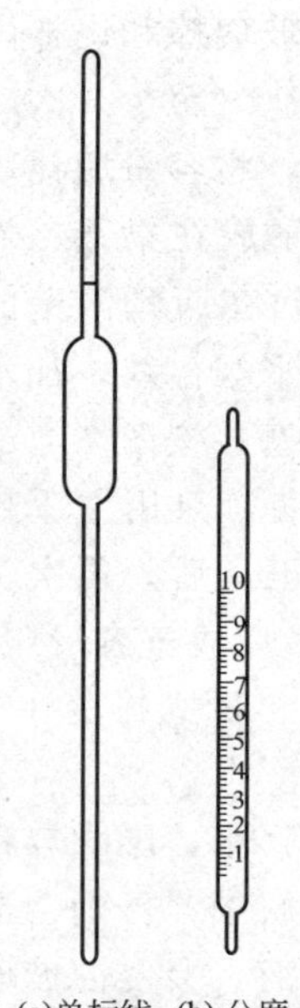

(a)单标线吸量管 (b)分度吸量管

图 2-5 吸量管

2. 吸量管的洗涤

洗涤前要检查吸量管的上口和排液嘴，必须完整无损。

吸量管一般先用自来水冲洗，然后用铬酸洗液洗涤，让洗液布满全管，停放 1～2min，从上口将洗液放回原瓶。用洗液洗涤后，沥尽洗液，用自来水充分冲洗，再用蒸馏水洗 3 次。洗好的吸量管必须达到内壁与外壁的下部完全不挂水珠，将其放在干净的吸量管架上。

3. 吸量管的操作

移取溶液前，先吹尽管尖残留的水，再用滤纸将管尖内外的水擦去，然后用欲移取的溶液涮洗 3 次，以确保所移取操作溶液浓度不变。注意勿使溶液回流，以免稀释及沾污溶液。

移取待吸溶液时，将吸量管管尖插入液面下 1～2cm。管尖不应伸入液面太多，以免管外壁黏附过多的溶液；也不应伸入太少，否则液面下降后吸空。当管内液面借洗耳球的吸力而慢慢上升时，管尖应随着容器中液面的下降而下降。当管内液面升高到刻度以上时，移去洗耳球，迅速用右手食指堵住管口（食指最好是潮而不湿），将管上提，离开液面，用滤纸拭干管下端外部。将管尖靠盛废液瓶的内壁（废液瓶稍倾斜），保持管身垂直。稍松右手食指，用右手拇指及中指轻轻捻转管身，使液面缓慢而平稳地下降，直到溶液弯液面的最低点与刻度线上边缘相切，视线与刻度线上边缘在同一水平面上，立即停止捻动并用食指按紧管口，保持容器内壁与吸量管口端接触，以除去吸附于吸量管口端的液滴。取出吸量管，立即插入承接溶液的器皿中，仍使管尖接触器皿内壁，使容器倾斜而管直立，松开食指，让管内溶液自由地顺壁流下，在整个排放和等待过程中，流液口尖端和容器内壁接触保持不动，如图 2-6 所示。

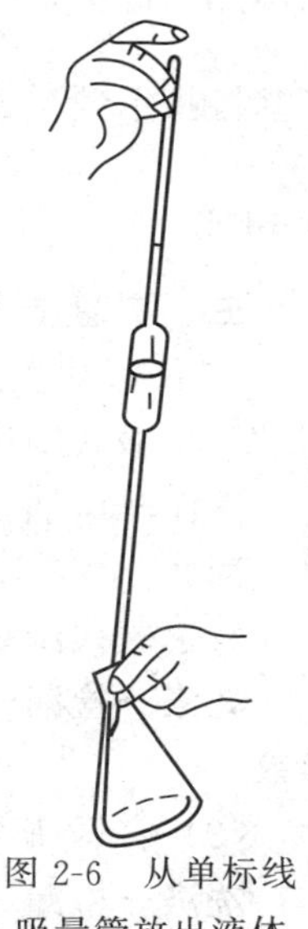
图 2-6　从单标线吸量管放出液体

对于单标线吸量管，待液面下降到管尖后，需等待 15s 再取出吸量管，以防流液口端保留残液。

使用分度吸量管移取溶液时，吸取溶液和调节液面至上端标线的操作与单标线吸量管相同。放液时要用食指控制管口，使液面慢慢下降至与所需刻度相切时，按住管口，随即将吸量管从接受容器中移开。若分度吸量管的分度刻至管尖，并需要从最上面的标线放至管尖时，对于吹出式分度吸量管（管上标有“吹”字），则在溶液流至管尖后随即从管口轻轻吹一下；而无“吹”字的流出式分度吸量管，不必吹出残留在管尖的溶液。

吸量管用完后应立即用自来水冲洗，再用蒸馏水冲洗干净，放在吸量管架上。

实验 2　滴定分析仪器的准备与操作练习

一、目的要求

1. 学习滴定管、容量瓶、吸量管的洗涤和使用方法。

2. 练习滴定操作，学习观察和判断滴定终点。

二、仪器与试剂

1. 仪器

50mL 酸式滴定管　　250mL 容量瓶　　50mL 碱式滴定管　　25mL 单标线吸量管　　250mL 锥形瓶（3 个）　　10mL 分度吸量管　　洗瓶烧杯

2. 试剂

盐酸溶液 [c(HCl) = 0.1mol/L]　　氢氧化钠溶液

[c(NaOH)＝0.1mol/L]　酚酞指示液（10g/L 乙醇溶液）

甲基橙指示液（1g/L 水溶液）　碳酸钠试液$\left[c\left(\frac{1}{2}Na_2CO_3\right)=1mol/L\right]$

三、实验步骤

1. 仪器的洗涤与准备

（1）酸式滴定管

洗涤→涂油→检漏→装溶液（以水代替）→赶气泡→调零→滴定→读数

（2）碱式滴定管

洗涤→检漏→装溶液（以水代替）→赶气泡→调零→滴定→读数

（3）容量瓶

洗涤→检漏→转移溶液（以水代替）→稀释→平摇→稀释→调液面至标线→摇匀

（4）单标线吸量管

洗涤→涮洗→吸液（用容量瓶中的水）→调液面→放液（至锥形瓶中）

（5）分度吸量管

洗涤→涮洗→吸液（用容量瓶中的水）→调液面→放液（按不同刻度把溶液放入锥形瓶中）

2. 酸碱溶液体积比的测定

（1）用 0.1mol/L 的盐酸溶液和氢氧化钠溶液分别涮洗酸式、碱式滴定管，分别装满溶液，赶去气泡，调好零点。

（2）从酸式滴定管中放出 20.00mL HCl 溶液于 250mL 锥形瓶中，加 2 滴酚酞指示液，以碱式滴定管中的 NaOH 溶液滴定至溶液呈浅粉红色 30s 不褪，读取 NaOH 溶液消耗的体积。

（3）再往锥形瓶中放入 HCl 溶液 2.00mL（共 22.00mL），再用 NaOH 溶液滴定。注意碱液应逐滴或半滴地滴入，挂在瓶壁上的碱液可用洗瓶中的蒸馏水淋洗下去，直至被滴定溶液呈现浅粉红色。如此，每次放出2.00mL HCl溶液，继续用NaOH溶液滴定，直到放出HCl溶液达30.00mL为止。记下每次滴定的终点读数。

3. 碳酸钠试液的稀释和滴定

（1）用单标线吸量管吸取Na_2CO_3试液25.00mL，放入250mL容量瓶中，用水稀释至刻度，摇匀备用。

（2）用单标线吸量管吸取25.00mL稀释后的Na_2CO_3试液，放入250mL锥形瓶中，加1滴甲基橙指示液，用滴定管中的HCl溶液（预先装满溶液、调好零点）滴定至橙色，记下消耗HCl溶液的体积。平行测定三次，绝对偏差不得大于0.05mL。

四、记录与计算

1. 酸碱溶液的体积比

序次	1	2	3	4	5	6
$V(HCl)/mL$ $V(NaOH)/mL$ $\frac{V(HCl)}{V(NaOH)}$						
平均值						

2. 碳酸钠稀溶液的滴定

编号	1	2	3
$V(Na_2CO_3)/mL$ $V(HCl)/mL$ 平均$\overline{V}(HCl)/mL$ 绝对偏差d/mL			

五、思考与讨论

1. 使用滴定管和吸量管时，为什么要用操作溶液涮洗？容量瓶和锥形瓶是否需要涮洗？

2. 滴定操作应注意哪些事项？如何控制和判断滴定终点？

3. 试计算滴定碳酸钠稀溶液的平均偏差［以$V(HCl)$表示］和

相对平均偏差，讨论造成偏差的原因。

本章要点

1. 基本概念

理解标准滴定溶液、指示剂、化学计量点和滴定终点的概念。

利用滴定分析完成一项给定的分析任务，必须考虑以下问题：

① 根据被测组分的性质，选择一种适用的滴定分析法，可能是酸碱滴定、配位滴定、沉淀滴定或氧化还原滴定。

② 方法选定以后，进一步确定需用的滴定剂和指示剂。滴定剂要配成浓度准确的标准滴定溶液，按所用试剂的性质，可以采用直接法或间接法进行配制。间接法是用基准物质标定所配制溶液的准确浓度。

③ 取一定量的试样溶液（必要时需定量地加以稀释），加入指示剂，用标准滴定溶液进行滴定。

④ 根据试样量、消耗标准滴定溶液的体积和浓度，按化学计量关系计算出被测组分的含量。

2. 滴定分析的计算原则和应用

按照等物质的量反应规则，必须正确选取物质的基本单元：①酸碱反应以给出或接受一个 H^+ 作为基本单元；②氧化还原反应以给出或接受一个电子作为基本单元；③EDTA 配位反应和卤化银沉淀反应通常以参与反应物质的分子或离子作为基本单元。在这个前提下，待测组分物质的量（n_B）与滴定剂物质的量（n_A）必然相等。由此得出两个基本关系式：

$$c_A V_A = c_B V_B \quad （两种溶液之间）$$

$$c_A V_A = \frac{m_B}{M_B} \quad （溶液与纯物质之间）$$

其他计算公式都可由这两个公式导出。这些公式主要应用于两个方面：

（1）计算标准滴定溶液的浓度，包括直接配制、标定计算、稀释计算和浓度换算等。

（2）计算试样的滴定分析结果，包括试样中被测组分的质量、质量分数和质量浓度的计算。

3. 滴定分析仪器及操作技术

滴定管和吸量管是按“量出”计量溶液体积；容量瓶是按“量入”计量溶液体积。在认识这些计量特性的基础上，完成下列技能训练环节：

（1）酸式滴定管的准备、滴定操作和读数；

（2）碱式滴定管的准备、滴定操作和读数；

（3）容量瓶的准备、转移溶液和定容；

（4）单标线吸量管的准备和定量转移溶液；

（5）以酚酞和甲基橙作指示剂时，酸碱滴定终点的观察判断。

1. 用于滴定分析的化学反应必须具备哪些条件？

2. 什么是基准物质？它有什么用途？

3. 标准滴定溶液的配制方法有哪些？各适用于什么情况？

4. 说明下列名词的含义：质量、物质的量、物质的量浓度、摩尔质量、滴定度、化学计量点、滴定终点、标准滴定溶液。

5. 什么是等物质的量反应规则？各种滴定反应如何选取基本单元？

6. 具塞滴定管和无塞滴定管分别可以装入哪些溶液？滴定时应如何握持滴定管？

7. 滴定管中有气泡存在时对滴定有何影响？应如何除去气泡？

8. 滴定管中装无色、有色溶液如何读数？对于蓝线衬背滴定管应如何读数？

9. 容量瓶如何检漏？用固体物质配制标准滴定溶液应如何转移溶液、定容和摇匀？

10. 吸量管有几种？如何调整液面和放出溶液？

11. 在 100mL 0.0800mol/L 的 NaOH 溶液中，应加入多少毫升 0.500mol/L 的 NaOH 溶液，最终浓度恰为 0.200mol/L?

答：40.0mL

12. 标定某氢氧化钠溶液时，准确称取基准邻苯二甲酸氢钾 0.4104g，溶于水，滴定用去该氢氧化钠溶液 36.70mL。求该氢氧化钠溶液物质的量浓度。

答：0.05476mol/L

13. 测定工业纯碱中 Na_2CO_3 的含量时，称取样品 0.3040g，用 0.2000mol/L 的 HCl 标准溶液滴定。问大约需消耗多少毫升标准滴定溶液。

答：28.7mL

14. 称取基准无水碳酸钠 5.364g，用水溶解后准确稀释至 500mL，求该溶液的准确浓度。

答：0.2024mol/L

15. 称取 0.5185g 含有水溶性氯化物的样品，用 0.1000mol/L 的 $AgNO_3$ 标准溶液滴定，消耗了 44.20mL。求样品中氯化物的质量分数。

答：0.3022

16. 称取工业草酸（$H_2C_2O_4 \cdot 2H_2O$）1.680g，溶解并定容于 250mL 容量瓶中，移取 25.00mL，以 0.1045mol/L 的 NaOH 溶液滴定，消耗 24.65mL。求工业草酸的纯度。

答：96.65%

17. 求 0.1015mol/L 的 HCl 溶液对 NH_3 的滴定度（$T_{NH_3/HCl}$）。

答：1.728mg/mL

18. 用基准草酸钠标定 $c\left(\frac{1}{5}KMnO_4\right)=0.1mol/L$ 的高锰酸钾溶液（在酸性介质中），为使高锰酸钾溶液消耗量在 35mL 左右，应称取草酸钠多少克?

答：0.23～0.24g

19. 测定氯化锌试剂的纯度时，称取样品 0.4776g，溶于水后控制溶液 pH＝6，以二甲酚橙作指示剂，用浓度为 0.1024mol/L 的 EDTA 标准滴定溶液 34.20mL 滴定至终点。求该试剂中 $ZnCl_2$ 的质量分数。

答：0.9994

20. 用一支 25mL 的移液管吸入溶液，当液面调到管上方标线时，管内的溶液恰是 25.00mL 吗？为什么？

21. 欲用 0.200mol/L 的 $AgNO_3$ 溶液配制成浓度为 0.0500mol/L 的溶液 500mL，应取 0.200mol/L 的 $AgNO_3$ 溶液多少毫升？

答：125mL

22. 称取基准无水碳酸钠 0.1500g，溶于水后加甲基橙指示剂，用待标定的盐酸溶液滴定至溶液由黄色变为橙色，消耗 28.00mL。求盐酸溶液物质的量浓度。

答：0.1010mol/L

23. 要配制 $c(HCl)$＝0.100mol/L 的盐酸溶液 300mL，需要含量为 37.2%、密度为 1.19g/mL 的浓盐酸多少毫升？

答：2.47mL

24. 取 3.00mL 醋酸溶液稀释至 250mL，取出 25.00mL，用 $c(NaOH)$＝0.2000mol/L 的 NaOH 标准溶液滴定，消耗 23.40mL。求醋酸溶液的质量浓度。

答：936g/L

25. 试查阅下列标准滴定溶液的配制方法：(1) 0.1mol/L HCl 溶液；(2) 0.1mol/L NaOH 溶液；(3) 1mol/L $(1/2Na_2CO_3)$ 溶液。

公认的参照物——标准物质

国际标准化组织对标准物质所下的定义为：已确定其一种或几种特性，用于校准测量器具，评价测量方法或确定材料特性量值的物质。可以理解为标准物质是用于化学分析、仪器分析中作对比的化学品，或是用于校准仪器的化学品。其化学组分、含量、理化性质及所含杂质是已知并得到公认的。标准物质是国家标准的一部分，其应用有着严格的国家标准和国际标准规定，每种标准物质都有相应的标准物质证书。由于标准物质是具有准确量值的测量标准，因此在化学测量、生物测量、工程测量与物理测量领域得到了广泛的应用。

标准物质以其特性量值的稳定性、均匀性和准确性为主要特征。按照应用领域不同，标准物质可分为三类：

① 化学成分标准物质，如金属、化学试剂等；

② 理化特性标准物质，如离子活度、黏度标样等；

③ 工程技术标准物质，如硬度、拉伸强度和表面特性等。

按照形态来分，标准物质可以分为标准溶液、标准气体、固体标准物质。

在化学成分类别中，标准物质还可进一步分为单一成分的标准物质和基体标准物质两大类。单一成分的标准物质是纯物质（元素或化合物），或纯度、浓度、熔点、黏度、吸光率、闪点等参考值已精确确定的纯物质的溶液。这类标准物质的重要用途之一是分析仪器的检定或校准。基体标准物质通常是感兴趣的被分析物以天然状态存在于其天然环境中的真实材料。所选择的基体标准物质应与测试样品有相似的基体。基体标准物质中经精确认定的分析物含量应尽量与被测样品相近。基体标准物质最重要的用途之一就是对分析测量方法的测试和确认。

标准物质和化学试剂没有必然的联系。标准物质可以是高纯的化学试剂，但高纯试剂不一定就是标准物质，还要看是否符合标准物质的特征以及是否有相应的标准证书。化学试剂一般都是高纯度的纯净物或含量和组成确定的简单混合物。凡化学实验中用到的已知其成分的物质都可以称为化学试剂。

在生产过程中，从工业原料的检验、工艺流程的控制、产品质量的评价、新产品的试制到“三废”的处理和利用等，都需要各种相应的标准物质保证其结果的可靠性，使生产过程处于良好的质量控制状态，有效地提高产品质量。另外，标准物质在产品检验和认证机构的质量控制和评价方面，在实验室认可工作方面都发挥着重要作用。

自1906年美国标准局（NBS）正式制备和颁布了第一批铸铁、转炉钢等五种标准物质（当时称标准铁样）以来，标准物质的发展已经历了百年的历史。标准物质作为现代计量科学的一个重要分支和标准化技术的一个组成部分，经历了从简单到复杂、由不成熟到成熟，不断创新，不断开拓新的技术领域的漫长历程。我国这方面工作起步较晚，但近年来进展很快。目前，国家标准物质中心已能够生产和分发钢铁、化工、建材、地矿、能源、食品、医药、环境和物理特性测量等行业应用的大量标准物质。这对促进测量技术发展，保证测量结果的可靠性和有效性，保证国家之间、部门之间、商品交换或技术交流之间、生产过程控制的不同时间之间的分析结果的可比性和一致性方面发挥了巨大的作用，从而在国际贸易、环境保护、人民健康和安全等方面获得了显著的经济效益和社会效益。

第三章 酸碱滴定法

知识目标

1. 掌握弱酸、弱碱和水解性盐酸度计算的简化方法。
2. 掌握不同类型酸碱滴定选择指示剂的原则和方法。
3. 了解各种滴定方式及其在酸碱滴定中的应用。

技能目标

1. 学会配制和标定氢氧化钠及盐酸标准滴定溶液。
2. 能够按照规程完成酸碱试样含量的测定，并正确报告分析结果。
3. 掌握滴定管、容量瓶、单标线吸量管和分析天平等分析仪器的操作要领。
4. 按照要求记录、处理实验数据，写出实验报告。

酸碱滴定法是利用酸碱中和反应来进行滴定分析的方法，又称为中和滴定法。其反应实质是 H^+ 与 OH^- 中和生成难以电离的水。

$$H^+ + OH^- \longrightarrow H_2O$$

酸碱中和反应速率快，瞬时即可完成；反应过程简单；有很多指示剂可供选用以确定滴定终点。这些特点都符合滴定分析对反应的要求。一般的酸、碱以及能与酸、碱直接或间接发生反应的物质，几乎都能用酸碱滴定法进行测定。因此，许多化工产品检验包括生产中间控制分析，都广泛使用酸碱滴定法。

为了判断一种酸或碱能否用酸碱滴定法进行测定，以及如何正确地选择指示剂，首先必须了解水溶液中酸碱的电离平衡和滴定过程溶液酸碱度的变化规律。

第一节 酸碱电离平衡

一、酸碱水溶液的酸度

酸度是指溶液中氢离子的浓度，通常用 pH 表示，即

$$pH=-\lg[H^+]$$ [1]

酸的浓度和酸度在概念上是不相同的。酸的浓度又叫酸的分析浓度，它是指某种酸的物质的量浓度，即酸的总浓度，包括溶液中未离解酸的浓度和已离解酸的浓度。

同样，碱的浓度和碱度在概念上也是不同的。碱度通常用 pOH 表示。对于水溶液，则

$$pH+pOH=14.0 \quad (25℃)$$

本书采用字母 c 表示酸或碱的分析浓度，而用方括号［ ］表示电离后某种组分的平衡浓度。如用 $[H^+]$ 和 $[OH^-]$ 表示溶液中 H^+ 和 OH^- 的平衡浓度。浓度的单位均为 mol/L。

根据电离理论，强酸和强碱在水溶液中完全电离，溶液中 H^+（或 OH^-）的平衡浓度就等于强酸（或强碱）溶液的分析浓度。例如 0.1mol/L 的 HCl 溶液，其酸度也是 0.1mol/L，即 $[H^+]=0.1$mol/L，pH=1；对于 0.01mol/L 的 NaOH 溶液，$[OH^-]=0.01$mol/L，pOH=2，pH=14－2=12。

弱酸和弱碱在水溶液中只有少部分电离，电离的离子与未电离的分子间保持着平衡关系。现以一元弱酸为例：

$$HA \rightleftharpoons H^+ + A^-$$

$$\frac{[H^+][A^-]}{HA}=K_a$$

---

[1] 严格地说，pH 是溶液中氢离子活度的负对数值。活度指溶液中溶质的有效浓度。在稀溶液中可以认为浓度与活度近似相等。

其电离平衡常数 K_a 通常叫酸的离解常数或酸度常数。根据 K_a 值的大小，可定量地衡量各种酸的强弱。

一种弱酸水溶液的酸度，可由该弱酸的分析浓度和酸度常数计算出来。设弱酸的分析浓度为 c_a，电离平衡时，其电离部分 $[H^+]=[A^-]$，而未电离部分 $[HA]=c_a-[H^+]$。由于弱酸电离部分的浓度与分析浓度相比要小得多，即 $c_a \gg [H^+]$，在近似计算中可以认为 $[HA]\approx c_a$。将这些关系代入 K_a 表达式中，得到

$$\frac{[H^+]^2}{c_a}=K_a$$

则

$$[H^+]=\sqrt{K_a c_a} \tag{3-1}$$

同理，各种碱的强度可用碱的离解常数或碱度常数 K_b 来衡量。K_b 越小，碱的强度越弱。类似地，可以推导出计算弱碱溶液中 $[OH^-]$ 的简化公式：

$$[OH^-]=\sqrt{K_b c_b} \tag{3-2}$$

式中，c_b 为弱碱溶液的分析浓度。

常见酸、碱的离解常数 K_a 和 K_b 列于本书附录一，从分析化学手册及其他参考书中也可以查到。

【例 3-1】 求 0.1000mol/L 乙酸水溶液的 pH。

解

$$HAc \rightleftharpoons H^+ + Ac^-$$

由附录一查出乙酸的离解常数 $K_a=1.75\times10^{-5}$，已知 $c_a=0.1000$mol/L，代入式(3-1) 得

$$[H^+]=\sqrt{1.75\times10^{-5}\times0.1000}=1.32\times10^{-3}\,(\text{mol/L})$$

$$pH=2.88$$

【例 3-2】 求 0.024mol/L 氨水溶液的 pH。

解

$$NH_3\cdot H_2O \rightleftharpoons NH_4^+ + OH^-$$

由附录一查出氨的碱度常数 $K_b=1.8\times10^{-5}$，已知 $c_b=0.024$mol/L，代入式(3-2) 得

$$[OH^-]=\sqrt{1.8\times10^{-5}\times0.024}=6.57\times10^{-4}\ (\text{mol/L})$$

$$pOH=3.18 \qquad pH=10.82$$

二、水解性盐溶液

由强碱和强酸所生成的盐，在水中完全电离，如 NaCl 在水溶液中全部电离为 Na^+ 和 Cl^-，溶液呈中性。有些盐类的水溶液呈碱性或酸性，如 NaAc 溶液呈碱性，NH_4Cl 溶液呈酸性。这是由于这些盐类的离子与水中 H^+ 或 OH^- 作用生成弱酸或弱碱，使溶液中 OH^- 或 H^+ 的浓度增大所致，这种现象称为盐的水解。

强碱弱酸所生成的盐，例如 NaAc，在水溶液中全部电离成 Na^+ 和 Ac^-。生成的 Ac^- 和水溶液中的 H^+ 结合成难以电离的 HAc 分子，使溶液中的 H^+ 浓度降低，破坏了水的电离平衡，促使水分子继续电离成 H^+ 和 OH^-。随着 Ac^- 不断地与 H^+ 结合成 HAc 分子，溶液中 $[OH^-]$ 就不断增加，直到建立平衡为止，这时溶液呈碱性。

$$
\begin{array}{l}
NaAc \longrightarrow Na^+ + Ac^- \\
\qquad\qquad\qquad\qquad\quad + \\
H_2O \rightleftharpoons OH^- + H^+ \\
\qquad\qquad\qquad\qquad\quad \Updownarrow \\
\qquad\qquad\qquad\qquad\quad HAc
\end{array}
$$

或 $$Ac^- + H_2O \rightleftharpoons HAc + OH^-$$

其水解平衡常数 $$K_h = \frac{[HAc][OH^-]}{[Ac^-]}$$

由于 $$\frac{[H^+][Ac^-]}{[HAc]} = K_a \qquad [H^+][OH^-] = K_w$$

故 $$K_h = \frac{K_w}{K_a}$$

NaAc 水解后溶液中 $[OH^-]$ 可根据水解平衡来计算。设 NaAc 盐的分析浓度为 c_s，水解平衡时 $[OH^-]=[HAc]$，$[Ac^-]=c_s-[OH^-]$。由于水解产生的 $[OH^-]$ 很小，与 c_s 比较可以忽略，因此可以认为 $[Ac^-]\approx c_s$，于是

$$K_h = \frac{[HAc][OH^-]}{[Ac^-]} = \frac{[OH^-]^2}{c_s}$$

即
$$\frac{K_w}{K_a}=\frac{[OH^-]^2}{c_s}$$

则
$$[OH^-]=\sqrt{\frac{K_w}{K_a}\times c_s} \tag{3-3}$$

由式(3-3)可知，酸越弱，K_a越小，所生成的盐越容易水解，溶液中的$[OH^-]$也越高。

【例 3-3】 求0.0500mol/L NaAc溶液的pH。

解 已知 $K_a=1.75\times10^{-5}$，$K_w=1.0\times10^{-14}$，$c_s=0.0500mol/L$，代入式(3-3)得

$$[OH^-]=\sqrt{\frac{1.0\times10^{-14}}{1.75\times10^{-5}}\times0.0500}=5.35\times10^{-6}\ (mol/L)$$

$$pOH=5.27 \qquad pH=8.73$$

强酸弱碱所生成的盐，例如NH_4Cl，水解后溶液呈酸性，溶液中的$[H^+]$可按下式求出：

$$[H^+]=\sqrt{\frac{K_w}{K_b}\times c_s} \tag{3-4}$$

同理，碱越弱，K_b越小，水解就越剧烈，溶液中的$[H^+]$也越高。

三、酸碱缓冲溶液

酸碱缓冲溶液是一种能对溶液酸度起稳定作用的溶液。由于许多化学反应要求在一定的酸度下进行，因此缓冲溶液应用得非常广泛。

1. 缓冲溶液的作用原理

缓冲溶液一般由弱酸和弱酸盐、弱碱和弱碱盐，以及不同碱度的酸式盐等组成。现以HAc和NaAc所组成的缓冲体系为例，说明缓冲溶液的作用原理。在这种溶液中，NaAc完全电离成Na^+和Ac^-，HAc则部分地电离为H^+和Ac^-：

$$NaAc \longrightarrow Na^+ + Ac^-$$
$$HAc \rightleftharpoons H^+ + Ac^-$$

如果在这种溶液中加入少量强酸 HCl，HCl 全部电离，加入的 H^+ 就与溶液中的 Ac^- 结合成难以电离的 HAc，上述 HAc 的电离平衡向左移动，使溶液中的 $[H^+]$ 增加不多，pH 变化很小。如果加入少量强碱 NaOH，则加入的 OH^- 与溶液中的 H^+ 结合成 H_2O 分子，引起 HAc 分子继续电离，即平衡向右移动，使溶液中 $[H^+]$ 的降低也不多，pH 变化仍很小。如果加水稀释，虽然 HAc 的浓度降低了，但它的电离度却相应地增大，也使溶液中 $[H^+]$ 基本不变。因此缓冲溶液具有调节控制溶液酸度的能力。

根据弱酸的电离平衡，可以推导出由弱酸和弱酸盐所组成缓冲溶液的 pH，即

$$pH = pK_a - \lg \frac{c_a}{c_s} \tag{3-5}$$

可见，这种缓冲溶液的 pH 主要取决于对应弱酸的电离常数 K_a 和缓冲混合物的浓度比。当 $\frac{c_a}{c_s}=1$ 时，$pH = pK_a$，该溶液具有最大缓冲能力。适当改变浓度比，可在一定范围内配制不同 pH 的缓冲溶液。通常缓冲溶液中各组分浓度为 0.1～1.0mol/L，混合物的浓度比大致控制在 $\frac{1}{10}$～10 范围，超过这个范围缓冲能力就很小了。

【例 3-4】 由 0.1mol/L HAc 和 0.1mol/L NaAc 所组成的缓冲溶液的 pH 是多少？若 $\frac{c_a}{c_s}=\frac{1}{10}$ 或 10，则溶液的 pH 将是多少？

解 （1）已知 $c_a = c_s = 0.1\text{mol/L}$，$K_a = 1.75\times10^{-5}$，则

$$pH = pK_a = -\lg(1.75\times10^{-5})$$

$$pH = 4.76$$

（2）若 $\frac{c_a}{c_s}=\frac{1}{10}$，则 $pH = pK_a - \lg\frac{1}{10} = 4.76 + 1.00 = 5.76$

（3）若 $\frac{c_a}{c_s}=10$，则 $pH = pK_a - \lg 10 = 4.76 - 1.00 = 3.76$

通常，弱酸及弱酸盐缓冲溶液的缓冲范围为：

$$pH \approx pK_a \pm 1 \tag{3-6}$$

类似地，弱碱及弱碱盐缓冲溶液的缓冲范围为：

$$pOH \approx pK_b \pm 1 \tag{3-7}$$

2. 常用的缓冲溶液

在化工分析中，常用的缓冲溶液有以下几种。

（1）乙酸-乙酸钠溶液　如上所述，这是由弱酸及其盐组成的酸性缓冲溶液，可供调节的缓冲范围一般为 pH＝3.8～5.8。

（2）氨水-氯化铵溶液　这是由弱碱及其盐组成的碱性缓冲溶液，已知 $NH_3 \cdot H_2O$ 的离解常数 $K_b = 1.8 \times 10^{-5}$，$pK_b = 4.74$，即当 $\frac{c_b}{c_s} = 1$，pOH＝4.74 时，缓冲能力最大。适当调节浓度比，可供调节的 pH 缓冲范围为 pH＝8.3～10.3。

（3）多元酸的酸式盐溶液　如邻苯二甲酸氢钾溶液、酒石酸氢钾溶液。它们属于两性物质，既可给出 H^+ 起酸的作用，又可接受 H^+ 起碱的作用，其本身就构成缓冲体系。这类缓冲溶液虽然缓冲能力不很大，但其 pH 准确而稳定，主要用作电位法测定溶液 pH 时校准仪器，称为标准缓冲溶液。如 0.05mol/L 邻苯二甲酸氢钾溶液的 pH（25℃）为 4.01。

（4）高浓度的强酸或强碱溶液　如高浓度的盐酸和高浓度的氢氧化钠溶液，可分别作为强酸介质（pH<2）和强碱介质（pH>12）的缓冲溶液。因为高浓度的强酸或强碱溶液，其酸度或碱度本来很高，外加少量 H^+ 或 OH^- 对溶液酸碱度的影响不大。

本书有关的实验部分给出了所需缓冲溶液的具体配方。各种不同 pH 的缓冲溶液的配制方法，可查阅分析化学手册。

第二节　酸碱指示剂

一、指示剂的变色原理

酸碱指示剂一般是结构复杂的有机弱酸或弱碱，它们在溶液中能部分电离成指示剂的离子和氢离子（或氢氧根），并于电离的同时，本身结构也发生改变，使它们的分子和离子具有不同的颜色。

例如，甲基橙是一种有机弱碱，它在溶液中存在以下电离平衡：

$$(CH_3)_2\overset{+}{N}{=}\!\left\langle\right\rangle\!{=}N{-}\overset{H}{\overset{|}{N}}{-}\!\left\langle\bigcirc\right\rangle\!{-}SO_3^- \rightleftharpoons (CH_3)_2N{-}\!\left\langle\bigcirc\right\rangle\!{-}N{=}N{-}\!\left\langle\bigcirc\right\rangle\!{-}SO_3^- + H^+$$

酸式(红色)　　　　　　　　碱式(黄色)

当电离达到平衡时，黄色的碱式体和红色的酸式体同时存在，但二者比例随溶液中的 $[H^+]$ 而变。在酸度较高时（pH<3.1），甲基橙主要以酸式体存在，显红色；在酸度较低时（pH>4.4），主要以碱式体存在，显黄色；而在 pH=3.1～4.4 显示过渡的橙色。可见，指示剂颜色的改变不是在某一确定的 pH，而是在一定 pH 范围内发生。指示剂由酸式色转变为碱式色的 pH 范围，叫做指示剂的变色范围。一般指示剂的变色范围为 1～2 个 pH 单位。

由于指示剂具有一定的变色范围，只有当溶液 pH 的改变超过一定数值，也就是说只有在酸碱滴定的化学计量点附近具有一定的 pH 突变时，指示剂才能从一种颜色突然变为另一种颜色。

二、常用的酸碱指示剂

指示剂的种类很多，表 3-1 列出了常用的酸碱指示剂，并指出了它们的变色范围、颜色变化、配制浓度和一般用量。

表 3-1　常用的酸碱指示剂

指示剂	变色范围	颜色变化	质量浓度	用量/(滴/10mL 试液)
甲基黄	2.9～4.0	红色→黄色	1g/L 乙醇溶液	1
溴酚蓝	3.0～4.4	黄色→紫色	1g/L 乙醇(1+4)溶液或其钠盐水溶液	1
甲基橙	3.1～4.4	红色→黄色	1g/L 水溶液	1
溴甲酚绿	3.8～5.4	黄色→蓝色	1g/L 乙醇(1+4)溶液或其钠盐水溶液	1～2
甲基红	4.4～6.2	红色→黄色	1g/L 乙醇(3+2)溶液或其钠盐水溶液	1
溴百里酚蓝	6.2～7.6	黄色→蓝色	1g/L 乙醇(1+4)溶液或其钠盐水溶液	1

续表

指示剂	变色范围	颜色变化	质量浓度	用量/(滴/10mL试液)
中性红	6.8～8.0	红色→橙黄色	1g/L乙醇(3+2)溶液	1
酚酞	8.0～9.8	无色→红色	10g/L乙醇溶液	1～2
百里香酚酞	9.4～10.6	无色→蓝色	1g/L乙醇溶液	1～2

在某些酸碱滴定中，有时需要将滴定终点限制在很窄的pH范围内，用上述单一指示剂往往不能满足要求，这种情况可采用混合指示剂。

混合指示剂主要是利用颜色之间的互补作用，使终点变色敏锐，变色范围变窄。混合指示剂有两种类型。一种是由两种或两种以上的指示剂混合而成，例如溴甲酚绿和甲基红，前者当pH<3.8时为黄色（酸色），pH>5.4时为蓝色（碱色）；后者当pH<4.4时为红色（酸色），pH>6.2时为浅黄色（碱色）。当它们按一定配比混合后，两种颜色叠加在一起，酸色为酒红色（红稍带黄），碱色为绿色。当pH＝5.1时，接近两种指示剂的中间颜色，这时甲基红呈橙红色而溴甲酚绿呈绿色，两者互为补色而呈浅灰色，这时颜色发生突变。用盐酸溶液滴定碳酸钠溶液时，采用这种混合指示剂，比用单一的甲基橙指示剂终点敏锐得多。

另一种类型的混合指示剂是在某种指示剂中加入一种惰性染料。例如，中性红与染料亚甲基蓝混合配成的混合指示剂，在pH＝7.0时为紫蓝色，变色范围只有0.2个pH单位左右，比单独的中性红的变色范围要窄得多。

常用的混合指示剂列于表3-2中。

表3-2　常用的混合指示剂

指示剂溶液的组成	变色时pH	颜色		备注
		酸色	碱色	
一份1g/L甲基黄乙醇溶液 一份1g/L亚甲基蓝乙醇溶液	3.25	蓝紫色	绿色	pH＝3.4绿色；pH＝3.2蓝紫色
一份1g/L甲基橙水溶液 一份2.5g/L靛蓝二磺酸水溶液	4.1	紫色	黄绿色	

续表

指示剂溶液的组成	变色时 pH	颜色		备注
		酸色	碱色	
一份 1g/L 溴甲酚绿钠盐水溶液 一份 2g/L 甲基橙水溶液	4.3	橙色	蓝绿色	pH=3.5 黄色;pH=4.05 绿色;pH=4.3 浅绿色
三份 1g/L 溴甲酚绿乙醇溶液 一份 2g/L 甲基红乙醇溶液	5.1	酒红色	绿色	
三份 2g/L 甲基红乙醇溶液 二份 2g/L 亚甲基蓝乙醇溶液	5.4	红紫色	绿色	pH=5.2 红紫色;pH=5.4 暗蓝色;pH=5.6 绿色
一份 1g/L 溴甲酚绿钠盐水溶液 一份 1g/L 氯酚红钠盐水溶液	6.1	黄绿色	蓝紫色	pH=5.4 蓝绿色;pH=5.8 蓝色;pH=6.0 蓝带紫;pH=6.2 蓝紫色
一份 1g/L 中性红乙醇溶液 一份 1g/L 亚甲基蓝乙醇溶液	7.0	紫蓝色	绿色	pH=7.0 紫蓝色
一份 1g/L 甲酚红钠盐水溶液 三份 1g/L 百里酚蓝钠盐水溶液	8.3	黄色	紫色	pH=8.2 玫瑰红色;pH=8.4 清晰的紫色
一份 1g/L 百里酚蓝乙醇(1+1)溶液 三份 1g/L 酚酞乙醇(1+1)溶液	9.0	黄色	紫色	从黄到紫,再到紫
一份 1g/L 酚酞乙醇溶液 一份 1g/L 百里香酚酞乙醇溶液	9.9	无色	紫色	pH=9.6 玫瑰红色;pH=10 紫色
二份 1g/L 百里香酚酞乙醇溶液 一份 1g/L 茜素黄 R 乙醇溶液	10.2	黄色	紫色	

此外，如果把甲基红、溴百里酚蓝、百里酚蓝、酚酞按一定比例混合，溶于乙醇配成混合指示剂，并制成 pH 试纸，可以粗略地测定溶液 pH。这种试纸随 pH 不同而逐渐变色如下：

pH	<4	5	6	7	8	9	≥10
颜色	红色	橙色	黄色	绿色	青色	蓝色	紫色

第三节 滴定曲线及指示剂的选择

由于酸、碱有强弱的不同，滴定过程溶液酸度的变化情况也不同。只有了解不同类型酸碱滴定过程中溶液酸度的变化规律，才能选择合适的指示剂，以正确指示滴定终点。

一、强酸或强碱的滴定

现以 0.1000mol/L 的 NaOH 溶液滴定 20.00mL 0.1000mol/L 的 HCl 溶液为例，讨论用强碱滴定强酸过程中溶液 pH 的变化规律。

(1) 滴定前　由于 HCl 是强酸，溶液的 pH 取决于 HCl 的分析浓度：

$$[H^+]=c(HCl)=0.1000mol/L$$

$$pH=1.00$$

(2) 滴定开始后至化学计量点前　随着 NaOH 溶液的滴入，不断发生中和反应，溶液中的 $[H^+]$ 逐渐降低，pH 逐渐升高。这一阶段溶液的 pH 取决于剩余 HCl 的量。当加入 19.98mL NaOH 溶液时（尚有 0.1% HCl 未反应），溶液中 HCl 浓度为：

$$\frac{0.02\times0.1000}{20.00+19.98}=5.0\times10^{-5}(mol/L)$$

$$[H^+]=5.0\times10^{-5}mol/L$$

$$pH=4.30$$

(3) 化学计量点时　即加入了 20.00mL NaOH 溶液，HCl 完全被中和生成 NaCl 溶液，溶液呈中性。

$$pH=pOH=7.00$$

(4) 化学计量点后　这一阶段溶液的 pH 取决于过量的 NaOH。如加入 20.02mL NaOH 溶液时，NaOH 溶液过量 0.02mL，多余的 NaOH 浓度为：

$$\frac{0.02\times0.1000}{20.00+20.02}=5.0\times10^{-5}\ (mol/L)$$

$$pOH=4.30\qquad pH=9.70$$

如此逐点计算，可以求出滴定过程中各点的 pH。

若以 NaOH 溶液加入量为横坐标，对应溶液的 pH 为纵坐标，绘制关系曲线，则得如图 3-1 所示的曲线，这种曲线称为滴定曲线。由图 3-1 可以看出，滴定开始时溶液中存在着较多的 HCl，pH 升高比较缓慢。随着滴定的进行，溶液中 HCl 含量逐渐减少，pH 的升高逐渐加快。在化学计量点前后，NaOH 溶液由不足 0.02mL 到过量 0.02mL，总共不过 0.04mL（约为一滴），但溶液 pH 却从 4.30 增加到 9.70，变化了 5.4 个 pH 单位，形成滴定曲线的“突跃”部分。化学计量点以后再滴入 NaOH 溶液，由于溶液已呈碱性，pH 的变化比较小，和滴定开始时相似，曲线又变得平坦。根据化学计量点附近的 pH 突跃，就可选择适当的指示剂。显然，能在此 pH 突跃范围内变色的指示剂，包括酚酞和甲基橙（其变色范围有一部分在 pH 突跃范围之内）在内，原则上都可以选用。

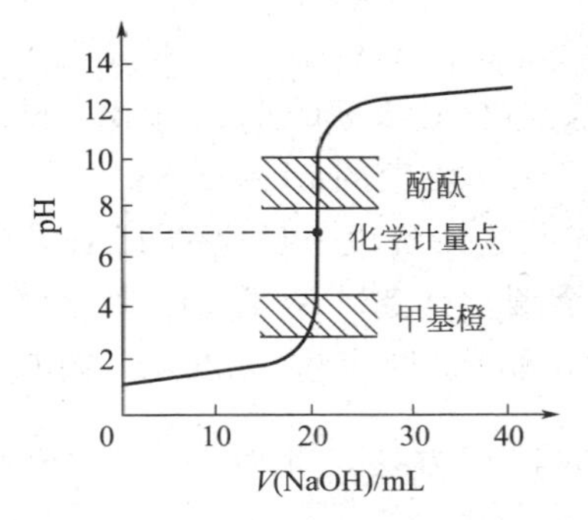

图 3-1　0.1000mol/L NaOH 溶液滴定 20.00mL 0.1000mol/L HCl 溶液的滴定曲线

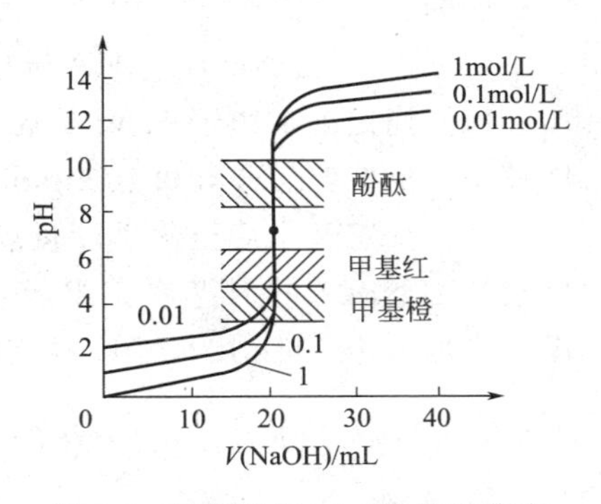

图 3-2　不同浓度 NaOH 溶液滴定不同浓度 HCl 溶液的滴定曲线

以上讨论的是以 0.1000mol/L NaOH 滴定 0.1000mol/L HCl 溶液的情况。如果改变溶液的浓度，当到达化学计量点时，溶液的 pH 依然是 7.00，但 pH 突跃的范围却不相同。如图 3-2 所示为不同浓度的强酸被相应浓度 NaOH 溶液滴定时的一组滴定曲线。由图 3-2 可知，溶液越稀，滴定曲线上的 pH 突跃范围越短。在酸碱滴定中，常用标准溶液的浓度一般为 0.1～1.0mol/L。

用强酸滴定强碱时，可以得到恰好与上述 pH 变化方向相反的滴定曲线，其 pH 突跃范围和指示剂的选择，与强碱滴定强酸的情况相同。

在实际工作中，指示剂的选择还应考虑到人的视觉对颜色的敏感性。用强碱滴定强酸时，习惯选用酚酞作指示剂，因为酚酞由无色变为粉红色易于辨别。相反，用强酸滴定强碱时，常选用甲基橙或甲基红作指示剂，滴定终点颜色由黄变橙或红，颜色由浅到深，人的视觉较为敏感。

二、弱酸或弱碱的滴定

现以 0.1000mol/L 的 NaOH 溶液滴定 20.00mL 0.1000mol/L 的 HAc 溶液为例，讨论强碱滴定弱酸过程中溶液 pH 的变化。滴定反应为：

$$NaOH + HAc \rightleftharpoons NaAc + H_2O$$

(1) 滴定前　由于 HAc 是弱酸，与相同浓度的 HCl 相比，酸度较小，例 3-1 已求出 0.1000mol/L HAc 溶液的 pH＝2.88。

(2) 滴定开始后至化学计量点前　这一阶段未反应的 HAc 与反应产物 NaAc 同时存在，组成一个缓冲体系，溶液 pH 变化缓慢。当加入 19.98mL NaOH 溶液时，剩余 HAc 为 0.02mL（尚有 0.1% HAc 未反应）。按照例 3-4 的计算方法，此时 $\frac{c_a}{c_s}=10^{-3}$，pH＝7.76。

(3) 化学计量点时　加入 20.00mL NaOH 溶液，HAc 全部被中和生成 NaAc。由于 NaAc 水解使溶液呈碱性，例 3-3 已求出 0.0500mol/L NaAc 溶液的 pH＝8.73。

(4) 化学计量点后　由于过量 NaOH 的滴入，抑制了 NaAc 的水解，溶液的 pH 由过量的 NaOH 决定，其数据与强碱滴定强酸时相同。如加入 NaOH 20.02mL 时 pH＝9.70。

如此逐点计算，所得数据可绘制成如图 3-3 所示的滴定曲线。由图 3-3 可以看到，用 NaOH 溶液滴定 HAc 溶液的滴定突跃范围较小（pH 为 7.76～9.70），且处在碱性范围内，因此指示剂的选择受到较大限制。在酸性范围内变色的指示剂如甲基橙、甲基红等都不适用，必须选择在弱碱性范围内变色的指示剂，如酚酞等。

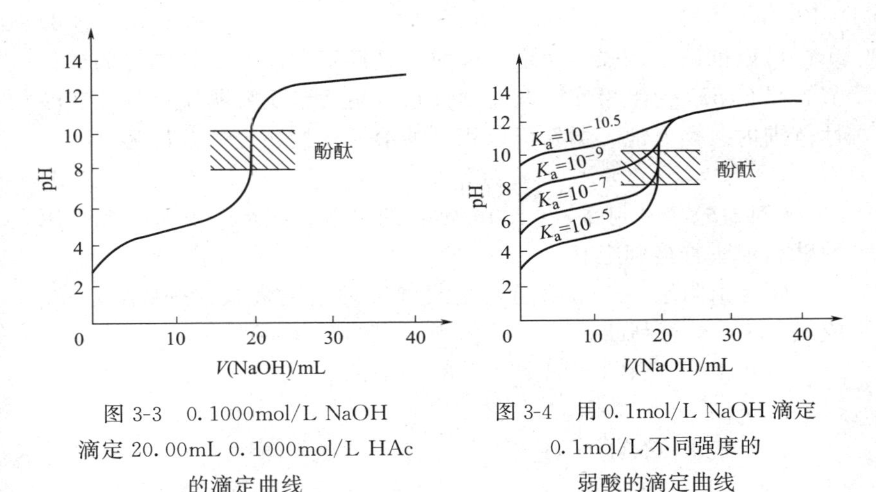

图 3-3　0.1000mol/L NaOH 滴定 20.00mL 0.1000mol/L HAc 的滴定曲线

图 3-4　用 0.1mol/L NaOH 滴定 0.1mol/L 不同强度的弱酸的滴定曲线

选择指示剂的一种简便方法是，计算出化学计量点溶液的 pH，该 pH 处于哪种指示剂的变色范围内，一般就可以选择这种指示剂。如本例化学计量点溶液 pH＝8.73，恰处于酚酞的变色范围（8.0～9.8）之内。

如果被滴定的酸比 HAc 更弱，则化学计量点时溶液的 pH 更高，化学计量点附近的 pH 突跃更小。用 NaOH 溶液滴定强度不同的弱酸溶液的滴定曲线如图 3-4 所示。由图 3-4 可见，如果被滴定弱酸的离解常数为 10^{-9} 左右，则化学计量点附近已无 pH 突跃出现，显然不能用酸碱指示剂来指示滴定终点。

由于化学计量点附近 pH 突跃的大小不仅和被测酸的 K_a 值有关，还和溶液的浓度有关，因此用较浓的标准溶液滴定较浓的试液，可使 pH 突跃适当增大，滴定终点较易判断。但这也存在一定的限度，对于 $K_a=10^{-9}$ 的弱酸，即使用 1mol/L 的标准碱也是难以直接滴定的。一般地说，当弱酸溶液的浓度 c_a 和弱酸的离解常数 K_a 的乘积 $c_aK_a \geqslant 10^{-8}$ 时，可观察到滴定曲线上的 pH 突跃，可以用指示剂变色判断滴定终点。因此，弱酸可以用强碱溶液直接滴定的条件为：

$$c_a K_a \geqslant 10^{-8} \tag{3-8}$$

可以推论，用强酸滴定弱碱时，其滴定曲线与强碱滴定弱酸相似，只是 pH 变化相反，即化学计量点附近 pH 突跃较小且处在酸性范围内。类似地，弱碱可以用强酸溶液直接滴定的条件为：

$$c_b K_b \geqslant 10^{-8} \tag{3-9}$$

【例 3-5】 试判断 $c=1.0\text{mol/L}$ 的甲酸、氨水、氢氰酸能否用酸碱滴定法直接滴定。

解 由附录一查出给定弱酸或弱碱的电离常数，按照式(3-8)或式(3-9) 即可判断。

（1）甲酸（HCOOH） $K_a=1.77\times10^{-4}$

$c_a K_a=1.0\times1.77\times10^{-4}>10^{-8}$ 可以直接滴定

（2）氨水（$NH_3 \cdot H_2O$） $K_b=1.8\times10^{-5}$

$c_b K_b=1.0\times1.8\times10^{-5}>10^{-8}$ 可以直接滴定

（3）氢氰酸（HCN） $K_a=6.2\times10^{-10}$

$c_a K_a=1.0\times6.2\times10^{-10}<10^{-8}$ 不能直接滴定

【例 3-6】 用 0.1000mol/L HCl 溶液滴定 0.1000mol/L 氨水溶液的化学计量点 pH 是多少？应选择哪种指示剂？

解 此项滴定属于强酸滴定弱碱，化学计量点全部生成 NH_4Cl，应按水解性盐计算其 pH。

已知 $K_b=1.8\times10^{-5}$，$K_w=1.0\times10^{-14}$，$c_s=0.0500\text{mol/L}$，代入式(3-4) 得

$$[H^+]=\sqrt{\frac{1.0\times10^{-14}}{1.8\times10^{-5}}\times0.0500}=5.3\times10^{-6}\ (\text{mol/L})$$

$$pH=5.28$$

查表 3-1，选甲基红（变色范围为 4.4～6.2）作指示剂最合适。

多元酸或多元碱分级电离，滴定过程比较复杂。若第一级电离常数 K_{a1} 或 K_{b1} 满足前述滴定分析条件，则可以直接滴定；若相邻两级电离常数之比$\geqslant10^4$，还可以分步滴定。例如，用 NaOH 溶液滴定磷酸（H_3PO_4）时，滴定曲线上有两个 pH 突跃；而滴定草

酸或酒石酸等二元酸时，滴定曲线上只有一个 pH 突跃，即一次滴定到正盐。

三、水解性盐的滴定

强碱弱酸盐和强酸弱碱盐在水溶液中发生水解，呈现不同程度的碱性或酸性，因此有可能用强酸或强碱溶液进行滴定。是否所有的水解性盐都可以进行直接滴定呢？这取决于组成盐的弱酸或弱碱的相对强度。

较强的弱酸与强碱所生成的盐如 NaAc，当用 HCl 标准溶液滴定时，由于化学计量点（生成 HAc）溶液的酸度较高，化学计量点后稍过量的 HCl 所引起酸度的改变不显著，pH 突跃极小，指示剂的选择有困难。只有那些极弱的酸（$K_a \leqslant 10^{-6}$）与强碱所生成的盐，如 $Na_2B_4O_7 \cdot 10H_2O$（硼砂）、Na_2CO_3 及 KCN 等，才能用标准酸溶液直接滴定。

硼砂是硼酸失水后与氢氧化钠作用所形成的钠盐。硼砂溶液碱性较强，可用标准酸直接滴定。

$$2HCl + Na_2B_4O_7 + 5H_2O \longrightarrow 2NaCl + 4H_3BO_3$$

由于生成物 H_3BO_3 是很弱的酸（$K_{a1} = 7.3 \times 10^{-10}$），在化学计量点（pH＝5.1）时溶液酸度很弱，化学计量点后 HCl 稍过量时，pH 急剧下降，形成一个突跃。可选择甲基红作指示剂，终点变色相当明显。

碳酸钠是二元弱酸（H_2CO_3）的钠盐。由于 H_2CO_3 的两级电离常数都很小（$K_{a1} = 4.5 \times 10^{-7}$，$K_{a2} = 4.7 \times 10^{-11}$），因此可用 HCl 直接滴定 Na_2CO_3。滴定反应分两步进行，第一步为：

$$HCl + Na_2CO_3 \longrightarrow NaCl + NaHCO_3$$

在第一化学计量点时，Na_2CO_3 全部转变为 $NaHCO_3$。第二步为：

$$HCl + NaHCO_3 \longrightarrow NaCl + H_2CO_3$$
$$H_2CO_3 \longrightarrow CO_2 \uparrow + H_2O$$

到达第二化学计量点时，$NaHCO_3$ 全部转变为 H_2CO_3。滴定过程溶液的 pH 变化情况如图 3-5 所示。由图可见，在第一化学计量点

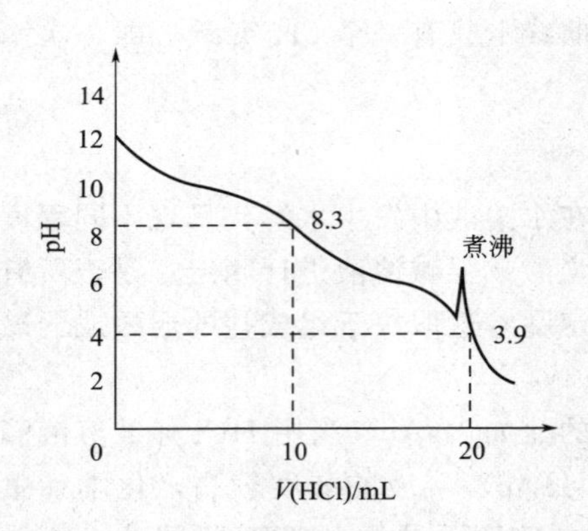

图 3-5　用 HCl 溶液滴定 Na_2CO_3 溶液的滴定曲线

(pH=8.3)，由于 $K_{a1}/K_{a2}\approx 10^4$，比值不够大，pH 突跃不太明显，以酚酞褪色作为终点较难观察。如果用甲酚红和百里酚蓝混合指示剂，则可减小误差，获得较好结果。第二化学计量点（pH=3.9），可用甲基橙作指示剂。但由于 K_{a1} 不够小及溶液中 CO_2 过多，酸度较大，致使终点出现稍早。为此，滴定接近终点时应将溶液煮沸驱除 CO_2，冷却后再继续滴定至终点。采用溴甲酚绿-甲基红混合指示剂，代替甲基橙指示第二化学计量点，效果更好。

与上述情况相似，极弱的碱（$K_b\leqslant 10^{-6}$）与强酸所生成的盐如盐酸苯胺（$C_6H_5NH_2\cdot HCl$），可以用标准碱溶液直接滴定。而较强的弱碱与强酸所生成的盐如 NH_4Cl，就不能用标准碱溶液直接滴定。铵盐一般需用间接法加以测定。

第四节　酸碱滴定方式和应用

酸碱滴定法能测定一般的酸、碱以及能与酸、碱起作用的物质，也能间接地测定一些既非酸又非碱的物质，应用范围非常广泛。按滴定方式的不同，分别叙述如下。

一、直接滴定

（1）酸类　强酸、$c_aK_a\geqslant 10^{-8}$ 的弱酸、混合酸都可用标准碱溶液直接滴定，如盐酸、硫酸、硝酸、磷酸、乙酸、酒石酸、苯甲酸等（见实验 4）。

（2）碱类　强碱、$c_bK_b\geqslant 10^{-8}$ 的弱碱、混合碱都可用标准酸溶液直接滴定，如苛性钠、苛性钾、甲胺（CH_3NH_2）等。

（3）盐类　强碱弱酸盐若其对应弱酸的 $K_a \leqslant 10^{-6}$，则可用标准酸溶液直接滴定；强酸弱碱盐若其对应弱碱的 $K_b \leqslant 10^{-6}$，则可用标准碱溶液直接滴定。如碳酸钠、碳酸氢钠、硼砂、盐酸苯胺（$C_6H_5NH_2 \cdot HCl$）等。

【应用实例】　混合碱的分析

在制碱工业中经常遇到 NaOH、Na_2CO_3 和 $NaHCO_3$ 混合碱的分析问题。这三种成分能以两种混合物形式存在：NaOH 和 Na_2CO_3，Na_2CO_3 和 $NaHCO_3$。NaOH 和 $NaHCO_3$ 不能共存，因为它们之间会发生中和反应。

1. NaOH 和 Na_2CO_3 的混合物

根据滴定碳酸钠时有两个化学计量点的原理，可以利用“双指示剂法”用 HCl 直接滴定 NaOH 和 Na_2CO_3 的混合物。第一化学计量点可用酚酞作指示剂，当滴定到酚酞褪色时，NaOH 已完全被中和，而 Na_2CO_3 反应生成 $NaHCO_3$，设这时消耗标准酸的体积为 V_1；然后用甲基橙或溴甲酚绿-甲基红混合指示剂，继续用 HCl 滴定到第二化学计量点，使 $NaHCO_3$ 完全转化为 H_2CO_3（即 CO_2+H_2O），设第二步消耗标准酸的体积为 V_2。按照化学计量关系，Na_2CO_3 被滴定到 $NaHCO_3$ 和 $NaHCO_3$ 被滴定到 H_2CO_3 所消耗 HCl 物质的量是相等的。因此，净消耗于 NaOH 的 HCl 溶液体积为 V_1-V_2；消耗于 Na_2CO_3 的 HCl 溶液体积为 $2V_2$。由此可以求出混合试样中 NaOH 和 Na_2CO_3 的含量（见实验 6）。

测定 NaOH 和 Na_2CO_3 的混合物，更为准确的方法是“氯化钡法”。将一定量试样溶解后，稀释至一定体积，取出两等份试液。第一份，以甲基橙或溴甲酚绿-甲基红混合指示剂，用 HCl 标准溶液滴定，测出总碱量，设消耗标准酸体积为 V_1；第二份，加 $BaCl_2$ 溶液使 Na_2CO_3 生成 $BaCO_3$ 沉淀，然后以酚酞为指示剂，用 HCl 标准溶液滴定，设消耗标准酸体积为 V_2。由 V_2 求出试样中 NaOH 的含量；由 V_1-V_2 可求出试样中 Na_2CO_3 的含量。

2. Na_2CO_3 和 $NaHCO_3$ 的混合物

按照双指示剂法同样可以测定这种混合物。在第一化学计量点，Na_2CO_3 被滴定到 $NaHCO_3$，设此时消耗标准酸的体积为 V_1；在第二化学计量点，混合物中的 $NaHCO_3$ 和由 Na_2CO_3 生成的 $NaHCO_3$ 都被滴定至 H_2CO_3，设第二步消耗标准酸的体积为 V_2，则消耗于 Na_2CO_3 的 HCl 标准溶液体积为 $2V_1$，而净消耗于 $NaHCO_3$ 的 HCl 标准溶液体积为 V_2-V_1。由此即可求出试样中 Na_2CO_3 和 $NaHCO_3$ 的含量。

二、返滴定

有些物质具有酸性或碱性，但易挥发或难溶于水。这时可先加入一种过量的标准溶液，待反应完全后，再用另一种标准溶液滴定剩余的前一种标准溶液，这种滴定方式称为返滴定或剩余滴定。返滴定还适用于反应较慢、需要加热，或者直接滴定缺乏适当指示剂等情况。

采用返滴定时，试样中被测组分物质的量等于加入第一种标准溶液物质的量（c_1V_1）与返滴定所用第二种标准溶液物质的量（c_2V_2）之差值。

【应用实例】

1. 氨水的分析

$NH_3 \cdot H_2O$ 是弱碱，可以用 HCl 标准溶液直接滴定。但因氨易挥发，如果直接滴定可能导致结果偏低，因此常用返滴定法。先加入一定过量的 HCl 标准溶液，使 $NH_3 \cdot H_2O$ 与 HCl 反应，再用 NaOH 标准溶液回滴剩余的 HCl。这个过程虽然是强碱滴定强酸，但由于溶液中存在有 NH_4Cl，化学计量点 pH 为 5.3 左右，而不是 7，故应选用甲基红作指示剂。

2. 酯类的分析

酯类与过量的 KOH 在加热回流的条件下反应，生成相应有机酸的碱金属盐和醇。例如：

$$CH_3COOC_2H_5+KOH \longrightarrow CH_3COOK+C_2H_5OH$$

这个反应称为"皂化"反应，反应完全后，多余的碱以标准酸溶液滴定，用酚酞或百里酚酞作指示剂。由于多数酯类难溶于水，因此常用 KOH 的乙醇溶液进行皂化。

工业上常用"皂化值"表示分析结果。在规定条件下，中和并皂化 1g 试样所消耗的以 mg 计的氢氧化钾的质量叫做皂化值。它是试样中酯类和游离酸含量的一个量度。

三、间接滴定

有些物质本身没有酸碱性或酸碱性很弱而不能直接滴定，但是可以利用某些化学反应使它们转化为相当量的酸或碱，然后再用标准碱或标准酸进行滴定。这种滴定方式称为置换滴定或间接滴定。

【应用实例】

1. 硼酸的测定

硼酸（H_3BO_3）是一种极弱的酸，其 $K_{a1}=7.3\times10^{-10}$，不能用碱直接滴定。但硼酸能与多元醇（如乙二醇、甘油等）反应生成配位酸：

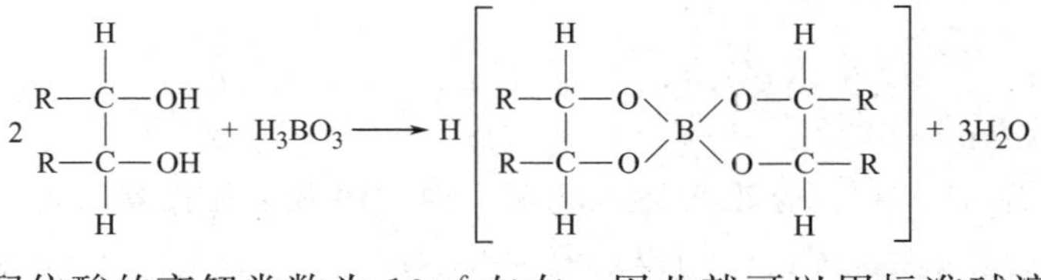

$$2\begin{array}{c} H \\ | \\ R-C-OH \\ | \\ R-C-OH \\ | \\ H \end{array} + H_3BO_3 \longrightarrow H\left[\begin{array}{ccccc} H & & & & H \\ | & & & & | \\ R-C-O & & & & O-C-R \\ | & \searrow & & \swarrow & | \\ & & B & & \\ | & \nearrow & & \nwarrow & | \\ R-C-O & & & & O-C-R \\ | & & & & | \\ H & & & & H \end{array}\right] + 3H_2O$$

这种配位酸的离解常数为 10^{-6} 左右，因此就可以用标准碱溶液滴定。用 NaOH 标准溶液滴定这种配位酸的化学计量点 pH 为 9 左右，可用酚酞或百里酚酞作指示剂。

2. 铵盐的测定

铵盐是常见的无机氮肥，如 NH_4NO_3、$(NH_4)_2SO_4$、NH_4Cl 等，它们都是强酸弱碱盐，由于其对应弱碱 $NH_3\cdot H_2O$ 的 K_b 值（1.8×10^{-5}）较大，因此不能用标准碱溶液直接滴定。

测定铵盐一般有以下两种方法。

（1）蒸馏后滴定法　将铵盐试样置于蒸馏瓶中，加入过量的

NaOH 溶液，加热煮沸，蒸馏出的氨用标准酸溶液（H_2SO_4 或 HCl）吸收。过量的酸再用 NaOH 标准溶液回滴，用甲基红或甲基橙作指示剂。此法比较费时。

（2）甲醛法　铵盐能与甲醛作用生成六亚甲基四胺，同时产生相当量的酸：

$$4NH_4^+ + 6HCHO \longrightarrow (CH_2)_6N_4 + 4H^+ + 6H_2O$$

产生的酸可用标准碱溶液滴定。由于六亚甲基四胺是一种极弱的有机弱碱，它的存在使化学计量点溶液呈微碱性，因而需用酚酞作指示剂（见实验 7）。

3. 醛和酮的测定

醛和酮可用酸碱滴定法间接测定，常用的有下列两种方法。

（1）盐酸羟胺法（或称肟化法）　盐酸羟胺与醛、酮反应生成肟和游离酸：

$$\text{RHC}{=}\text{O} + \text{NH}_2\text{OH}\cdot\text{HCl} \longrightarrow \text{RHC}{=}\text{N}{-}\text{OH} + \text{H}_2\text{O} + \text{HCl}$$

$$\text{RR}'\text{C}{=}\text{O} + \text{NH}_2\text{OH}\cdot\text{HCl} \longrightarrow \text{RR}'\text{C}{=}\text{N}{-}\text{OH} + \text{H}_2\text{O} + \text{HCl}$$

生成的游离酸可用标准碱溶液滴定。由于溶液中存在着过量的盐酸羟胺，呈酸性，因此应用溴酚蓝为指示剂。

（2）亚硫酸钠法　醛、酮与过量亚硫酸钠反应，生成加成化合物和游离碱：

$$\text{RHC}{=}\text{O} + \text{Na}_2\text{SO}_3 + \text{H}_2\text{O} \longrightarrow \text{RHC(OH)(SO}_3\text{Na)} + \text{NaOH}$$

$$\text{RR}'\text{C}{=}\text{O} + \text{Na}_2\text{SO}_3 + \text{H}_2\text{O} \longrightarrow \text{RR}'\text{C(OH)(SO}_3\text{Na)} + \text{NaOH}$$

生成的 NaOH 可用标准酸溶液滴定。由于加成反应产物呈弱碱性，当 NaOH 被标准酸中和后，溶液 pH 为 9.0～9.5，宜用百里香酚酞作指示剂。测定工业甲醛溶液常用这种方法（见实验 8）。

4. 某些无机盐的测定

某些无机盐如 NaF，可用离子交换法进行置换滴定。将 NaF 溶液通过氢型阳离子交换树脂（RSO_3H），使溶液中的 Na^+ 与树脂上的 H^+ 进行交换。交换反应可表示为：

$$RSO_3H + Na^+ \longrightarrow RSO_3Na + H^+$$

这样，流出离子交换柱的将是 HF 溶液，可以用标准碱溶液滴定流出液和淋洗液中的 HF。

用这种方法还可以测定 $NaClO_4$、NaCl、$NaNO_3$ 等的含量，准确度较高。这种方法所用 NaOH 标准滴定溶液的浓度应按此法用基准 NaCl 来标定。

5. 有机物中总氮的测定（凯氏定氮法）

有机物中所含的氮可能结合在较复杂的分子中，如蛋白质，必须预先分解。将含氮有机试样与浓硫酸共煮。为加快分解速度，通常加入硫酸钾提高溶液的沸点，并加入硫酸铜催化。在煮解过程中有机物中的氮定量地转化为硫酸铵；然后于消化液中加入浓氢氧化钠至溶液呈强碱性，以使硫酸铵分解出游离氨。析出的氨随水蒸气蒸馏出来，导入过量的饱和硼酸溶液中，发生如下反应：

$$NH_3 + H_3BO_3 \longrightarrow NH_4H_2BO_3$$

生成的 $NH_4H_2BO_3$ 用 HCl 标准溶液滴定，

$$NH_4H_2BO_3 + HCl \longrightarrow H_3BO_3 + NH_4^+ + Cl^-$$

终点时 pH≈5，故可用甲基橙作指示剂。

使用硼酸作吸收液时，它的浓度和体积都不需准确计量，只要保证其过量即可。该法广泛应用于天然或人工制备的含氮有机物的分析。

实验 3　氢氧化钠标准滴定溶液的制备

一、目的要求

1. 初步掌握氢氧化钠标准滴定溶液的配制和标定方法。

2. 掌握碱式滴定管的操作及使用酚酞指示剂确定终点的方法。

二、仪器与试剂

1. 仪器

分析天平　　滴定分析所需仪器

2. 试剂

氢氧化钠　　基准邻苯二甲酸氢钾（$KHC_8H_4O_4$，需在105～110℃烘至恒重）　　酚酞指示液（10g/L乙醇溶液）　　无CO_2的水（将蒸馏水煮沸10min，冷却后使用）

三、实验步骤

1. $c(NaOH)=0.5mol/L$氢氧化钠溶液的配制❶

称取100g氢氧化钠，用100mL无CO_2的水溶解，注入聚乙烯容器中，密闭放置至溶液清亮。吸取13mL上层清液注入试剂瓶中，用无CO_2的水稀释至500mL，塞上橡皮塞，摇匀。贴上标签。

氢氧化钠溶液会与空气中的CO_2作用，引起溶液浓度变化。严格说，其标准溶液应保存在带橡皮塞和碱石灰吸收管的试剂瓶中。

在要求不高的情况下，$c(NaOH)=0.5mol/L$氢氧化钠溶液可以采用简易配制法：在托盘天平上用烧杯迅速称取13g氢氧化钠，以少量蒸馏水洗去表面可能含有的Na_2CO_3，用蒸馏水溶解后，转移到试剂瓶中，稀释至500mL。塞上橡皮塞，摇匀。

2. $c(NaOH)=0.5mol/L$氢氧化钠溶液的标定

称取基准邻苯二甲酸氢钾3g（称准至0.0001g），于250mL锥形瓶中，以80mL无CO_2的水溶解。加2滴酚酞指示液，用配制的NaOH溶液滴定至溶液呈粉红色30s不褪为终点。同时做空白

❶ 酸碱滴定法测定化工产品主成分含量，一般采用浓度较大的标准滴定溶液。这样可以扩大滴定曲线的突跃范围，减小测定误差。在教学实验中，为了节省试剂，也可以使用0.1mol/L的酸碱标准滴定溶液，这时应按比例减少称样量或调整稀释倍数。

试验。

平行标定三份，其结果的极差与平均值之比不应大于0.20%。

四、记录与计算

项目	第一份	第二份	第三份	第四份
倾样前，称量瓶+KHP质量/g				
倾样后，称量瓶+KHP质量/g				
m(KHP)/g				
标定用V(NaOH)/mL				
空白用V_0(NaOH)/mL				
c(NaOH)/(mol/L)				
$\bar{c}$(NaOH)/(mol/L)				
极差				
$\frac{极差}{平均值}\times 100\%$				

注：KHP为邻苯二甲酸氢钾的缩写。

$$c(\mathrm{NaOH})=\frac{m\times 1000}{(V-V_0)\times 204.2}$$

式中 c(NaOH)——氢氧化钠标准滴定溶液的准确浓度，mol/L；

m——基准邻苯二甲酸氢钾的准确质量，g；

V——标定消耗氢氧化钠溶液的体积，mL；

V_0——空白消耗氢氧化钠溶液的体积，mL；

204.2——$KHC_8H_4O_4$的摩尔质量，g/mol。

五、思考与讨论

1. 写出用邻苯二甲酸氢钾标定氢氧化钠溶液的反应方程式。此项标定为什么要用酚酞作指示剂？

2. 本实验为什么要使用无CO_2的水？粉红色的滴定终点为什么要求维持30s不褪？

3. 若标定0.1mol/L NaOH溶液，应称取基准邻苯二甲酸氢钾多少克？为什么？

实验4　乙酸溶液含量的分析

一、目的要求

1. 掌握强碱滴定弱酸的原理和指示剂选择。

2. 初步掌握容量瓶和单标线吸量管的操作。

3. 熟练碱式滴定管的操作。

二、仪器与试剂

1. 仪器

滴定分析所需仪器

2. 试剂

氢氧化钠标准滴定溶液 [c(NaOH)=0.5mol/L]　　酚酞指示液（10g/L乙醇溶液）　　无CO_2的水

三、实验步骤

用单标线吸量管准确吸取10.00mL乙酸试样❶，放入100mL容量瓶中，用无CO_2的水稀释至刻度，摇匀。

用单标线吸量管移取上述乙酸稀释液25.00mL，放入250mL锥形瓶中，加2滴酚酞指示液，用0.5mol/L的NaOH标准滴定溶液滴定至浅粉红色30s不褪为终点。

平行测定三份。

四、记录与计算

项　　目	第一份	第二份	第三份
取样量 $V\times\frac{25}{100}$/mL			
滴定用NaOH量 V_1/mL			
ρ(HAc)/(g/L)			
$\bar{\rho}$(HAc)/(g/L)			

❶ 本实验规程适用于含HAc约36%的试剂或工业乙酸试样。

$$\rho(HAc)=\frac{c(NaOH)V_1\times 60.06}{V\times\frac{25}{100}}$$

式中 ρ(HAc)——试样中乙酸的质量浓度，g/L；

c(NaOH)——氢氧化钠标准滴定溶液的准确浓度，mol/L；

V_1——滴定消耗氢氧化钠标准溶液的体积，mL；

V——取乙酸试样的体积，mL；

60.06——CH_3COOH 的摩尔质量，g/mol。

五、思考与讨论

1. 用吸量管吸取试样之前，应如何处理吸量管？为什么？

2. 测定乙酸含量为什么要用酚酞作指示剂？如果用甲基橙或甲基红，结果会怎样？

3. 欲测定工业冰醋酸中 HAc 的质量分数，试拟定其实验步骤。

实验 5　盐酸标准滴定溶液的制备

一、目的要求

1. 掌握递减称样法称取固体样品的操作技术。

2. 初步掌握盐酸标准滴定溶液的配制和标定方法。

3. 掌握酸式滴定管的操作及使用溴甲酚绿-甲基红混合指示剂确定终点的方法。

二、仪器与试剂

1. 仪器

分析天平　　滴定分析所需仪器

2. 试剂

浓盐酸（HCl，约 12mol/L）　　基准无水碳酸钠（Na_2CO_3，需在 270～300℃灼烧至恒重）　　溴甲酚绿-甲基红混合指示液[将溴甲酚绿乙醇溶液（1g/L）与甲基红乙醇溶液（2g/L）按 3∶1 体积比混合]。

三、实验步骤

1. c(HCl)＝0.5mol/L 盐酸溶液的配制

用洁净量筒取 22mL 浓盐酸，倾入预先盛有一定量水的试剂瓶中，用水稀释至500mL摇匀。贴上标签。

2. $c(HCl)=0.5mol/L$ 盐酸溶液的标定

用称量瓶按减量法称取基准无水碳酸钠0.8g（称准至0.0001g）放入250mL锥形瓶中。用50mL水溶解，加10滴溴甲酚绿-甲基红混合指示液。用配制的盐酸溶液滴定至溶液由绿色变为暗红色，煮沸2min，冷却后继续滴定至暗红色。同时做空白试验。

平行标定三份，其结果的极差与平均值之比不应大于0.20%。

四、记录与计算

参照实验3的格式做实验数据记录。

$$c(HCl)=\frac{m\times 1000}{(V-V_0)\times 52.99}$$

式中 m——基准无水碳酸钠的准确质量，g；

V——标定消耗盐酸溶液的体积，mL；

V_0——空白试验消耗盐酸溶液的体积，mL；

52.99——$\frac{1}{2}Na_2CO_3$ 的摩尔质量，g/mol。

五、思考与讨论

1. 配制盐酸标准滴定溶液时，量取浓盐酸的体积是怎样计算的？标定该溶液时，称取基准无水碳酸钠的质量是如何确定的？

2. 基准无水碳酸钠用前为什么要进行灼烧处理？称量碳酸钠为什么要用递减称样法？

3. 用碳酸钠标定盐酸溶液近终点时为什么要加热煮沸2min？如不煮沸对结果有什么影响？

实验6 烧碱液中NaOH与Na_2CO_3含量的分析

一、目的要求

1. 掌握双指示剂法测定混合碱中NaOH与Na_2CO_3含量的方法。

2. 熟练容量瓶、单标线吸量管和酸式滴定管的操作。

二、仪器与试剂

1. 仪器

滴定分析所需仪器

2. 试剂

盐酸标准滴定溶液［$c(HCl)=0.5mol/L$］　酚酞指示液（10g/L 乙醇溶液）　甲基橙指示液（1g/L 水溶液）

三、实验步骤

（1）用单标线吸量管准确吸取 10.00mL 烧碱液试样，放入 250mL 容量瓶中，以水稀释至刻度，摇匀。

（2）用单标线吸量管吸取 25.00mL 上述稀释液，放入锥形瓶中，加 2 滴酚酞指示液，用 0.5mol/L 的 HCl 标准滴定溶液滴定至粉红色近乎消失[1]（消耗体积为 V_1）。再加甲基橙指示液 1 滴，继续用盐酸标准溶液滴定。当溶液由黄色变为橙色时，煮沸 2min，冷却后继续滴定至橙色为终点（消耗体积为 V_2，V_2 不包括 V_1）。

平行测定三份。

四、记录与计算

参照实验 4 的格式做实验数据记录。

$$\rho(NaOH)=\frac{c(HCl)(V_1-V_2)\times 40.00}{V\times \frac{25}{250}}$$

$$\rho(Na_2CO_3)=\frac{c(HCl)\times 2V_2\times 52.99}{V\times \frac{25}{250}}$$

式中　$\rho(NaOH)$——烧碱液中 NaOH 的质量浓度，g/L；

$\rho(Na_2CO_3)$——烧碱液中 Na_2CO_3 的质量浓度，g/L；

---

[1] 用盐酸滴定混合碱时，酚酞终点比较难以观察。为得到较准确的结果，可利用一个参比溶液来对照。本实验可以在 25mL 水中加入 0.2g $NaHCO_3$、2 滴酚酞指示液作参比溶液。

V_1——酚酞终点消耗盐酸标准滴定溶液的体积，mL；

V_2——甲基橙终点消耗盐酸标准滴定溶液的体积，mL；

V——取烧碱液试样的体积，mL；

40.00——NaOH 的摩尔质量，g/mol；

52.99——$\frac{1}{2}Na_2CO_3$ 的摩尔质量，g/mol。

五、思考与讨论

1. 欲求烧碱液中 NaOH 的质量分数，应如何进行测定和计算？

2. 采用双指示剂法分别测定三个碱样，结果是：①$V_1=0$；②$V_2=0$；③$V_1=V_2>0$。试判断每个碱样的成分。

3. 总结一下使用容量瓶和移液管的注意事项。

实验 7 铵盐纯度的测定

一、目的要求

1. 掌握甲醛法间接测定铵盐的原理和方法。

2. 了解滴定前试样和试剂预处理的目的和要求。

二、仪器与试剂

1. 仪器

分析天平　　滴定分析所需仪器

2. 试剂

氢氧化钠标准滴定溶液［c(NaOH)＝0.5mol/L］　　酚酞指示液(10g/L 乙醇溶液)　　甲基红指示液［1g/L 乙醇(3＋2)溶液］　中性甲醛溶液 (1＋1){取试剂甲醛溶液[w(甲醛)＝0.40]的上层清液于烧杯中，用水稀释一倍。加入 2 滴酚酞指示液，用c(NaOH)＝0.5mol/L 的氢氧化钠溶液中和至粉红色}

三、实验步骤

称取 1.3g 硝酸铵化肥试样（称准至 0.0002g）于 250mL 锥形瓶中，用 100mL 水溶解。加 1 滴甲基红指示液，用 0.1mol/L 的

NaOH 溶液或 0.1mol/L 的 HCl 溶液调节至溶液呈橙色。加入 20mL 中性甲醛（1+1）溶液，再加入 3 滴酚酞指示液，混匀，放置 5min。用 $c(NaOH)=0.5mol/L$ 的氢氧化钠标准滴定溶液滴定至淡红色（甲基红的黄色和酚酞的粉红色之复合色）持续 1min 不褪为终点。

平行测定三份，求出测定结果的平均值和相对平均偏差。

四、记录与计算

项　目	第一份	第二份	第三份
倾样前，称量瓶+试样质量/g			
倾样后，称量瓶+试样质量/g			
m(试样)/g			
滴定用 NaOH 量 V/mL			
$w(NH_4NO_3)$			
$\overline{w}(NH_4NO_3)$			
绝对偏差（d）			
相对平均偏差×100%			

试样中 NH_4NO_3 含量按下列计算：

$$w(NH_4NO_3)=\frac{c(NaOH)V\times 80.04}{m\times 1000}$$

式中　$c(NaOH)$——氢氧化钠标准滴定溶液的准确浓度，mol/L；

V——滴定消耗 NaOH 标准滴定溶液的体积，mL；

80.04——NH_4NO_3 的摩尔质量，g/mol；

m——试样质量，g。

五、思考与讨论

1. 甲醛法测定铵盐为什么选用酚酞指示剂？

2. 试剂甲醛溶液和硝酸铵试样溶液为什么要预先中和？若未经中和，对结果会有何影响？

3. 若用甲醛法测定硫酸铵试样，试估计称样量并列出分析结果的计算式。

实验 8　工业甲醛溶液含量分析

一、目的要求

1. 掌握亚硫酸钠法间接测定甲醛的原理和方法。

2. 初步掌握用胶帽滴瓶减量法称取液体试样的方法。

二、仪器与试剂

1. 仪器

分析天平　　滴定分析所需仪器

2. 试剂

盐酸标准滴定溶液 [c(HCl)＝0.5mol/L]　　百里香酚酞指示液(1g/L 乙醇溶液)　　亚硫酸钠溶液[c(Na_2SO_3)＝1mol/L：称取 126g 无水亚硫酸钠，溶于 1L 水中。有效期一周]

三、实验步骤

取 50mL 亚硫酸钠溶液于 250mL 锥形瓶中，加 3 滴百里香酚酞指示液，用盐酸标准滴定溶液中和至蓝色刚刚消失（不计读数）。

将工业甲醛溶液装入干燥的带胶帽滴瓶中，按减量法称取 1g 试样（称准至 0.0001g），放入上述锥形瓶中，摇匀。用c(HCl)＝0.5mol/L 的盐酸标准滴定溶液滴定至蓝色刚刚消失为终点。

平行测定三份。

注意：用带胶帽滴瓶称取甲醛试样时，滴瓶外面要擦拭干净。根据称样量估计所需滴数。切勿将试样滴到瓶外及天平上。

四、结果计算

由本次实验起，学生自行拟定实验记录格式，并将原始记录和计算结果填入表中。

试样溶液中甲醛含量按下式计算：

$$w(\mathrm{HCHO})=\frac{c(\mathrm{HCl})V\times 30.03}{m\times 1000}$$

式中　c(HCl)——盐酸标准滴定溶液的准确浓度，mol/L；

V——滴定消耗盐酸标准滴定溶液的体积，mL；

30.03——甲醛（HCHO）的摩尔质量，g/mol；

m——试样质量，g。

五、思考与讨论

1. 用亚硫酸钠法测定甲醛含量，为什么选用百里香酚酞作指示剂？

2. 亚硫酸钠溶液是否需准确量取？用盐酸溶液中和亚硫酸钠溶液为什么不计读数？

3. 总结一下用减量法称取液体试样的步骤及注意事项。

实验9　氨水中氨含量的分析

一、目的要求

1. 掌握返滴定法的操作过程和结果计算。

2. 初步掌握用安瓿称取挥发性液体试样的方法。

二、仪器与试剂

1. 仪器

滴定分析所需仪器　　安瓿　　酒精灯　　具塞锥形瓶　　分析天平

2. 试剂

氢氧化钠标准滴定溶液［$c(NaOH)=0.5mol/L$］　　盐酸标准滴定溶液［$c(HCl)=0.5mol/L$］　　甲基红-亚甲基蓝混合指示液［将甲基红乙醇溶液(1g/L)与亚甲基蓝乙醇溶液(1g/L)按2∶1体积比混合］

三、实验步骤

(1) 取洁净干燥的安瓿，用分析天平准确称其质量。然后将安瓿在酒精灯上微微加热，赶出部分空气，立即将毛细管插入盛有氨水的试样瓶中，吸入约1mL氨水试样。用小片滤纸擦干毛细管口，在酒精灯上封口，再准确称其质量（精确至0.0002g）。

(2) 将安瓿放入预先装有50.00mL 0.5mol/L HCl的具塞锥形瓶中，将塞塞紧，用力振摇使安瓿破碎，以少量水淋洗瓶塞。用玻璃棒将未破碎的玻璃毛细管捣碎，以少量水淋洗玻璃棒及瓶内壁。

(3) 加2～3滴甲基红-亚甲基蓝混合指示液，以0.5mol/L NaOH标准滴定溶液滴定至灰绿色为终点。

平行测定二份或三份。

四、结果计算

氨水试样中 NH_3 含量按下式计算：

$$w(NH_3)=\frac{[c(HCl)V(HCl)-c(NaOH)V(NaOH)]\times 17.03}{m\times 1000}$$

式中　$c(HCl)$——盐酸标准滴定溶液的准确浓度，mol/L；

$V(HCl)$——加入盐酸标准滴定溶液的体积，mL；

$c(NaOH)$——氢氧化钠标准滴定溶液的准确浓度，mol/L；

$V(NaOH)$——滴定消耗氢氧化钠溶液的体积，mL；

m——氨水试样的质量，g；

17.03——NH_3 的摩尔质量，g/mol。

五、思考与讨论

1. 用安瓿称量挥发性液体试样，应注意哪些事项？

2. 本实验在加入混合指示剂后，若溶液呈绿色说明什么？实验能否继续进行？

3. 讨论一下测定氨含量引入的个人操作误差。

本章要点

1. 溶液酸度或碱度的计算

不同性质的酸性或碱性溶液，其酸度［H^+］或碱度［OH^-］的计算方法也不同。现将计算溶液酸度或碱度的简化公式归纳如下：

溶液类型	简化公式	溶液类型	简化公式
强酸	$[H^+]=c_a$	强碱弱酸盐	$[OH^-]=\sqrt{\frac{K_w}{K_a}\times c_s}$
强碱	$[OH^-]=c_b$		
一元弱酸	$[H^+]=\sqrt{K_a c_a}$	弱酸-弱酸盐	$[H^+]=K_a\times\frac{c_a}{c_s}$
一元弱碱	$[OH^-]=\sqrt{K_b c_b}$		
强酸弱碱盐	$[H^+]=\sqrt{\frac{K_w}{K_b}\times c_s}$	弱碱-弱碱盐	$[OH^-]=K_b\times\frac{c_b}{c_s}$

2. 酸碱滴定的可行性

一种物质能否用酸碱滴定法直接滴定，其判断条件是被测组分的离解常数和浓度。一般认为：

弱酸　　要求 $c_aK_a \geq 10^{-8}$；

弱碱　　要求 $c_bK_b \geq 10^{-8}$；

多元酸　　$K_{a1}/K_{a2} \geq 10^4$ 能分步滴定；

多元碱　　$K_{b1}/K_{b2} \geq 10^4$ 能分步滴定；

水解性盐　　要求对应的 K_a（或 K_b）$\leq 10^{-6}$。

对于易挥发、难溶于水或反应速率慢的物质，可用返滴定法测定。对于不满足直接滴定条件的物质或非酸非碱性物质，可利用某些化学反应使其转化为酸或碱，进行间接滴定。

3. 指示剂的选择

指示剂的变色范围必须处于或部分处于滴定曲线的 pH 突跃范围内。不同类型的酸碱滴定，可按下列方法选择指示剂：

（1）实验测定或计算出滴定曲线，根据滴定曲线上 pH 突跃范围选择指示剂。

（2）计算出化学计量点溶液的 pH，所选指示剂的变色范围应涵盖化学计量点的 pH。

常见情况归纳如下。水解性盐可按弱酸或弱碱处理。

类　型	pH 突跃范围	化学计量点 pH	常用指示剂
强碱→强酸	大	7	酚酞、甲基橙
强酸→强碱	大	7	甲基橙、酚酞
强碱→弱酸	小	>7	酚酞、百里香酚酞
强酸→弱碱	小	<7	甲基红、甲基橙

4. 酸碱标准滴定溶液

标准酸溶液有盐酸和硫酸溶液，标准碱溶液常用氢氧化钠溶液。酸碱标准滴定溶液的常用浓度为 0.1mol/L、0.5mol/L 及 1mol/L。必须采用间接法制备酸碱标准滴定溶液。

（1）配制　根据欲配制溶液的浓度和体积，按照 $c_1V_1 = c_2V_2$ 即可计算出应取试剂浓溶液和水的体积。

（2）标定　标定酸溶液的基准物质是无水碳酸钠或硼砂；标定碱溶液的基准物质是邻苯二甲酸氢钾。每种基准物质必须按规定的条件进行预处理、准确称量和滴定，最后按照$c_A=\frac{m_B}{V_A M_B}$求出标准滴定溶液的准确浓度。

5. 技能训练环节

通过酸碱标准滴定溶液的配制、标定和典型样品分析实验，完成下列技能训练环节。

（1）用单标线吸量管准确计量液体试样。

（2）用分析天平减量法称量固体和液体试样。

（3）容量瓶和单标线吸量管配合定量分取溶液。

（4）酸式、碱式滴定管的操作：逐滴加入；加入一滴；只加半滴。

（5）观察、判断常用酸碱指示剂的滴定终点。

（6）用安瓿称取挥发性试样，返滴定（选做）。

1. 解释名词：分析浓度、平衡浓度、酸度、碱度、酸度常数、碱度常数。

2. 什么是盐的水解？举例说明各类盐的水解情况。

3. 哪些物质可以组成缓冲溶液？举例说明其作用。

4. 酸碱指示剂的变色原理和变色范围如何？举例说明常用的酸碱指示剂。

5. 什么是滴定曲线？如何根据酸碱滴定曲线选择合适的指示剂？

6. 用于标定酸、碱标准滴定溶液的基准物质有哪些？如何配制和标定 HCl 及 NaOH 标准滴定溶液？

7. 什么是双指示剂法？实际应用有哪些？

8. 酸碱滴定方式有哪些？各适用于什么情况？举例说明。

9. 甲醛法测定铵盐的原理如何？选用什么指示剂？为什么？

10. 计算下列各溶液的 pH：

(1) 0.2mol/L H_2SO_4；

(2) 0.01mol/L KOH；

(3) 0.12mol/L $CH_3NH_2 \cdot H_2O$；

(4) 0.05mol/L C_6H_5COOH；

(5) 0.1mol/L NH_4NO_3；

(6) 0.0001mol/L NaCN。

答：0.40；12；11.84；2.74；5.13；9.58

11. 称取混合碱试样 0.6839g，以酚酞作指示剂，用 0.2000mol/L HCl 标准溶液滴定至终点，用去酸溶液 23.10mL。再加甲基橙指示剂，滴定至终点，又耗用酸溶液 26.81mL。求试样中各组分的百分含量。

答：Na_2CO_3 71.61%；$NaHCO_3$ 9.11%

12. 有一碳酸氢铵试样 1.506g，溶于水后，以甲基橙为指示剂，用 1.034mol/L HCl 溶液直接滴定，耗去 HCl 溶液 17.55mL。计算试样中含氮量、含氨量（%）以及纯度（NH_4HCO_3 的质量分数）。

答：16.87%；20.48%；95.30%

13. 下列各种弱酸、弱碱，能否用酸碱滴定法直接滴定？如果可以，应选哪种指示剂？为什么？

(1) 一氯乙酸（$CH_2ClCOOH$）；(2) 苯酚；(3) 吡啶；(4) 苯甲酸；(5) 羟胺。

14. 下列各种盐能否用酸碱滴定法直接滴定？如果可以，应选用什么指示剂？

(1) NaF；(2) 苯甲酸钠；(3) NaAc；(4) 酚钠（C_6H_5ONa）；(5) 盐酸羟胺（$NH_2OH \cdot HCl$）。

15. 称取混合碱（Na_2CO_3 和 NaOH 或 Na_2CO_3 和 $NaHCO_3$ 的混合物）试样 1.200g，溶于水。用 0.5000mol/L HCl 溶液滴定至酚酞褪色，用去 30.00mL；然后加入甲基橙，继续滴定至橙色，又用去5.00mL。问试样中含有何种成分？其质量分数各为多少？

答：NaOH 0.4167；Na_2CO_3 0.2208

16. 计算并绘制用0.016mol/L HCl滴定20mL 0.024mol/L NH_3的滴定曲线。

17. 用0.1000mol/L NaOH溶液滴定20.00mL 0.1000mol/L甲酸溶液时，化学计量点的pH是多少？应选用何种指示剂？

答：pH=8.20；酚酞

18. 溶解氧化锌试样0.1000g于50.00mL $c\left(\frac{1}{2}H_2SO_4\right)=$ 0.1101mol/L的硫酸溶液中。用c(NaOH)=0.1200mol/L的氢氧化钠溶液滴定过量的硫酸，用去25.50mL。求试样中氧化锌的质量分数。

答：0.9949

19. 有工业硼砂1.000g，用0.2000mol/L HCl 25.00mL恰中和至化学计量点。试计算样品中$Na_2B_4O_7 \cdot 10H_2O$的百分含量？含$Na_2B_4O_7$若干？

答：95.34%；50.31%

20. 在1.000g不纯的$CaCO_3$中加入0.5100mol/L HCl溶液50.00mL，再用0.4900mol/L NaOH溶液回滴过量的HCl，消耗NaOH溶液25.00mL。求$CaCO_3$的纯度。

答：66.25%

21. 用移液管准确量取甲醛溶液样品3.00mL，加入酚酞指示剂，以0.1000mol/L NaOH标准溶液滴定至淡红色，耗碱0.35mL。然后加入中性的1mol/L Na_2SO_3溶液30mL，用1.0000mol/L HCl标准溶液滴定至无色，耗酸24.78mL。若样品密度为1.065g/mL，求其中HCHO和游离酸（以HCOOH计）的质量分数。

答：23.26%；0.05%

22. 用甲醛法测定硝酸铵试样的含氮量，称取样品0.5200g，加入甲醛后，用0.2500mol/L NaOH标准滴定溶液滴定生成的酸，用去 21.10mL。求试样中氮的质量分数。

答：0.2856

23. 欲配制 pH＝10.0 的缓冲溶液 1L，用了 15mol/L 的氨水 350mL，还需加 NH_4Cl 多少克？

答：50.6g

24. 现有一苛性碱，此物质 1.10g 可与 0.860mol/L HCl 溶液 31.4mL 中和。问该物质是苛性钾还是苛性钠？含有多少杂质？

答：苛性钠；0.02g

25. 称取混合碱样品 0.2550g，溶解后加酚酞指示剂，用 $c(HCl)=0.1000mol/L$ 的 HCl 标准溶液滴定，消耗 5.62mL；再加入甲基橙指示剂继续滴定，又消耗 27.50mL。判断此混合碱的组成并计算各组分含量。

答：$NaHCO_3$ 72.08％；Na_2CO_3 23.36％

26. 在锥形瓶中准确加入 $c\left(\frac{1}{2}H_2SO_4\right)=0.1005mol/L$ 的硫酸标准滴定溶液 50.00mL，用安瓿称取氨水 0.1960g 放入其中，摇碎安瓿吸收氨水，再用 $c(NaOH)=0.1010mol/L$ 的 NaOH 标准滴定溶液返滴定至终点，消耗 21.55mL。求氨水中氨的百分含量。

答：24.71％

27. 试查阅下列标准滴定溶液的配制和标定方法，并解读其操作规程。(1) 1mol/L HCl 溶液；(2) 0.1mol/L NaOH 溶液；(3) 0.5mol/L$\left(\frac{1}{2}H_2SO_4\right)$溶液。

在非水溶剂中滴定

对于在水中解离常数很小的弱酸或弱碱，以及在水中溶解度很小的有机酸碱，在水溶液中不能进行滴定。若采用非水溶剂作为滴定介质，不仅可以改变物质酸碱性的强弱，还能增大有机物的溶解度。

阿伦尼乌斯的电离理论适用于水溶液中的酸碱平衡，但不能解释非水溶剂中的酸碱行为。根据丹麦科学家J. N. 布仑斯惕和英国科学家T. M. 劳里提出的酸碱质子理论：酸（A）是具有给出质子（H^+）倾向的物质，而碱（B）是具有接受质子倾向的物质。相差一个质子的两种物质（A和B）叫共轭酸碱对，可表示为

$$HA(\text{酸}) \rightleftharpoons H^+ + A^- (\text{共轭碱})$$

HA又是碱A^-的共轭酸。按此理论，酸碱可以是中性分子，也可以是阳离子或阴离子，如NH_3是一种碱，其共轭酸为NH_4^+。酸或碱的强度是相对的。酸碱中和反应实质上是两对共轭酸碱对之间的质子转移。酸、碱之间的质子转移可以在水溶液中进行，也可以在非水溶剂中发生。

即物质酸碱性的强弱不仅与物质的本性有关，还与溶剂的性质密切相关。例如，苯酚在水溶液中是极弱的酸（$K_a = 1.1 \times 10^{-10}$），不能被强碱准确滴定。如果改用呈碱性的乙二胺作溶剂，使苯酚的酸性相对增强，就可以被强碱溶液准确滴定。类似地，吡啶在水溶液中是一种极弱的有机碱（$K_b = 1.7 \times 10^{-9}$），不能被强酸滴定；但若在乙酸溶剂中，其碱性相对增强，就可以用高氯酸的乙酸溶液直接滴定。由此可见，弱碱在酸性溶剂中可相对增强其碱度，弱酸在碱性溶剂中可相对增强其酸度。这样，本来在水溶液中不能直接滴定的弱酸或弱碱，选择适当的有机溶剂，增强其酸碱性，便能直接滴定了。

在非水滴定中，常用的酸性溶剂有乙酸、丙酸、三氯乙酸等；常用的碱性溶剂有乙二胺、正丁胺、二甲基甲酰胺等。关于滴定剂的选择，滴定弱碱应选强酸作滴定剂，在乙酸中高氯酸是强酸，常用高氯酸作滴定剂；指示滴定终点可采用电位法或指示剂法，常用的指示剂有结晶紫、甲基紫等。相反，滴定弱酸应选强碱作滴定剂，常用的有甲醇钠、乙醇钠、氢氧化四丁铵等，可用百里酚蓝作指示剂。

非水溶剂中的酸碱滴定扩大了酸碱滴定的应用范围，在药物分析和有机化工分析中应用较多。

第四章 配位滴定法

知识目标

1. 了解 EDTA 配位滴定金属离子的反应特点和对指示剂的要求。

2. 理解酸度对配位滴定的影响，能够利用酸效应曲线选择滴定的酸度条件。

3. 了解各种滴定方式在配位滴定中的应用。

技能目标

1. 学会配制和标定 EDTA 标准滴定溶液。

2. 掌握调控滴定分析条件（酸度、温度）的方法。

3. 熟练掌握分析天平和滴定分析仪器的操作技术。

4. 能够用配位滴定法测定钙、镁、锌、铁、铝等金属离子。

配位滴定法是利用配位反应来进行滴定分析的方法。例如，在酸性溶液（pH 为 2.5～3.5）中用 $Hg(NO_3)_2$ 标准溶液滴定可溶性氯化物时，Hg^{2+} 与 Cl^- 之间能生成四种可溶性配离子，其配位反应和生成物的稳定常数为：

$$Hg^{2+} + Cl^- \rightleftharpoons HgCl^+ \qquad K_1 = 5.5\times10^6$$

$$HgCl^+ + Cl^- \rightleftharpoons HgCl_2 \qquad K_2 = 3.0\times10^6$$

$$HgCl_2 + Cl^- \rightleftharpoons HgCl_3^- \qquad K_3 = 7.1$$

$$HgCl_3^- + Cl^- \rightleftharpoons HgCl_4^{2-} \qquad K_4 = 10.0$$

由于前两级配离子的稳定常数比后两级的稳定常数大得多，在化学计量点，后两种配离子生成很少，可以忽略不计。因此，当 $HgCl_2$

的生成基本完成时，溶液中 Hg^{2+} 浓度突然增大，过量的 Hg^{2+} 与预先加入的指示剂二苯偶氮碳酰肼生成红紫色配合物，指示滴定终点的到达。这种方法称为汞量法，适用于测定工业水及一些盐类中的氯化物。

实践表明，能够生成无机配合物的反应尽管很多，但能用于滴定分析的并不多，这是因为大多数无机配合物稳定性差，配位反应往往分级进行，各级配合物的稳定常数相差较小，使平衡变得复杂，难以确定化学计量关系，也不易找到合适的指示剂。

适用于配位滴定的反应必须具备滴定分析的四个基本条件，生成配合物的稳定常数一般要求大于 10^8。有机配位剂乙二胺四乙酸与金属离子的配位反应能够满足这些条件，因而获得了广泛的应用。

第一节　EDTA 及其分析特性

一、EDTA 与金属离子的配位反应

乙二胺四乙酸英文缩写为 EDTA，其结构简式为

$$\begin{array}{lcl} HOOCH_2C & & CH_2COOH \\ & \diagdown \quad\quad\quad\quad\quad\quad \diagup & \\ & N-CH_2-CH_2-N & \\ & \diagup \quad\quad\quad\quad\quad\quad \diagdown & \\ HOOCH_2C & & CH_2COOH \end{array}$$

为表示简便，常用 H_4Y 表示其分子式。由于它在水中溶解度很小，故常用其二钠盐（$Na_2H_2Y \cdot 2H_2O$），也简称为 EDTA。后者是一种白色结晶状粉末，无臭、无毒，吸湿性小，易溶于水，室温下饱和水溶液的浓度约为 0.3mol/L。通常配制成 0.01～0.1mol/L 的标准溶液用于滴定分析。

EDTA 是一个多基配位体，其分子中的 2 个 N 和 4 个羧基中的 O 能与金属离子形成配位键，构成环状配合物（螯合物），其配位反应具有以下特点。

(1) EDTA与不同价态的金属离子生成配合物时，化学反应计量系数一般为 1∶1。例如：

$$Mg^{2+} + Y^{4-} \longrightarrow MgY^{2-}$$

$$Al^{3+} + Y^{4-} \longrightarrow AlY^{-}$$

通常表示为 $M + Y \longrightarrow MY$（略去电荷）

因此，EDTA 配位滴定反应以 EDTA 分子和被滴定金属离子作为基本单元，符合等物质的量反应规则，定量计算非常方便。

（2）EDTA与多数金属离子生成稳定的配合物，配位反应进行完全。该配位反应的平衡常数可表示为：

$$\frac{[MY]}{[M][Y]} = K_{MY}$$

K_{MY}称为金属离子与 EDTA 配合物的稳定常数或形成常数。表 4-1 列出了一些常见金属离子与 EDTA 配合物的稳定常数。由此可见，金属离子与 EDTA 生成配合物的稳定性与金属离子的价态有关。除一价金属离子外，其余金属离子配合物的 $\lg K_{MY}$ 值一般大于 8，适宜进行配位滴定。

表 4-1 EDTA 与一些金属离子配合物的稳定常数

M 离子	$\lg K_{MY}$	M 离子	$\lg K_{MY}$
Na^{+}	1.66	Zn^{2+}	16.50
Li^{+}	2.79	Pb^{2+}	18.04
Ba^{2+}	7.76	Y^{3+}	18.09
Sr^{2+}	8.63	Ni^{2+}	18.67
Mg^{2+}	8.69	Cu^{2+}	18.80
Ca^{2+}	10.69	Hg^{2+}	21.8
Mn^{2+}	14.04	Cr^{3+}	23.0
Fe^{2+}	14.33	Th^{4+}	23.2
Ce^{3+}	15.98	Fe^{3+}	25.1
Al^{3+}	16.1	V^{3+}	25.90
Co^{2+}	16.31	Bi^{3+}	27.94

（3）EDTA 与大多数金属离子的配位反应速率快，生成的配合物易溶于水，滴定可以在水溶液中进行，且容易找到适用的指示剂指示滴定终点。这些特点说明 EDTA 与多数金属离子的配位反应符合滴定分析的要求。

二、酸度对配位滴定的影响

乙二胺四乙酸是多元弱酸，在水溶液中分级电离：

$$H_4Y \underset{+H^+}{\overset{-H^+}{\rightleftharpoons}} H_3Y^- \underset{+H^+}{\overset{-H^+}{\rightleftharpoons}} H_2Y^{2-} \underset{+H^+}{\overset{-H^+}{\rightleftharpoons}} HY^{3-} \underset{+H^+}{\overset{-H^+}{\rightleftharpoons}} Y^{4-}$$

像其他多元弱酸一样，EDTA 的分析浓度等于各种存在形式浓度之和。但是，在 EDTA 的各种存在形式中，只有阴离子 Y^{4-} 才能与金属离子直接配位，因此 Y^{4-} 的浓度 [Y] 称为 EDTA 的有效浓度。[Y] 愈大，EDTA 配位能力愈强；而 [Y] 的大小又与溶液的酸度有关。溶液酸度愈高，上述电离平衡向左移动，Y^{4-} 与 H^+ 结合成 HY^{3-}、H_2Y^{2-}、H_3Y^- 等形式的可能性愈大，MY 愈不稳定。酸度降低时，[Y] 增大有利于配位反应，但金属离子与 OH^- 结合成氢氧化物沉淀的可能性增强，故 EDTA 滴定中选择合适的酸度十分重要。

各种金属离子的 K_{MY} 值不同，对于稳定性较低的配合物（K_{MY}较小），溶液酸度必须低一些；而对于稳定性较高的配合物（K_{MY}较大），溶液的酸度可调高些，此时 [Y] 虽小，配位反应仍能进行完全。因此，配合物愈稳定，配位滴定允许的酸度愈高（即允许的 pH 愈低）。将金属离子的 $\lg K_{MY}$值与用 EDTA 滴定时最低允许 pH 绘制成关系曲线，就得到 EDTA 的酸效应曲线，如图 4-1 所示。利用酸效应曲线，可以选择滴定金属离子的酸度条件，还可判断共存的其他金属离子是否有干扰。

1. 选择滴定的酸度条件

在酸效应曲线上找出被测离子的位置，由此作水平线，所得 pH 就是单独滴定该金属离子的最低允许 pH。如果曲线上没有直接标明被测离子，可由被测离子的 $\lg K_{MY}$值处作垂线，与曲线的交点即为被测离子的位置，然后按上述方法便可找出滴定的最低允许 pH。

【例 4-1】 试求用 EDTA 分别滴定 0.01mol/L Fe^{3+}、Al^{3+}、Zn^{2+}、Ca^{2+} 和 Mg^{2+} 的最高允许酸度（最低允许 pH）？

解 在图 4-1 上找出指定金属离子的图形点，对应的纵坐标即

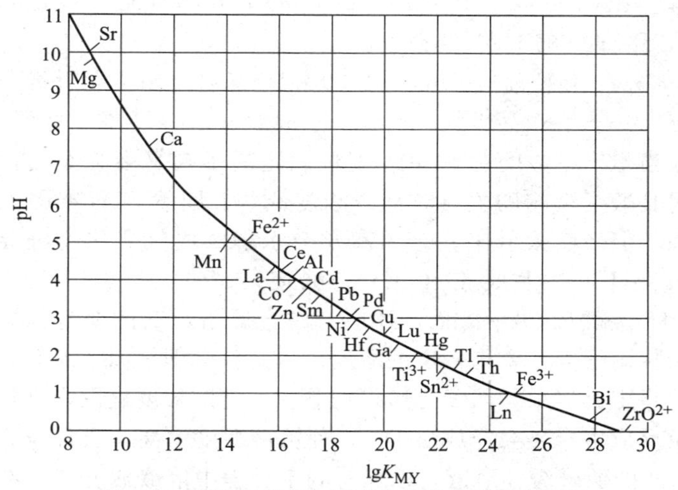

图 4-1　EDTA 滴定金属离子所允许的最低 pH

（c_M=0.01mol/L）

为单独滴定该金属离子的最低允许 pH。结果为：

Fe^{3+}　pH=1.0　　Ca^{2+}　pH=7.5

Al^{3+}　pH=4.0　　Mg^{2+}　pH=9.7

Zn^{2+}　pH=3.8

2. 判断干扰情况

在酸效应曲线上，位于被测离子下方的其他离子显然干扰被测离子的滴定，因为它们也符合被定量滴定的酸度条件。位于被测离子上方的其他离子是否干扰？这要看它们与 EDTA 形成配合物的稳定常数相差多少以及所选的酸度是否适宜来确定。经验表明，在酸效应曲线上，一种离子由开始部分被配位到全部定量配位的过渡，大约相当于 5 个 $\lg K_{MY}$ 单位。当两种离子浓度相近，若其配合物的 $\lg K_{MY}$ 之差小于 5，位于上方的离子由于部分被配位而干扰被测离子的滴定。

【例 4-2】 在 pH=4 的条件下，用 EDTA 滴定 Zn^{2+} 时，试液中共存的 Cu^{2+}、Mn^{2+}、Ca^{2+} 是否有干扰？

解 由图 4-1，Cu^{2+} 位于 Zn^{2+} 的下方，明显干扰，Mn^{2+}、Ca^{2+} 位于 Zn^{2+} 的上方，则

$\lg K_{ZnY}-\lg K_{MnY}=16.5-14.0=2.5<5$，$Mn^{2+}$ 有干扰

$\lg K_{ZnY}-\lg K_{CaY}=16.5-10.7=5.8>5$，$Ca^{2+}$ 不干扰

应当指出，酸度对 EDTA 配位滴定的影响是多方面的，上面所述只是酸度影响的主要方面。酸度低些，固然 EDTA 的配位能力增强，但酸度太低某些金属离子会水解生成氢氧化物沉淀，如 Fe^{3+} 在 $pH>3$ 生成 $Fe(OH)_3$ 沉淀；Mg^{2+} 在 $pH>11$ 生成 $Mg(OH)_2$ 沉淀。另一方面，还应考虑金属指示剂的变色、掩蔽剂掩蔽干扰离子等也要求一定的酸度。因此，必须全面考虑酸度的影响，使指定金属离子的配位滴定控制在一定的酸度范围内进行。由于配位反应本身还会释放出 H^+，使溶液酸度增高，通常需要加入一定 pH 的酸碱缓冲溶液，以保持滴定过程中溶液酸度基本不变。

第二节 金属指示剂

配位滴定指示终点的方法比较多，其中最常用的是使用金属指示剂来确定滴定终点。

一、金属指示剂的作用原理

金属指示剂是一种能与金属离子配位的配合剂，一般为有机染料。由于它与金属离子配位前后的颜色不同，所以能作为指示剂来确定终点。现以金属指示剂铬黑 T（Eriochrome Black T 常简写为 EBT）为例说明其作用原理。

铬黑 T 属偶氮染料，结构式为：

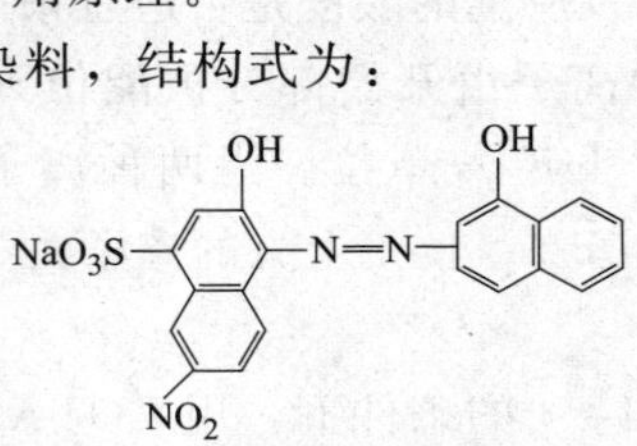

它溶于水后，结合在磺酸根上的 Na^+ 全部电离，其余部分以阴离

子（H_2In^-）形式存在于溶液中，相当于二元弱酸，随着溶液 pH 的升高，分两级电离，呈现出三种不同的颜色。

$$\underset{\substack{pH<6.3\\(紫红色)}}{H_2In^-} \underset{+H^+}{\overset{-H^+}{\rightleftharpoons}} \underset{\substack{pH=7\sim11\\(蓝色)}}{HIn^{2-}} \underset{+H^+}{\overset{-H^+}{\rightleftharpoons}} \underset{\substack{pH>11.6\\(橙色)}}{In^{3-}}$$

由于铬黑 T 能与一些阳离子如 Mg^{2+}、Zn^{2+}、Pb^{2+} 等形成紫红色配合物，因而只有在 pH 为 7～11 范围内才能使用这种指示剂。超出此范围指示剂本身接近红色，不能明显地指示终点。

如果在 pH 为 10 的含 Mg^{2+} 溶液中，加入少量铬黑 T，它与 Mg^{2+} 生成紫红色的 $MgIn^-$ 配合物：

$$Mg^{2+} + \underset{(蓝色)}{HIn^{2-}} \rightleftharpoons \underset{(紫红色)}{MgIn^-} + H^+$$

滴定开始后，加入的 EDTA 先与游离 Mg^{2+} 配位，生成无色的 MgY^{2-} 配离子：

$$Mg^{2+} + HY^{3-} \rightleftharpoons MgY^{2-} + H^+$$

化学计量点前溶液一直保持紫红色。化学计量点时，游离的 Mg^{2+} 完全被配位。由于配离子 $MgIn^-$ 不如 MgY^{2-} 稳定，稍微过量的 EDTA 便会夺取 $MgIn^-$ 中的 Mg^{2+}，而游离出指示剂的阴离子 HIn^{2-}。溶液由紫红色变为蓝色即为滴定终点。

$$\underset{(紫红色)}{MgIn^-} + HY^{3-} \rightleftharpoons MgY^{2-} + \underset{(蓝色)}{HIn^{2-}}$$

由以上讨论可知，作为金属指示剂，必须具备下列条件：

(1) 在滴定的 pH 范围内，指示剂本身的颜色与它和金属离子生成配合物的颜色应有显著的差别。这样在滴定终点时颜色变化明显，便于判断终点的到达。

(2) 指示剂与金属离子生成配合物的稳定性要比 EDTA 与金属离子生成配合物的稳定性略小一些。否则，滴定终点时指示剂不能顺利地被 EDTA 置换出来，使终点延迟。如果前者大于后者，即使加入过量的 EDTA 也将观察不到终点，这种现象称为指示剂的封闭。如在 pH＝10 用 EDTA 滴定 Ca^{2+}、Mg^{2+} 时，铬黑 T 能被试液中可能存在的Fe^{3+}、Al^{3+}等离子封闭。为了消除这种封闭现象，预先可加入少量三乙醇胺掩蔽Fe^{3+}和Al^{3+}。

(3) 指示剂与金属离子形成的配合物应易溶于水，如果形成胶体溶液或沉淀，滴定终点时MIn中指示剂被EDTA的置换作用缓慢，会使终点拖长，这种现象称为指示剂的僵化。例如，使用PAN指示剂时容易发生僵化现象。将溶液适当加热或加入少量乙醇，可以避免发生僵化。

二、常用的金属指示剂

常用的金属指示剂及其主要应用列于表4-2。

表4-2 常用的金属指示剂及其主要应用

指示剂	可直接滴定的金属离子	使用pH范围	与金属配合物颜色	指示剂本身颜色
铬黑T(EBT)	Mg^{2+}、Cd^{2+}、Zn^{2+}、Pb^{2+}、Hg^{2+}	9～10	紫红色	蓝色
二甲酚橙(XO)	Zr^{4+} Bi^{3+} Th^{4+} Sc^{3+} Pb^{2+}、Zn^{2+}、Cd^{2+}、Hg^{2+}、Tl^{3+}	<1 1～2 2.5～3.5 3～5 5～6	红紫色	黄色
1-(2-吡啶偶氮)-2-萘酚(PAN)	Cd^{2+} In^{3+} Zn^{2+}(加入乙醇) Cu^{2+}	6 2.5～3.0 5.7 3～10	红色	黄色
钙指示剂(NN)	Ca^{2+}	12～13	红色	蓝色
酸性铬蓝K	Ca^{2+}、Mg^{2+}、Zn^{2+}、Mn^{2+}	9～10	红色	蓝灰色
磺基水杨酸(SSal)	Fe^{3+}	2～3	紫红色	无色(终点呈淡黄)
偶氮胂(Ⅲ)	稀土元素	4.5～8	深蓝色	红色

在配位滴定中有时找不到合适的指示剂，但可以利用置换反应改善某种指示剂指示滴定终点的敏锐性。例如，Ca^{2+}能与EDTA生成稳定的配合物，但Ca^{2+}与铬黑T显色不灵敏，而铬黑T与Mg^{2+}显色灵敏，为此，在pH＝10的溶液中用EDTA滴定Ca^{2+}时，可于溶液中先加入少量MgY^{2-}，使之发生置换反应：

$$MgY^{2-} + Ca^{2+} \longrightarrow CaY^{2-} + Mg^{2+}$$

置换出的Mg^{2+}与铬黑T呈紫红色。滴定过程中EDTA先与Ca^{2+}配位，到达滴定终点时，EDTA夺取Mg-EBT中的Mg^{2+}形成MgY^{2-}，游离出指示剂显蓝色，颜色变化很明显。由于滴定前加入的MgY^{2-}和最终生成的MgY^{2-}的量相等，故加入的MgY^{2-}不影响分析结果。

第三节　配位滴定方式和应用

一、单组分含量的测定

当溶液中只有一种待测金属离子或需要测出几种离子的总量时，常用以下几种滴定方式。

1. 直接滴定

当被测金属离子与EDTA的配位反应，完全符合配位滴定要求时，就可将试液调至所需酸度，加入必要的试剂（如掩蔽剂）和指示剂，直接用EDTA标准滴定溶液滴定。直接滴定具有简便、快速、引入误差较小等优点。因此，只要条件允许，应尽量采用直接滴定。能够用EDTA标准滴定溶液直接滴定的一些金属离子及所用指示剂参见表4-2。

【应用实例】　水硬度的测定

水中钙镁含量俗称水的“硬度”，是水质分析的重要指标。无论生活用水还是生产用水，对钙镁含量都有一定要求，尤其是锅炉用水对这一指标要求十分严格。

测定水的硬度，可在pH为10的NH_3-NH_4Cl缓冲溶液中，用EDTA标准滴定溶液直接滴定。由于$K_{CaY} > K_{MgY}$，EDTA首先和溶液中Ca^{2+}配位，然后再与Mg^{2+}配位，故可选用对Mg^{2+}灵敏的指示剂铬黑T来指示终点。为提高终点指示的灵敏度，可在缓冲溶液中加入少量的EDTA二钠镁盐（见实验11）。

2. 返滴定

当被测金属离子与EDTA的配位反应速率缓慢或找不到合适的指示剂时，可采用返滴定法。此法是在适当酸度的试液中，加入过量的EDTA标准溶液，使其与被测金属离子反应完全；然后再用另一种金属离子的标准溶液滴定剩余的EDTA。根据两种标准溶液的浓度和用量，求出被测离子的含量。例如，Al^{3+}与EDTA的配位反应速率缓慢，且无合适的指示剂，但可以采用返滴定法加以测定。

3. 置换滴定

置换滴定的方式灵活多样。可以在试液中加入一种金属的EDTA配合物，利用该配合物与被测离子之间发生的置换反应，置换出符合化学计量关系的这种金属离子，然后用EDTA标准溶液进行滴定。还可以用另一种配位剂置换待测金属离子与EDTA配合物中的EDTA，释放出来的EDTA再用其他金属离子标准溶液进行滴定。例如，测定Al^{3+}也可以在返滴定之后的溶液中加入NH_4F，利用F^-能与Al^{3+}生成更稳定的配合物这一性质，使AlY^-转变为更稳定的配合物$[AlF_6]^{3-}$，再用Zn^{2+}标准溶液滴定置换出来的EDTA。

4. 间接滴定

间接滴定主要应用于阴离子及某些与EDTA配位不稳定的金属离子的测定。例如，测定SO_4^{2-}时，可在试液中加入已知量的$BaCl_2$标准溶液，使其生成$BaSO_4$沉淀，过量的Ba^{2+}再用EDTA滴定。加入$BaCl_2$物质的量与滴定所用EDTA物质的量之差，即为试液中SO_4^{2-}物质的量。

二、多组分含量的测定

当溶液中共存有几种待测金属离子，且都能与EDTA形成满足滴定分析条件的稳定配合物时，可以通过控制溶液酸度或掩蔽的方法连续测出各组分含量。

1. 控制酸度分步滴定

根据EDTA的酸效应曲线，若溶液中含有浓度相近的金属离子M和N，当它们与EDTA配合物的稳定常数相差足够大，即满足$\lg K_{MY}-\lg K_{NY}\geqslant 5$时，则可在适当酸度先用EDTA滴定M，然后将酸度调低，再用EDTA滴定N，以实现M和N的连续滴定。

【应用实例】 混合液中铁铝含量的连续测定

在硅酸盐工业分析中，经常遇到混合液中Fe^{3+}、Al^{3+}含量的分析问题。Fe^{3+}、Al^{3+}皆能与EDTA形成稳定的配合物，其稳定常数分别为$\lg K_{FeY}=25.1$和$\lg K_{AlY}=16.1$。由于二者稳定常数相差较大（$\lg K_{FeY}-\lg K_{AlY}=9>5$）因此可以控制不同的酸度分步测出它们的含量。具体做法是：首先调节溶液的pH为2，以磺基水杨酸作指示剂，用EDTA标准滴定溶液滴定Fe^{3+}；然后定量加入过量的EDTA标准滴定溶液，调节溶液pH为4，煮沸，待Al^{3+}与EDTA配位完全后，用六亚甲基四胺调节溶液pH为5～6，以PAN作指示剂，用锌标准滴定溶液滴定过量的EDTA，从而分别求出Fe^{3+}、Al^{3+}的含量（见实验12）。

2. 掩蔽和解蔽的方法

如果试液中待测金属离子M和N与EDTA配合物的稳定常数相差不大，即$\lg K_{MY}-\lg K_{NY}<5$，就不能利用控制酸度的方法分步滴定。这种情况下，需要采用掩蔽和解蔽的方法，分别测出待测组分的含量。

掩蔽的方法是利用掩蔽剂与某种离子形成更稳定的配合物或沉淀物，而排除该离子的干扰。通过加入某种试剂，使被掩蔽的离子重新释放出来的过程称为解蔽，所用试剂称为解蔽剂。配位滴定中常用的掩蔽剂和解蔽剂可查阅分析化学手册。

【应用实例】 铜合金中锌和铅的测定

铜合金中含有少量锌和铅。为了测定其含量，试样处理成溶液后，先加入 KCN 的氨性溶液，使溶液中的 Cu^{2+} 和 Zn^{2+} 分别生成 $[Cu(CN)_4]^{2-}$ 和 $[Zn(CN)_4]^{2-}$ 而被掩蔽。这时可用 EDTA 滴定溶液中的 Pb^{2+}。然后加入甲醛溶液使 $[Zn(CN)_4]^{2-}$ 解蔽，释放出的 Zn^{2+} 再用 EDTA 滴定。

实验 10　EDTA 标准滴定溶液的制备

一、目的要求

1. 掌握 EDTA 标准滴定溶液的配制和标定方法。

2. 熟练容量瓶和单标线吸量管的操作。

二、仪器与试剂

1. 仪器

分析天平　　滴定分析所需仪器

2. 试剂

乙二胺四乙酸二钠（$Na_2H_2Y \cdot 2H_2O$）　基准氧化锌（ZnO，需于 800℃灼烧至恒重）　缓冲溶液（pH≈10；称取 27g NH_4Cl，溶于水中，加入 175mL 浓氨水，以水稀释至 500mL）　铬黑 T 指示液（5g/L，0.25g 铬黑 T 和 1.0g 盐酸羟胺，溶于 50mL 乙醇中；或 0.5g 铬黑 T 与 100g 氯化钠研细混匀，使用干粉）　盐酸溶液（20%）　氨水溶液（10%）

三、实验步骤

1. 0.02mol/L EDTA 溶液的配制

称取 4g 乙二胺四乙酸二钠，溶于 300mL 水中，可适当加热溶解。冷却后转移到试剂瓶中，用水稀释至 500mL，摇匀。贴上标签。

2. 0.02mol/L EDTA 溶液的标定

称取基准氧化锌 0.42g(精确至 0.0001g)，用少许水润湿，滴加 3mL 盐酸溶液至样品溶解，移入 250mL 容量瓶中，加水稀释至刻度，摇匀。贴上标签（保存此锌标准溶液）。

准确加入 30.00mL 锌标准溶液于锥形瓶中，加 70mL 水，滴加氨水至刚出现浑浊（pH 7～8），然后加入 10mL NH_3-NH_4Cl 缓冲溶液，加 5 滴铬黑 T 指示液，用配制的 EDTA 溶液滴定至溶液由紫红色变为纯蓝色为终点。同时做空白试验。

平行标定三份。

四、结果计算

$$c(\text{EDTA})=\frac{m\times\frac{V_1}{250}\times1000}{(V-V_0)\times81.39}$$

式中 $c(\text{EDTA})$——EDTA 标准滴定溶液的准确浓度，mol/L；

V——标定消耗 EDTA 溶液的体积，mL；

V_0——空白试验消耗 EDTA 溶液的体积，mL；

V_1——标定时加入锌标准溶液的准确体积，mL；

m——基准氧化锌的准确质量，g；

81.39——ZnO 的摩尔质量，g/mol。

五、思考与讨论

1. 标定 EDTA 溶液为什么不直接滴定称取的氧化锌？用容量瓶-移液管法有何优点？

2. 本实验为什么使用氨-氯化铵缓冲溶液？加入缓冲溶液前先滴入氨水起什么作用？

3. 用氧化锌标定 EDTA 溶液，如果以二甲酚橙作指示剂，溶液酸度应控制在什么范围？

4. 实验中配制的锌标准溶液物质的量浓度是多少？如何计算？

实验 11　工业用水硬度的测定

一、目的要求

1. 掌握配位滴定测定水硬度的原理和方法。

2. 了解消除干扰的意义和方法。

二、仪器与试剂

1. 仪器

滴定分析所需仪器

2. 试剂

EDTA 标准滴定溶液 [c(EDTA)=0.02mol/L]　　缓冲溶液(pH≈10，取实验 10 配制的氨水-氯化铵缓冲溶液 100mL，加入 0.1g EDTA 二钠镁盐)　　铬黑 T 指示液（同实验 10）

三、实验步骤

取水样 100mL 于 250mL 锥形瓶中（如果水样浑浊，取样前应过滤)；加 5mL 缓冲溶液和 2～3 滴铬黑 T 指示液，在不断摇动下用 0.02mol/L EDTA 标准滴定溶液滴定。接近终点时，应缓慢滴定，溶液由紫红色转为蓝色为终点。同时做空白试验。

平行测定三份，平行测定结果的绝对差值应小于 0.02mmol/L。

四、结果计算

试样水的硬度以钙镁离子总浓度（mmol/L）表示，按下式计算：

$$c(Ca^{2+}+Mg^{2+})=\frac{c(EDTA)(V_1-V_0)}{V}\times 10^3$$

式中　c(EDTA)——EDTA 标准滴定溶液的准确浓度，mol/L；

V_1——滴定水样消耗 EDTA 标准滴定溶液的体积，mL；

V_0——滴定空白溶液消耗 EDTA 标准滴定溶液的体积，mL；

V——水样体积，mL。

五、注意事项

(1) 碳酸盐硬度很高的水样，在加入缓冲溶液前应先稀释或先加入所需 EDTA 标准溶液量的 80%～90%（记入滴定剂消耗体积内)。否则缓冲溶液加入后会析出碳酸盐，使终点拖长。

(2) 若试样水呈酸性或碱性，需先中和。若试样水中铁含量大于 2mg/L、铝含量大于 2mg/L、铜含量大于 0.01mg/L、锰含量大于 0.1mg/L 对测定有干扰，可在加指示剂前用 2mL L-半胱氨酸盐酸盐溶液（10g/L）和 2mL 三乙醇胺溶液（1+4）进行联合掩蔽消除干扰。

六、思考与讨论

1. 测定水的硬度时，溶液 pH 控制在多少？为什么？

2. 测定水的硬度时，哪些离子有干扰？如何消除？

3. 如果要单独测出水中 Ca^{2+} 含量，应如何进行分析？

实验 12 混合液中铁、铝含量的测定

一、目的要求

1. 熟悉控制酸度，用 EDTA 连续滴定多种金属离子的原理和方法。

2. 了解磺基水杨酸、PAN 指示剂的使用条件及终点颜色变化。

二、仪器与试剂

1. 仪器

滴定分析所需仪器

2. 试剂

EDTA 标准滴定溶液[c(EDTA)=0.02mol/L]　锌标准滴定溶液[$c(Zn^{2+})$=0.02mol/L，可以使用实验 10 配制的锌标准溶液，也可按同法重新配制，并计算出准确浓度]　磺基水杨酸指示液(100g/L 水溶液)　PAN 指示液(3g/L 乙醇溶液)　六亚甲基四胺溶液[$(CH_2)_6N_4$，200g/L]　盐酸溶液(10%)　氨水溶液(10%)　精密 pH 试纸　Fe^{3+}、Al^{3+} 混合液(试样)❶

三、实验步骤

(1) 移取试样溶液 25.00mL 于 250mL 锥形瓶中，用 10%氨水和 10%盐酸调节试液 pH 为 2 (用精密 pH 试纸检验)。加热至 70～80℃，加入 10 滴磺基水杨酸指示液，这时溶液呈紫红色。用 c(EDTA)=0.02mol/L EDTA 标准滴定溶液滴定至溶液由紫

❶ 铁铝混合液可取硅酸盐分析中的试液，也可用化学试剂配制：称取硝酸铁[$Fe(NO_3)_3 \cdot 9H_2O$]8g、硝酸铝[$Al(NO_3)_3 \cdot 9H_2O$]7.6g，溶于 1L 水中。如出现浑浊，加几滴硝酸。所配溶液中 Fe^{3+}、Al^{3+} 各约为 0.02mol/L。

红色变为淡黄色为终点。记下消耗 EDTA 标准滴定溶液的体积（V_1）。

(2) 在测定 Fe^{3+} 后的溶液中，准确加入 35.00mL EDTA 标准滴定溶液（V_2），滴加六亚甲基四胺溶液至溶液 pH 为 3.5～4。煮沸 2min，稍冷，用六亚甲基四胺溶液调节溶液 pH 为 5～6，再过量 5mL。加入 6～8 滴 PAN 指示液，用锌标准滴定溶液滴定至溶液呈紫红色为终点。记下消耗锌标准滴定溶液的体积（V_3）。

平行测定三份。

四、结果计算

$$\rho(Fe^{3+})=\frac{c(EDTA)V_1\times 55.85}{V}$$

$$\rho(Al^{3+})=\frac{[c(EDTA)V_2-c(Zn^{2+})V_3]\times 26.98}{V}$$

式中 $\rho(Fe^{3+})$——混合溶液中 Fe^{3+} 的质量浓度，g/L；

$\rho(Al^{3+})$——混合溶液中 Al^{3+} 的质量浓度，g/L；

$c(EDTA)$——EDTA 标准滴定溶液的准确浓度，mol/L；

$c(Zn^{2+})$——锌标准滴定溶液的准确浓度，mol/L；

V_1——滴定 Fe^{3+} 消耗 EDTA 标准滴定溶液的体积，mL；

V_2——测定 Al^{3+} 加入 EDTA 标准滴定溶液的体积，mL；

V_3——返滴定消耗锌标准滴定溶液的体积，mL；

55.85——Fe 的摩尔质量，g/mol；

26.98——Al 的摩尔质量，g/mol；

V——所取试液的体积，mL。

五、思考与讨论

1. 测定混合液中的 Fe^{3+} 时为什么控制 pH 为 2？而测定 Al^{3+} 时为什么两次调节 pH？

2. 配位滴定测定 Al^{3+}，为什么用返滴定法？

3. 说明磺基水杨酸和 PAN 指示剂使用的 pH 条件和终点颜色变化。

本章要点

1. EDTA 的分析特性

（1）EDTA 能与多数金属离子形成稳定的、易溶于水的配合物，且化学反应计量系数一般为 1∶1。

（2）EDTA 与金属离子的配位能力与溶液酸度密切相关，控制酸度能够提高滴定的选择性。利用酸效应曲线（见图 4-1）可以解决以下问题：

① 确定单独滴定某一离子时的最高允许酸度；

② 判断在某一酸度下滴定金属离子时，哪些离子有干扰；

③ 确定连续滴定几种金属离子的酸度条件。

2. 金属指示剂

金属指示剂属于有机配位剂，能与被测金属离子形成有色配合物。此配合物应具备的条件是：

① 配合物与指示剂本身的颜色有明显区别；

② 配合物的稳定性要适当；

③ 配合物应易溶于水。

本章实验部分使用了铬黑 T、磺基水杨酸和 PAN 等指示剂。其他金属指示剂的应用条件可查阅有关资料。

3. 各种配位滴定方式的适用范围

（1）被测离子与 EDTA 的反应符合配位滴定条件时，可以进行直接滴定。

（2）待测离子（如 PO_4^{3-}、SO_4^{2-} 等）不能与 EDTA 形成配合物，或与 EDTA 形成的配合物不稳定时，需采用间接滴定。

（3）待测离子（如 Ba^{2+}、Sr^{2+} 等）虽能与 EDTA 形成稳定的配合物，但缺乏变色敏锐的指示剂时，可采用置换滴定。

（4）待测离子（如 Al^{3+}、Cr^{3+} 等）与 EDTA 的配位反应速率缓慢，本身又易水解或封闭指示剂时，通常采用返滴定。

对于多组分含量的测定，一般认为当两种离子的 $\lg K_{MY}$ 之差值 ≥ 5 时，可通过控制酸度分步滴定；当该差值 < 5 时有干扰，只能用掩蔽的方法排除干扰或分别测定。

4. 技能训练环节

通过本章的实验要熟练滴定分析的操作并完成下列环节的训练。

(1) 直接法配制锌标准溶液的操作与计算。

(2) 用酸碱溶液或缓冲溶液调控溶液的 pH。

(3) 用单标线吸量管和容量瓶定量分取溶液，并进行滴定。

(4) 观察、判断常用金属指示剂的滴定终点。

(5) 用配位滴定法测定工业用水的硬度。

(6) 以质量浓度计算和报告分析结果。

1. 什么叫配位滴定法？用于配位滴定的反应必须符合哪些条件？

2. 用 $Hg(NO_3)_2$ 标准滴定溶液配位滴定 Cl^- 的原理是什么？

3. EDTA 与金属离子的配位反应有哪些特点？

4. 哪些情况下，待测离子不能用 EDTA 标准滴定溶液直接滴定？应分别如何处理？

5. EDTA 的酸效应曲线在配位滴定中有何用途？

6. 金属指示剂的作用原理如何？应具备哪些条件？

7. 现有 EDTA 标准滴定溶液的浓度为 0.1000mol/L。计算该溶液 1.00mL 相当于 Cu、ZnO、Al_2O_3 各多少毫克。

答：6.355mg；8.138mg；5.098mg

8. 欲连续滴定溶液中 Fe^{3+}、Al^{3+}、Ca^{2+} 的含量，试利用 EDTA 的酸效应曲线拟定主要滴定条件（pH）。

9. 欲测定含 Bi^{3+}、Pb^{2+}、Al^{3+} 和 Mg^{2+} 溶液中的 Pb^{2+} 含量，问其他三种离子是否有干扰？拟出测定的简要方案。

10. 测定某装置冷却用水中钙镁总量时，吸取水样 100mL，以铬黑 T 为指示剂，在 pH=10 时，用 c(EDTA)=0.0200mol/L 的 EDTA 标准滴定溶液滴定，终点消耗了 5.26mL。求以 $CaCO_3$ (mg/L) 表示的钙镁总量。

答：105.3mg/L

11. 称取 1.0040g 氯化锌样品，溶解后定容至 250mL。取出 25.00mL 在 pH 为 5～6 以二甲酚橙作指示剂，用 $c(EDTA)=$ 0.02048mol/L 的 EDTA 标准滴定溶液滴定至终点，用去 34.80mL。求样品中 $ZnCl_2$ 的质量分数。

答：0.9675

12. 准确称取镍盐样品 0.5200g，加水溶解后定容至 100mL 容量瓶中。吸出 10.00mL 于锥形瓶中，加入 $c(EDTA)=0.0200$ mol/L的 EDTA 标准滴定溶液 30.00mL，用氨水调节溶液 pH≈5，加入 HAc-NaAc 缓冲溶液 20mL，加热至沸后，再加几滴 PAN 指示液，立即用 $c(CuSO_4)=0.0200$mol/L 的 $CuSO_4$ 标准滴定溶液滴定，消耗 10.35mL，计算镍盐中 Ni 的质量分数。

答：0.4436

13. 测定无机盐中的 SO_4^{2-}，取样品 3.000g，溶解于水并稀释至 250.0mL，取其 25.00mL，加入 0.05000mol/L 的 $BaCl_2$ 溶液 25.00mL，加热沉淀完全后，用 0.02000mol/L 的 EDTA 溶液滴定未反应的 Ba^{2+}，用去 17.15mL。计算该无机盐中 SO_4^{2-} 的百分含量。

答：29.04%

14. 称取含磷样品 0.1000g，处理成溶液后，把磷沉淀为 $MgNH_4PO_4 \cdot 6H_2O$，将沉淀过滤、洗净后再溶解，将溶液 pH 调至 10，以铬黑 T 为指示剂，用 0.01000mol/L 的 EDTA 标准滴定溶液滴定，用去 20.00mL，计算样品中 P_2O_5 的百分含量。

答：14.20%

15. 称取不纯氯化钡试样 0.2000g，溶解后加入 40.00mL 浓度为 0.1000mol/L 的 EDTA 标准滴定溶液，待 Ba^{2+} 与 EDTA 配位后，再以 NH_3-NH_4Cl 缓冲溶液调节至 pH=10，以铬黑 T 为指示剂，用 0.1000mol/L 的 $MgSO_4$ 标准滴定溶液滴定过量的 EDTA，用去 31.00mL。求试样中 $BaCl_2$ 的百分含量。

答：93.74%

16. 称取 0.1005g 纯 $CaCO_3$，溶解后，用容量瓶定容至

100mL，用移液管吸取25mL，在pH>12时，加入钙指示剂，用EDTA标准滴定溶液滴定，用去24.90mL。试计算EDTA标准滴定溶液的准确浓度。

答：0.01008mol/L

知识窗

重金属污染与防治

重金属污染指由重金属或其化合物造成的环境污染。重金属是指汞、镉、铅等密度较大具有显著生物毒性的金属。其危害程度取决于重金属在环境、食品和生物体中存在的浓度和化学形态。重金属污染主要表现在水污染中，还有一部分是在大气和固体废弃物中。

重金属污染与其他有机化合物的污染不同。不少有机化合物可以通过自然界本身物理的、化学的或生物的净化，使有毒性逐渐降低或解除；而重金属具有富集性，很难在环境中降解。由于在重金属的开采、冶炼、加工过程中，造成一些重金属进入大气、水、土壤引起严重的环境污染。如含有重金属污染水的排出，即使浓度小，也可在藻类和底泥中积累，被鱼和贝类体表吸附，产生食物链浓缩，从而造成公害。

重金属在人体内能和蛋白质及各种酶发生强烈的相互作用，使它们失去活性，也可能在人体的某些器官中富集，如果超过人体所能耐受的限度，会造成人体急性中毒、亚急性中毒、慢性中毒等，对人体危害极大。例如，铅是可在人体和动物组织中积蓄的有毒金属。主要来源于涂料、蓄电池、冶炼、五金、机械、电镀、化妆品、染发剂、彩釉碗碟、餐具、燃煤、膨化食品、自来水管等。铅能污染皮肤，可通过消化道、呼吸道进入体内与多种器官亲和，主要毒性效应是贫血症、神经机能失调和肾损伤。铅对水生生物的安全浓度为0.16mg/L，用含铅0.1～4.4mg/L的水灌溉水稻和小麦时，作物中铅含量明显增加。人体内正常的铅含量应该在0.1mg/L，如果含量超标，就会引发疾病。类似地，汞、镉等对人体的毒性都很大。因此，重金属污染与防治已经引起世界各国的高度重视，解决这个问题已迫在眉睫。

2008年2月我国全国人民代表大会常务委员会修订通过的《中华人民共和国水污染防治法》规定了水污染防治应当坚持预防为主、防治结合、综合治理的原则，优先保护饮用水水源，严格控制工业污染，禁止将含有汞、镉、砷、铬、铅、氰化物、黄磷等的可溶性剧毒废液、废渣向水体排放。除了控制工业污染源，交通污染和生活垃圾污染也不容忽视。交通污染主要是汽车尾气的排放，国家制定了一系列的管理办法，如使用乙醇汽油、安装汽车尾气净化器等；生活垃圾的污染，如废旧电池、破碎的照明灯、上彩釉的碗碟、废家电等。我们在日常生活中不可随意丢弃这类东西。垃圾的分类处理与回收利用急待推广。

目前已经研究了多种处理重金属废液的方法，包括化学法、生物法和物化法。在化学沉淀、氧化还原、电化学等化学方法中，化学沉淀法是去除重金属污染物的经典方法；去除重金属污染物的生物和物理化学方法有生物吸附、离子交换、膜分离和利用微生物的转化法等。

化学沉淀法是通过化学反应使废水中呈溶解状态的重金属转化为不溶于水的重金属化合物，通过过滤分离使沉淀物从水溶液中去除。包括中和沉淀法、硫化物沉淀法及铁氧体共沉淀法。沉淀法适用于水溶液中重金属浓度较高的情况。由于受沉淀剂和环境条件的影响，沉淀法往往出水浓度达不到要求，需作进一步处理。产生的沉淀物必须严格处置，否则会造成二次污染。

生物吸附法是利用工业发酵后剩余的芽孢杆菌菌体或酵母菌吸附重金属。具体做法是首先用碱处理菌体，以增加其吸附重金属的能力。然后通过化学交联法固定这些细胞并用于吸附重金属。这种方法可以去除废水中的镉、汞、铬、铅、铜、锌等，吸附率可达99%。吸附在细胞上的重金属可以用硫酸洗脱，然后用化学方法回收重金属，经过碱处理后的固定化细胞可以重新用于吸附重金属。

Chapter 5

第五章 氧化还原滴定法

知识目标

1. 理解氧化还原滴定反应必须具备的一些条件。

2. 掌握高锰酸钾法和碘量法的反应原理、滴定条件及主要应用。

3. 了解重铬酸钾法和溴量法的反应原理及应用。

4. 掌握氧化还原物质基本单元的确定和分析结果的计算。

技能目标

1. 学会高锰酸钾和硫代硫酸钠等性质不稳定的标准滴定溶液的制备方法。

2. 初步掌握高锰酸钾法和间接碘量法的滴定条件和控制要领。

3. 巩固并熟练滴定分析操作技术。

4. 按操作规程完成过氧化氢、硫酸铜和铁盐等典型产品含量的测定。

氧化还原滴定法是利用氧化还原反应进行滴定分析的方法。根据所选用氧化剂的不同，氧化还原滴定法包括高锰酸钾法、重铬酸钾法、碘量法、溴酸钾法等。利用这些分析方法，不仅可测定本身具有氧化还原性的物质的含量，而且可用于测定那些本身虽无氧化还原性质，但却能与具有氧化还原性的物质发生定量反应的物质的含量。

氧化还原反应是电子转移反应，比较复杂，反应常常分步进行，故反应速率较慢，往往还伴随有副反应。因此，在氧化还原滴定法中，必须根据不同情况选择适当的反应以及滴定条件，使之符合滴定分析的基本要求。

第一节　氧化还原滴定反应的条件

一、反应的自发方向

一种氧化剂能与哪些还原剂发生反应，这取决于它们之间的相对强弱。氧化剂或还原剂的强弱，可用氧化还原半反应（或称氧化还原电对）的电极电位来衡量。电极电位按能斯特方程式（Nernst equation）计算。对于半反应

$$\text{氧化态}+ne \rightleftharpoons \text{还原态}$$

$$\varphi=\varphi^{\ominus}+\frac{0.059}{n}\lg\frac{[\mathrm{Ox}]}{[\mathrm{Red}]} \quad (25℃) \tag{5-1}$$

式中　φ——半反应的电极电位，V；

$\varphi^{\ominus}$——半反应的标准电极电位，V；

n——半反应转移的电子数；

[Ox]，[Red]——氧化态和还原态的浓度，mol/L。

在一定温度下，[Ox] 和 [Red] 都为 1mol/L 时的电极电位，即为标准电极电位。附录中二列出了部分氧化还原半反应的标准电极电位。电极电位值越大，表示其氧化态得到电子的能力越强，是较强的氧化剂；电极电位值越小，表示其还原态失去电子的能力越强，是较强的还原剂。根据氧化还原半反应的标准电极电位，可以粗略地判断反应自发的方向：对于两个半反应，标准电极电位较高的氧化态能够与标准电极电位较低的还原态自发反应，即较强的氧化剂与较强的还原剂反应生成较弱的还原剂与较弱的氧化剂。

【例 5-1】 试判断下列反应的自发方向：

$$2Fe^{3+}+Sn^{2+} \rightleftharpoons 2Fe^{2+}+Sn^{4+}$$

解　由附录中二查得 $\varphi^{\ominus}(Fe^{3+}/Fe^{2+})=0.771V$，$\varphi^{\ominus}(Sn^{4+}/Sn^{2+})=0.151V$

由于 $\varphi^{\ominus}(Fe^{3+}/Fe^{2+}) > \varphi^{\ominus}(Sn^{4+}/Sn^{2+})$，故 Fe^{3+} 能够氧化 Sn^{2+}，反应自发向右进行。

应当指出，用标准电极电位判断反应方向，还需考虑溶液酸度、生成沉淀、形成配合物等因素的影响。这些因素可能使氧化态或还原态存在形式发生变化，以致有可能改变反应的方向。例如，用间接碘量法测定 Cu^{2+} 的反应：

$$2Cu^{2+} + 4I^- \rightleftharpoons 2CuI\downarrow + I_2$$

$$\varphi^{\ominus}(Cu^{2+}/Cu^+) = +0.15V \qquad \varphi^{\ominus}(I_2/I^-) = +0.54V$$

从标准电极电位看，$\varphi^{\ominus}(I_2/I^-) > \varphi^{\ominus}(Cu^{2+}/Cu^+)$，似乎 I_2 能够氧化 Cu^+，反应向左进行。但事实上反应向右进行，I^- 能还原 Cu^{2+} 且还原得很完全。这是因为 Cu^{2+}/Cu^+ 电对中的 Cu^+ 与溶液中的 I^- 生成了难溶的 CuI 沉淀，使溶液中 $[Cu^+]$ 极小，导致其半反应的电极电位显著增高，Cu^{2+} 成了较强的氧化剂。

二、反应的完全程度

一个氧化还原反应能否定量地进行完全，可用反应的平衡常数来衡量，而平衡常数可由两个半反应的标准电极电位求得。

一般的氧化还原反应，可表示为：

$$n_2 Ox_1 + n_1 Red_2 \rightleftharpoons n_2 Red_1 + n_1 Ox_2$$

平衡常数 $$K = \frac{[Red_1]^{n_2}[Ox_2]^{n_1}}{[Ox_1]^{n_2}[Red_2]^{n_1}}$$

两个半反应的电极电位分别为：

$$Ox_1 + n_1 e = Red_1 \qquad \varphi_1 = \varphi_1^{\ominus} + \frac{0.059}{n_1}\lg\frac{[Ox_1]}{[Red_1]}$$

$$Ox_2 + n_2 e = Red_2 \qquad \varphi_2 = \varphi_2^{\ominus} + \frac{0.059}{n_2}\lg\frac{[Ox_2]}{[Red_2]}$$

反应达平衡时，$\varphi_1 = \varphi_2$，上述二式等号右边相等，经整理得到

$$\varphi_1^{\ominus} - \varphi_2^{\ominus} = \frac{0.059}{n_1 n_2}\lg\frac{[Red_1]^{n_2}[Ox_2]^{n_1}}{[Ox_1]^{n_2}[Red_2]^{n_1}} = \frac{0.059}{n_1 n_2}\lg K$$

$$\lg K = \frac{n_1 n_2(\varphi_1^{\ominus} - \varphi_2^{\ominus})}{0.059} \qquad (5\text{-}2)$$

由式(5-2) 可见，两个半反应的标准电极电位相差越大，反应的平衡常数也就越大，反应进行得越完全。为使滴定反应完全程度达到 99.9%以上，即允许误差为 0.1%，对于 $n_1=n_2=1$ 型的反应，要求平衡常数 $K>10^6$，代入式(5-2) 可求出两个半反应标准电极电位之差值必须大于 0.35V。对于其他类型的氧化还原反应，也可以推导出相应的结果。因此一般认为，两个半反应的标准电极电位之差值 $\Delta\varphi^{\ominus}\geqslant0.4V$ 的氧化还原反应，才能定量进行完全。

【例 5-2】 计算例 5-1 反应的平衡常数。

解 已知 $\varphi^{\ominus}(Fe^{3+}/Fe^{2+})=0.771V$，$\varphi^{\ominus}(Sn^{4+}/Sn^{2+})=$ 0.151V

反应中电子转移数 $n_1=1$，$n_2=2$

代入式(5-2) 得 $\lg K=\dfrac{1\times2\times(0.771-0.151)}{0.059}=21$

$K=10^{21}$ 说明该反应进行得很完全。

【例 5-3】 在酸性条件下，用 $KMnO_4$ 溶液作氧化剂能否定量氧化 Fe^{2+}、H_2O_2、Cl^-？

解 由附录中二查出有关半反应和标准电极电位：

$\varphi^{\ominus}(MnO_4^-/Mn^{2+})=1.507V$

$\varphi^{\ominus}(Fe^{3+}/Fe^{2+})=0.771V$

$\varphi^{\ominus}(O_2/H_2O_2)=0.695V$

$\varphi^{\ominus}(Cl_2/Cl^-)=1.36V$

比较这组数据可知，$KMnO_4$ 能定量氧化 Fe^{2+} 和 H_2O_2；只能部分氧化 Cl^-。

还需指出，某些氧化还原反应虽然两个半反应的电极电位相差足够大，但由于存在副反应，使氧化剂和还原剂之间没有准确的化学计量关系，这样的反应仍不能用于滴定分析。如用 $K_2Cr_2O_7$ 氧化 $Na_2S_2O_3$ 的反应即属于这种情况；而用 I_2 氧化 $Na_2S_2O_3$ 的反应就符合滴定分析的要求。

三、反应速率

在氧化还原滴定中，为使某些速率缓慢的反应适应滴定分析的需要，可以采用以下方法来提高反应速率。

（1）增加反应物浓度　一般情况下，反应物浓度越大，反应速率越快。例如，在酸性溶液中 $K_2Cr_2O_7$ 与 KI 的反应：

$$Cr_2O_7^{2-} + 6I^- + 14H^+ \longrightarrow 2Cr^{3+} + 3I_2 + 7H_2O$$

增加 I^- 和 H^+ 的浓度，都能提高反应速率，故必须保持一定的酸度。一般 $[H^+]$ 控制在 0.4mol/L，加入过量 3 倍的 KI，放置 5min，反应即可完成。

（2）提高温度　一般说来，升高温度可加快反应速率。通常每升高 10℃，反应速率提高 2～3 倍。例如，$KMnO_4$ 与 $H_2C_2O_4$ 的反应，在室温下速率很慢，若将溶液加热，则反应速率显著提高。因此用 $KMnO_4$ 滴定 $H_2C_2O_4$ 时，温度一般控制在 65℃。

应该指出，对于容易挥发的物质（如 I_2）或加热会促进空气氧化的物质（如 Fe^{2+}、Sn^{2+} 等），不能用加热的方法来提高反应速率，否则会引入误差。

（3）使用催化剂　加入催化剂是提高反应速率的有效方法。例如，用 $KMnO_4$ 溶液滴定 $H_2C_2O_4$ 的反应，即使在强酸溶液中温度升至 65℃，在滴定的最初阶段反应仍然相当缓慢。若加入催化剂 Mn^{2+}，则反应速率加快。在此项滴定中，一般不另加催化剂，而是靠反应本身产生的 Mn^{2+} 起催化作用。这样，只是在滴定开始时反应缓慢，随着滴定的进行，Mn^{2+} 量逐渐增多，反应速率就越来越快。

综上所述，为了使氧化还原滴定反应按所需方向定量地迅速地进行完全，必须控制适当的反应条件。

第二节　高锰酸钾法

一、滴定反应和条件

高锰酸钾法是利用 $KMnO_4$ 作氧化剂进行滴定分析的方法。$KMnO_4$ 是一种强氧化剂，在不同介质中氧化能力和还原产物有所不同。

在强酸性溶液中：$MnO_4^- + 8H^+ + 5e \rightleftharpoons Mn^{2+} + 4H_2O$ $\varphi^\ominus = 1.51V$

在中性或弱碱性溶液中：$MnO_4^- + 2H_2O + 3e \rightleftharpoons MnO_2 + 4OH^-$ $\varphi^\ominus = 0.595V$

在强碱性溶液中：$MnO_4^- + e \rightleftharpoons MnO_4^{2-}$ $\varphi^\ominus = 0.564V$

由 $\varphi^\ominus$ 值可知 $KMnO_4$ 在强酸性溶液中氧化能力最强。因此 $KMnO_4$ 滴定法一般都在强酸性溶液中进行，酸度以 1～2mol/L 为宜。酸度过高导致 $KMnO_4$ 分解，酸度过低会生成 MnO_2 沉淀。调节酸度需要用硫酸，避免使用盐酸和硝酸，因为 Cl^- 具有还原性，能被 MnO_4^- 氧化，而硝酸具有氧化性，它可能氧化被测定的物质。

在强酸性条件下，利用 $KMnO_4$ 标准滴定溶液作氧化剂，能够直接滴定许多还原性物质，如 Fe^{2+}、$C_2O_4^{2-}$、H_2O_2、Ti(Ⅲ)、NO_2^-、As(Ⅲ)、Sb(Ⅲ) 等。$KMnO_4$ 与另一还原剂相配合，可用返滴定法测定许多氧化性物质，如 $Cr_2O_7^{2-}$、ClO_3^-、BrO_3^-、PbO_2 及 MnO_2 等。

某些不具有氧化还原性的物质，若能与还原剂或氧化剂定量反应，也可用间接法加以测定。例如钙盐的测定：将试样处理成溶液后，用 $C_2O_4^{2-}$ 将 Ca^{2+} 沉淀为 CaC_2O_4；以稀硫酸溶解沉淀；用 $KMnO_4$ 标准滴定溶液滴定溶液中的 $C_2O_4^{2-}$，从而间接求出钙的含量。

另外，在强碱性条件下，$KMnO_4$ 能够氧化很多有机物，故常在强碱性溶液中测定有机物的含量。

高锰酸钾水溶液呈紫红色，其还原产物 Mn^{2+} 几乎无色。因此高锰酸钾法不需另加指示剂，可借助化学计量点后稍微过量的高锰酸钾使溶液呈粉红色来指示滴定终点。这种确定滴定终点的方法属于自身指示剂。

高锰酸钾法氧化能力强，应用范围广。但由于 $KMnO_4$ 能与许多还原性物质作用，干扰也比较严重，其标准滴定溶液不够稳定。

二、$KMnO_4$ 标准滴定溶液

1. 配制

试剂高锰酸钾一般含有少量 MnO_2 及其他杂质，同时蒸馏水中含有微量有机物质，它们与 $KMnO_4$ 发生缓慢反应，析出 $MnO(OH)_2$ 沉淀。MnO_2 或 $MnO(OH)_2$ 又能促进 $KMnO_4$ 进一步分解，所以不能用直接法配制 $KMnO_4$ 标准滴定溶液。为了获得浓度稳定的 $KMnO_4$ 标准滴定溶液，可称取稍多于计算量的试剂高锰酸钾，溶于蒸馏水中，加热煮沸，冷却后贮存于棕色瓶中，于暗处放置数天，使溶液中可能存在的还原性物质完全氧化。用微孔玻璃漏斗过滤除去 MnO_2 等沉淀，然后进行标定。

久置的 $KMnO_4$ 溶液，使用前应重新标定其浓度。

2. 标定

能够用于标定 $KMnO_4$ 溶液的基准物质有 $Na_2C_2O_4$、$H_2C_2O_4 \cdot 2H_2O$、$(NH_4)_2Fe(SO_4)_2 \cdot 6H_2O$、$As_2O_3$ 等，其中 $Na_2C_2O_4$ 容易提纯、比较稳定，是最常用的基准物质。在 H_2SO_4 溶液中，MnO_4^- 与 $C_2O_4^{2-}$ 的反应为：

$$2MnO_4^- + 5C_2O_4^{2-} + 16H^+ \longrightarrow 2Mn^{2+} + 10CO_2\uparrow + 8H_2O$$

为了使反应定量地、较迅速地完成，应注意下列滴定条件。

(1) 溶液温度　在室温下反应缓慢，通常将溶液加热到 65℃ 左右，但温度不得过高，否则在酸性溶液中会使部分 $H_2C_2O_4$ 分解。

$$H_2C_2O_4 \xrightarrow{>90℃} H_2O + CO_2\uparrow + CO\uparrow$$

(2) 溶液酸度　为使反应能够定量地进行，溶液应有足够的酸度，一般滴定时溶液酸度控制在 0.5～1mol/L。若酸度太低，易生成 MnO_2 沉淀；反之酸度过高又会造成草酸分解。

(3) 滴定速度　滴定速度要与反应速率相适应，尤其在反应开始时，滴定速度不宜太快，一定要等到第一滴 $KMnO_4$ 溶液的颜色褪去之后才接着加第二滴。一旦产生 Mn^{2+}，其催化作用就使反应逐渐加快，故滴定速度也随之加快，但也不能太快；否则加入的

$KMnO_4$ 来不及和 $C_2O_4^{2-}$ 反应，在热的酸性溶液中，自身发生分解而使结果偏低。

$$4MnO_4^- + 12H^+ \rightleftharpoons 4Mn^{2+} + 5O_2\uparrow + 6H_2O$$

（4）终点的判断　滴定至终点后溶液的粉红色会逐渐减褪。这是由于空气中的还原性气体和灰尘与 MnO_4^- 缓慢作用的结果。因此滴定至溶液中出现的粉红色 30s 不消失，就可认为终点已到（见实验 13）。

三、应用实例

1. 过氧化氢的测定

过氧化氢（H_2O_2）又称双氧水，通常用作氧化剂、漂白剂；但当 H_2O_2 遇到更强的氧化剂时，它显示还原剂的性质。

$$H_2O_2 - 2e \longrightarrow 2H^+ + O_2\uparrow \qquad \varphi^{\ominus} = 0.682V$$

基于这个半反应，用强氧化剂 $KMnO_4$ 可在酸性溶液中氧化 H_2O_2，释放出 O_2：

$$2MnO_4^- + 5H_2O_2 + 6H^+ \longrightarrow 2Mn^{2+} + 8H_2O + 5O_2\uparrow$$

因此测定商品双氧水中的 H_2O_2 含量时，可用 $KMnO_4$ 标准滴定溶液直接滴定。在硫酸的酸性条件下，滴定反应可在室温下顺利进行。滴定之初反应较慢，随着 Mn^{2+} 的生成反应加速。也可以在滴定前加几滴 $MnSO_4$ 溶液作催化剂，但不能加热，以防 H_2O_2 分解(见实验 14)。

工业双氧水中有时加入某些有机物（如乙酰苯胺等）作为稳定剂。后者也能消耗 $KMnO_4$ 溶液，使测定结果偏高。遇到这种情况以采用碘量法测定 H_2O_2 为宜。

2. 软锰矿中 MnO_2 的测定

软锰矿的主要成分是 MnO_2，此外尚有锰的低价氧化物、氧化铁等。测定 MnO_2 含量是基于 MnO_2 能与还原剂 $C_2O_4^{2-}$ 定量反应：

$$MnO_2 + C_2O_4^{2-} + 4H^+ \longrightarrow Mn^{2+} + 2CO_2\uparrow + 2H_2O$$

可于软锰矿试样中加入过量 $Na_2C_2O_4$ 的 H_2SO_4 溶液，缓慢加热使其溶解，待反应完全后用 $KMnO_4$ 标准滴定溶液返滴定过量的 $C_2O_4^{2-}$。根据 $Na_2C_2O_4$ 的加入量和 $KMnO_4$ 溶液的消耗量，即可计算出试样中 MnO_2 的含量。

3. 某些有机物的测定

在碱性溶液中，过量的 $KMnO_4$ 能定量地氧化某些有机物，如甘油、甲酸、甲醇等。例如，用高锰酸钾法测定甲醇，可将一定过量的 $KMnO_4$ 标准滴定溶液加到碱性试样中，其反应如下：

$$CH_3OH + 6MnO_4^- + 8OH^- \longrightarrow CO_3^{2-} + 6MnO_4^{2-} + 6H_2O$$

待反应完成后，将溶液酸化，用 $FeSO_4$ 标准溶液滴定，使所有高价锰还原为 Mn^{2+}，即可算出消耗 $FeSO_4$ 的物质的量。同样可计算出反应前加入的 $KMnO_4$ 标准滴定溶液相当于 $FeSO_4$ 的物质的量，由两者差值即可求出甲醇含量。应用本方法还能测定水中有机污染物的含量。

第三节　碘　量　法

一、滴定方法和条件

碘量法是利用 I_2 的氧化性和 I^- 的还原性来进行滴定分析的方法，其基本半反应为：

$$I_2 + 2e \rightleftharpoons 2I^- \qquad \varphi^{\ominus} = +0.54V$$

由标准电极电位可知，I_2 是较弱的氧化剂，能与较强的还原剂作用；而 I^- 是中等强度的还原剂，能与许多氧化剂作用。因此，碘量法分为直接碘量法和间接碘量法。

直接碘量法又称为碘滴定法，它是利用 I_2 标准滴定溶液直接滴定一些还原性物质，如 S^{2-}、SO_3^{2-}、As_2O_3、Sn^{2+}、维生素 C 等。间接碘量法又称为滴定碘法，它是利用 I^- 与氧化剂反应，定量地析出 I_2，然后用还原剂 $Na_2S_2O_3$ 标准滴定溶液滴定 I_2：

$$2S_2O_3^{2-} + I_2 \longrightarrow S_4O_6^{2-} + 2I^-$$

利用间接碘量法可以测定许多氧化性物质，如 $Cr_2O_7^{2-}$、Cu^{2+}、

IO_3^-、BrO_3^-、AsO_4^{3-}、SbO_4^{3-}、ClO^-、NO_2^-、H_2O_2 等，还可以测定甲醛、丙酮、葡萄糖、油脂等有机化合物。这两种方法以间接碘量法应用最为广泛。

碘量法用淀粉作指示剂。在少量 I^- 存在下，I_2 与淀粉生成深蓝色的吸附配合物，反应特效而灵敏，其显色浓度为 $[I_2]=1\times 10^{-5}$ mol/L。淀粉是碘量法的专属指示剂，当溶液出现蓝色（直接碘量法）或蓝色消失（间接碘量法）即为滴定终点。但要注意：采用间接碘量法时，淀粉指示剂应在近终点（溶液出现稻草黄色）时加入，否则将会引起淀粉溶液凝聚，而且吸附的 I_2 不易释放出来，使终点难以观察。

碘量法必须重视测定条件，否则会产生较大误差，以致使滴定无效。

（1）溶液酸度　直接碘量法和间接碘量法都要求在中性或弱酸性介质中进行滴定。在碱性溶液中，I_2 会发生歧化反应，还能与 $Na_2S_2O_3$ 发生副反应：

$$3I_2+6OH^- \longrightarrow IO_3^-+5I^-+3H_2O$$

$$4I_2+S_2O_3^{2-}+10OH^- \longrightarrow 2SO_4^{2-}+8I^-+5H_2O$$

在强酸性溶液中，$Na_2S_2O_3$ 易分解，I^- 易被空气中的 O_2 氧化：

$$S_2O_3^{2-}+2H^+ \longrightarrow SO_2\uparrow+S\downarrow+H_2O$$

$$4I^-+4H^++O_2 \longrightarrow 2I_2+2H_2O$$

光线照射能促进 $Na_2S_2O_3$ 分解和 I^- 的氧化作用。一旦发生这些反应，就改变了原来的化学计量关系，势必造成较大的误差。

（2）防止 I_2 挥发　I_2 具有挥发性，采用间接碘量法时，为防止析出 I_2 挥发，应注意：

① 加入过量的 KI，使析出的 I_2 形成易溶于水的 I_3^-[1]；

---

[1] I_2 形成 I_3^- 的反应是可逆的：

$$I_2+I^- \rightleftharpoons I_3^-$$

当用 $Na_2S_2O_3$ 滴定时，I_2 不断反应掉，使平衡向左移动，原有的 I_2 仍能与 $Na_2S_2O_3$ 作用完全。

② 析出 I_2 的反应要在带塞的碘量瓶中进行；

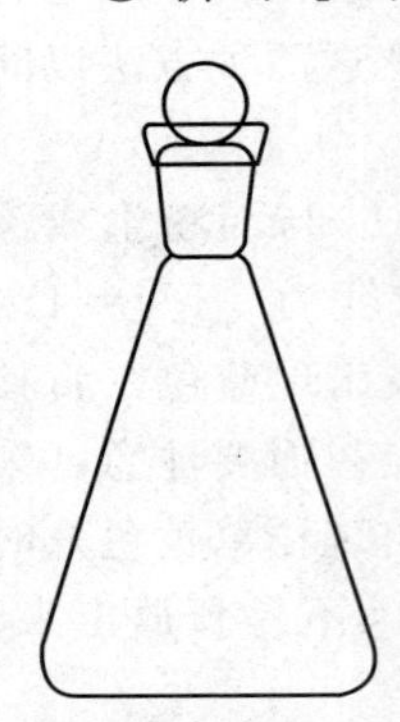
图 5-1　碘量瓶

③ 滴定溶液温度要低（＜25℃），摇动要轻。

碘量瓶是带有喇叭形瓶口和磨口玻璃塞的锥形瓶（见图 5-1）。在瓶口和瓶塞之间加少量水可形成水封，防止瓶中溶液反应生成的气体 I_2 逸失。反应一定时间后，打开瓶塞水即流下并可冲洗瓶塞和瓶壁，接着进行滴定。

（3）防止 I^- 被空气氧化　间接碘量法往氧化剂中加入 KI 后，需要有一个反应过程。为了防止 I^- 被空气中的 O_2 所氧化，应注意：

① 加入 KI 后，碘量瓶应置于暗处放置，以避免光线照射；

② I_2 定量析出后，及时用 $Na_2S_2O_3$ 标准滴定溶液滴定，滴定速度要适当快些。

二、标准滴定溶液

碘量法使用的标准滴定溶液有 $Na_2S_2O_3$ 溶液和 I_2 溶液。

1. 硫代硫酸钠标准滴定溶液

（1）配制　试剂硫代硫酸钠（$Na_2S_2O_3 \cdot 5H_2O$）一般都含有少量杂质，而且容易风化，其水溶液不稳定，不能直接配制成准确浓度的标准滴定溶液。

硫代硫酸钠溶液易受空气和蒸馏水中的细菌、CO_2、O_2 的作用而分解：

$$S_2O_3^{2-} \xrightarrow{\text{细菌}} SO_3^{2-} + S\downarrow$$

$$S_2O_3^{2-} + CO_2 + H_2O \longrightarrow HSO_3^- + HCO_3^- + S\downarrow$$

$$2S_2O_3^{2-} + O_2 \longrightarrow 2SO_4^{2-} + 2S\downarrow$$

光线照射能加速 $S_2O_3^{2-}$ 的氧化分解。因此，配制 $Na_2S_2O_3$ 标准滴定溶液时要用蒸馏水煮沸（驱除 CO_2、O_2，杀死细菌），并加入少量 Na_2CO_3 使溶液呈弱碱性。必要时加入一点防腐剂 HgI_2，以防止 $Na_2S_2O_3$ 分解。配好的溶液应贮于棕色瓶中，置于暗处放置

8～10 天，待 $Na_2S_2O_3$ 浓度稳定后再进行标定。

（2）标定　能够用于标定 $Na_2S_2O_3$ 溶液的基准物质有纯 I_2、KIO_3、$KBrO_3$、$K_2Cr_2O_7$、纯铜等。其中 $K_2Cr_2O_7$ 价廉、易提纯，是常用的基准物质。其标定反应为：

$$Cr_2O_7^{2-} + 6I^- + 14H^+ \longrightarrow 2Cr^{3+} + 3I_2 + 7H_2O$$

$$2S_2O_3^{2-} + I_2 \longrightarrow S_4O_6^{2-} + 2I^-$$

标定时，精确称取一定量的基准物 $K_2Cr_2O_7$，在酸性溶液中（酸度在 0.4mol/L 左右），加入过量 3 倍的 KI，将溶液置于暗处约 5min，待反应完全后再用 $Na_2S_2O_3$ 溶液滴定。滴定至溶液呈稻草黄色时，加入淀粉指示剂，用 $Na_2S_2O_3$ 溶液继续滴定至蓝色恰好消失，即为终点。根据 $K_2Cr_2O_7$ 物质的量和 $Na_2S_2O_3$ 溶液消耗的体积，间接求出 $Na_2S_2O_3$ 溶液的准确浓度（见实验 15）。

2. 碘标准滴定溶液

I_2 易挥发，准确称量有困难，一般是先配成大致浓度的溶液，然后进行标定。

I_2 几乎不溶于水，但能溶于 KI 溶液。配制时，称取一定量的碘，溶于过量的 KI 溶液中，稀释至一定体积。碘溶液应贮存在棕色瓶中，于暗处保存，防止见光或受热引起浓度变化。

I_2 标准滴定溶液的准确浓度，可用已知准确浓度的 $Na_2S_2O_3$ 标准滴定溶液比较求得，也可以用基准物质 As_2O_3（剧毒!）来标定。

三、应用实例

1. 维生素 C 的测定

维生素 C 又名抗坏血酸，分子式为 $C_6H_8O_6$，它是一种药物，也是分析中常用的掩蔽剂。维生素 C 分子中的烯二醇基（$\underset{\text{OH}\ \ \text{OH}}{\text{—C═C—}}$）具有还原性，能被 I_2 定量氧化为二酮基，因此可用 I_2 标准滴定溶液直接滴定，其反应为：

$$\begin{array}{cccccccccccccccccccccccc}
 & & & & & & & & \mathrm{H} & & \mathrm{OH} & & & & & & & & & & \mathrm{H} & & \mathrm{OH} & \\
 & & \multicolumn{5}{c}{\overbrace{\quad\mathrm{O}\quad}} & & | & & | & & & & \multicolumn{5}{c}{\overbrace{\quad\mathrm{O}\quad}} & & | & & | & \\
\mathrm{C} & - & \mathrm{C} & = & \mathrm{C} & - & \mathrm{C} & - & \mathrm{C} & - & \mathrm{C} & -\mathrm{H}+\mathrm{I_2} & \longrightarrow & \mathrm{C} & - & \mathrm{C} & - & \mathrm{C} & - & \mathrm{C} & - & \mathrm{C} & - & \mathrm{C}-\mathrm{H}+2\mathrm{HI} \\
\| & & | & & | & & | & & | & & | & & & \| & & \| & & \| & & | & & | & & | \\
\mathrm{O} & & \mathrm{OH} & & \mathrm{OH} & & \mathrm{H} & & \mathrm{OH} & & \mathrm{H} & & & \mathrm{O} & & \mathrm{O} & & \mathrm{O} & & \mathrm{H} & & \mathrm{OH} & & \mathrm{H}
\end{array}$$

从反应方程式看，在碱性条件下更有利于反应向右进行。但由于维生素C的还原性较强，在空气中易被氧化，特别是在碱性溶液中更甚，所以滴定时一般加入一些HAc，使溶液保持弱酸性，以减少维生素C受 I_2 以外其他氧化剂作用的影响。

2. 铜的测定

铜矿、铜合金及铜盐中的铜含量皆可用间接碘量法进行测定。此法是基于 Cu^{2+} 与过量的KI作用：

$$2Cu^{2+}+4I^- \longrightarrow 2CuI\downarrow+I_2$$

反应中KI既是还原剂，又是沉淀剂。生成的 I_2 用 $Na_2S_2O_3$ 标准滴定溶液滴定。

Cu^{2+} 与 I^- 的反应必须在弱酸性溶液中（pH＝3～4）进行。酸度过高，I^- 易被氧化为 I_2；酸度过低，Cu^{2+} 会水解生成沉淀。通常用 H_2SO_4 或HAc控制溶液的酸度。另外，试液中若有 Fe^{3+}，对测定铜有干扰，因 Fe^{3+} 能氧化 I^-，使测定结果偏高。一般可加入NaF掩蔽 Fe^{3+}，排除干扰（见实验16）。

3. 不饱和有机物碘值的测定

利用不饱和有机物的卤素加成反应，可用间接碘量法测定有机物的不饱和度。例如，测定油脂的不饱和度时，试样用有机溶剂溶解后，加入过量的氯化碘溶液，与试样中的不饱和键发生加成反应，反应完成后加入碘化钾将剩余的氯化碘转化为相当量的碘：

$$\begin{array}{c} \diagdown \qquad \diagup \\ \mathrm{C}=\mathrm{C} \\ \diagup \qquad \diagdown \end{array} + \mathrm{ICl} \longrightarrow \begin{array}{c} \mathrm{I} \quad \mathrm{Cl} \\ \diagdown | \quad | \diagup \\ \mathrm{C}-\mathrm{C} \\ \diagup \qquad \diagdown \end{array}$$

$$ICl+KI \longrightarrow I_2+KCl$$

再用 $Na_2S_2O_3$ 标准滴定溶液滴定生成的碘。同时做空白试验。空白与试样消耗 $Na_2S_2O_3$ 标准滴定溶液的差值即为试样发生加成反应所消耗的氯化碘量。

试样的不饱和度通常以碘值表示。碘值是指 100g 样品发生加成反应所消耗的氯化碘换算为碘的质量（g）。碘值的高低表示有机物质不饱和的程度。

4. 卡尔·费休法测定微量水分

碘量法的一个重要应用是卡尔·费休法测定试样中的微量水分。

该方法是基于 I_2 氧化 SO_2 时需要定量的 H_2O：

$$I_2+SO_2+2H_2O \rightleftharpoons H_2SO_4+2HI$$

这个反应是可逆的，通常用吡啶作溶剂，同时加入甲醇或乙二醇单甲醚，以使反应向右进行到底并防止副反应发生。因此，卡尔·费休法测定微量水所用滴定剂是含有碘、二氧化硫、吡啶和甲醇或乙二醇单甲醚的混合液，称为卡尔·费休试剂。这种试剂对水的滴定度一般用纯水或二水酒石酸钠进行标定。

卡尔·费休试剂与水的反应十分敏锐，在配制、贮存和使用过程中，都必须采取有效措施防止水分浸入。所用仪器要干燥，最好使用自动滴定管，在密闭系统中滴定。空气也必须经过氯化钙或硅胶干燥后进入系统。图 5-2 为采用卡尔·费休试剂测定水分的一种组合仪器。

采用本法测定水分，有两种指示终点的方法。

(1) 目视法　卡尔·费休试剂呈现 I_2 的棕色，与水反应后棕色立即褪去，当滴定到溶液出现棕色时，表示到达终点。

(2) 电量法　如图 5-2 所示，浸入滴定池溶液中的两铂丝电极之间施加微小的电压（几十毫伏）。溶液中存在水时，由于极化作用外电路没有电流流过，电流表指零；当滴定到终点时，稍过量的 I_2 导致去极化，使电流表指针突然偏转，指示非常灵敏（见实验 18）。

卡尔·费休法是化工产品中水分测定的通用方法，还可以间接测定化学反应中消耗或生成水的有机物含量。例如，醇类以 BF_3 作催化剂进行酯化时，反应式为：

$$ROH+CH_3COOH \xrightarrow{BF_3} CH_3COOR+H_2O$$

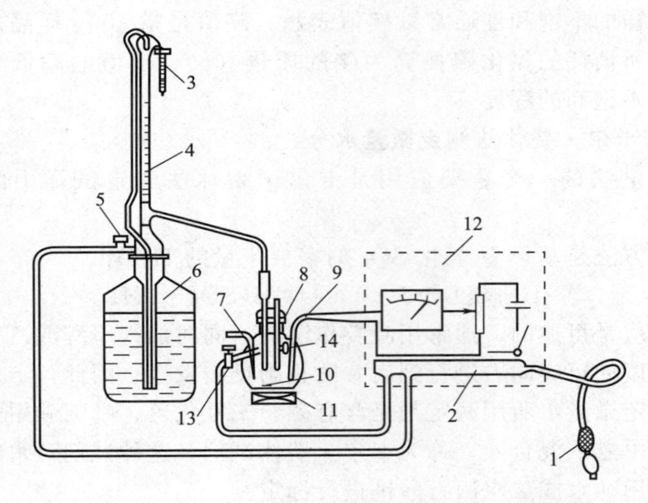

图 5-2 卡尔·费休法测定水分的组合仪器

1—双连球；2，3—干燥管；4—自动滴定管；5—具塞放气口；6—试剂贮瓶；
7—废液排放口；8—反应瓶；9—铂电极；10—磁棒；11—搅拌器；
12—电量法测定终点装置；13—干燥空气进气口；14—进样口

反应生成的水用卡尔·费休试剂滴定，即可求出醇类的含量。

卡尔·费休法不适用于能与卡尔·费休试剂主要成分反应生成水的试样，以及能还原 I_2 或氧化 I^- 的试样中水分的测定。

第四节 其他氧化还原滴定法

一、重铬酸钾法

重铬酸钾法是以重铬酸钾作氧化剂进行氧化还原滴定的方法。在酸性溶液中，$K_2Cr_2O_7$ 得到 6 个电子被还原为 Cr^{3+}，半反应为：

$$Cr_2O_7^{2-} + 14H^+ + 6e \longrightarrow 2Cr^{3+} + 7H_2O \qquad \varphi^{\ominus} = 1.33V$$

$K_2Cr_2O_7$ 的标准电极电位比 $KMnO_4$ 的标准电极电位低些，但仍是较强的氧化剂。与 $KMnO_4$ 法相比，$K_2Cr_2O_7$ 法具有以下优点。

（1）$K_2Cr_2O_7$ 易提纯，在 130～150℃干燥后，可作为基准物

质直接配制成标准滴定溶液，不必标定。

（2）$K_2Cr_2O_7$ 溶液稳定，易于长期保存。

（3）$K_2Cr_2O_7$ 溶液室温下不会与 Cl^- 反应，可在盐酸溶液中进行滴定。

重铬酸钾法需要外加氧化还原指示剂来确定滴定终点。氧化还原指示剂是氧化态与还原态具有不同颜色的有机物。在滴定过程中，当化学计量点附近溶液电位发生突变时，指示剂因被氧化或还原发生颜色变化而指示滴定终点。重铬酸钾法常用的指示剂是二苯胺磺酸钠或邻苯氨基苯甲酸等。

重铬酸钾法主要用于测定铁的含量，也可以通过 $Cr_2O_7^{2-}$ 与 Fe^{2+} 的反应测定其他还原性或氧化性物质。例如，水的化学需氧量（COD）反映了水体受还原性物质（包括无机物和有机物）污染的程度。测定 COD 是在强酸性条件下，往水样中加入过量的 $K_2Cr_2O_7$ 标准滴定溶液，加热回流一定时间，充分氧化水中的还原性物质，然后用硫酸亚铁铵标准滴定溶液返滴定剩余的 $K_2Cr_2O_7$。根据水样消耗 $K_2Cr_2O_7$ 的量，计算出化学需氧量。

【应用实例】 铁的测定

铁矿石、铁合金和铁盐类化工产品都可用重铬酸钾法进行测定。其滴定反应为：

$$6Fe^{2+}+Cr_2O_7^{2-}+14H^+ \longrightarrow 6Fe^{3+}+2Cr^{3+}+7H_2O$$

试样用盐酸溶解后，应先用还原剂将 Fe^{3+} 还原为 Fe^{2+}。常用的还原剂是 $SnCl_2$，多余的 $SnCl_2$ 借加入 $HgCl_2$ 而除去，其反应为：

$$SnCl_2+2HgCl_2 \longrightarrow SnCl_4+Hg_2Cl_2\downarrow$$

然后在 1～2mol/L H_2SO_4-H_3PO_4 混合酸介质中，以二苯胺磺酸钠为指示剂，用 $K_2Cr_2O_7$ 标准滴定溶液滴定 Fe^{2+}，终点时溶液由绿色（Cr^{3+} 的颜色）变为紫色。混合酸中 H_2SO_4 的作用是增加溶液的酸度，H_3PO_4 与黄色的 Fe^{3+} 结合成无色的 $[Fe(PO_4)_2]^{3-}$ 配离子，使滴定终点更为准确（见实验 17）。

由于所用 $HgCl_2$ 为有毒物质，近年来研究了无汞测定铁的方法，如用 $SnCl_2$ 还原大部分 Fe^{3+} 后，用 $TiCl_3$ 溶液还原剩余的 Fe^{3+}，所得 Fe^{2+} 溶液再按上法测定。

二、溴酸钾法

溴酸钾法是利用溴酸钾作氧化剂进行氧化还原滴定的方法。溴酸钾是一种强氧化剂，在酸性溶液中与还原性物质作用时，BrO_3^- 被还原为 Br^-，其半反应为：

$$BrO_3^- + 6H^+ + 6e \longrightarrow Br^- + 3H_2O \qquad \varphi^{\ominus} = 1.44V$$

溴酸钾法也有直接法和间接法之分。

直接法是在酸性溶液中，以甲基橙或甲基红作指示剂，用 $KBrO_3$ 标准滴定溶液直接滴定待测物质，化学计量点后稍过量的 $KBrO_3$ 溶液就氧化指示剂，使甲基橙褪色，从而指示终点的到达。利用这种方法可以测定 As(Ⅲ)、Sb(Ⅲ) 和 N_2H_4 等还原性物质。

间接法也称溴量法，常与碘量法配合测定有机物。通常是在 $KBrO_3$ 标准滴定溶液中加入过量的 KBr，将溶液酸化，BrO_3^- 与 Br^- 发生如下反应：

$$BrO_3^- + 5Br^- + 6H^+ \longrightarrow 3Br_2 + 3H_2O$$

生成的溴与被测有机物反应，待反应完全后，用 KI 还原剩余的 Br_2：

$$Br_2 + 2I^- \longrightarrow 2Br^- + I_2$$

再用 $Na_2S_2O_3$ 标准滴定溶液滴定析出的 I_2。

利用 Br_2 与不饱和有机物发生加成反应，可测定有机物的不饱和度；利用 Br_2 的取代反应可以测定酚类和芳香胺类等物质的含量。

【应用实例】 苯酚的测定

苯酚又名石炭酸，是医药和有机化工的重要原料。它是一种弱的有机酸，羟基邻位和对位上的氢原子比较活泼，容易被溴取代，其取代反应为：

$$C_6H_5OH + 3Br_2 \longrightarrow C_6H_2Br_3OH \downarrow + 3HBr$$

用溴量法测定苯酚含量时，先在试样中加入过量的 $KBrO_3$-KBr 标准溶液，然后加入盐酸将溶液酸化，BrO_3^- 与 Br^- 反应产生的 Br_2 便与苯酚发生上述反应，生成三溴苯酚沉淀。待反应完全后，加入 KI 以还原剩余的 Br_2，再用 $Na_2S_2O_3$ 标准滴定溶液滴定析出的 I_2；同时做空白试验。由空白试验消耗 $Na_2S_2O_3$ 的量（相当于产生 Br_2 的量）和滴定试样所消耗 $Na_2S_2O_3$ 的量（相当于剩余 Br_2 的量），即可求出试样中苯酚的含量。

第五节　有关计算问题解析

第二章中讲述的滴定分析计算原则和公式，无疑也适用于氧化还原滴定，只是根据反应物给出或接受电子数选取基本单元，不像酸碱反应那样直观。因此，正确选取氧化还原滴定中标准溶液和被测物质的基本单元十分重要。

一、标准溶液的基本单元

按照等物质的量反应规则，氧化还原反应以给出或接受一个电子的组合作为基本单元。氧化还原滴定法常用强氧化剂或较强的还原剂作标准溶液，在一定的反应条件下，它们转移的电子数简单明了，按照反应前后化合价的变化很容易选取基本单元。现将氧化还原滴定中常用标准溶液的基本单元归纳于表 5-1。

表 5-1　氧化还原滴定中常用标准溶液的基本单元

方法名称	高锰酸钾法		重铬酸钾法		碘量法		溴酸钾法	
标准溶液	$KMnO_4$ 溶液	$Na_2C_2O_4$ 溶液	$K_2Cr_2O_7$ 溶液	Fe^{2+} 溶液	$Na_2S_2O_3$ 溶液	I_2 溶液	$KBrO_3$ 溶液	Br_2 溶液
基本单元	$\frac{1}{5}KMnO_4$	$\frac{1}{2}Na_2C_2O_4$	$\frac{1}{6}K_2Cr_2O_7$	Fe^{2+}	$Na_2S_2O_3$	$\frac{1}{2}I_2$	$\frac{1}{6}KBrO_3$	$\frac{1}{2}Br_2$

应当指出，物质的基本单元与它参与的化学反应有关。同一物质在不同条件下可能具有不同的基本单元。例如，前述高锰酸钾法

是在强酸性溶液中，其标准溶液基本单元为$\frac{1}{5}KMnO_4$；如果是在中性或弱碱性溶液中，高锰酸钾的氧化能力减弱，一分子的高锰酸钾只能接受3个电子，其基本单元就变为$\frac{1}{3}KMnO_4$。

【例5-4】 配制$0.1mol/L\left(\frac{1}{5}KMnO_4\right)$溶液500mL，应称取试剂$KMnO_4$多少克？若用基准物$H_2C_2O_4 \cdot 2H_2O$来标定其浓度，欲使$KMnO_4$溶液的消耗量在35mL左右，需要称取试剂$H_2C_2O_4 \cdot 2H_2O$多少克？

解 按照选取基本单元的原则，配制溶液$KMnO_4$的基本单元为$\frac{1}{5}KMnO_4$，基准物二水合草酸的基本单元为$\frac{1}{2}(H_2C_2O_4 \cdot 2H_2O)$。

根据式(2-5) $c_AV_A=\frac{m_B}{M_B}$，配制该溶液应称取试剂$KMnO_4$的质量为

$$m=c\left(\frac{1}{5}KMnO_4\right)VM\left(\frac{1}{5}KMnO_4\right)$$

$$=0.1\times500\times10^{-3}\times\frac{1}{5}\times158.03=1.6(g)$$

标定$KMnO_4$溶液浓度需要$H_2C_2O_4 \cdot 2H_2O$试剂的质量

$$m(H_2C_2O_4 \cdot 2H_2O)=c\left(\frac{1}{5}KMnO_4\right)V(KMnO_4)M\left(\frac{1}{2}H_2C_2O_4 \cdot 2H_2O\right)$$

$$=0.1\times35\times10^{-3}\times\frac{1}{2}\times126.07$$

$$=0.22(g)$$

二、被测物质的基本单元

在计算滴定分析结果的计算式中，需要代入被测物质基本单元的摩尔质量$M\left(\frac{\text{被测物质化学式量}}{\text{电子转移数}}\right)$。为了确定反应中被测物质的

电子转移数，需要配平氧化还原反应方程式，根据标准溶液的电子转移数和方程式中的化学计量系数确定被测物质的电子转移数，进而找出基本单元。

例如，用直接碘量法测定维生素 C，其反应式见本章第三节。反应中维生素 C 中的烯醇基被 I_2 氧化，从维生素 C 本身难以确定给出的电子数。但由反应方程式可见，1 分子维生素 C 与 1 分子 I_2 反应，I_2 还原为 $2I^-$ 接受 2 个电子，而 I_2 所得电子是维生素 C 提供的。因此可以根据 I_2 判断，1 分子维生素 C 给出 2 个电子，其基本单元为 $\frac{1}{2}$（维生素 C），基本单元的摩尔质量为 $M\left(\frac{1}{2}\text{维生素 C 的式量}\right)$。

采用氧化还原返滴定或间接滴定方式时，确定被测物质的基本单元仍然可以从标准滴定溶液的转移电子数入手，按各步反应方程式推算出被测物质所相当的转移电子数，从而确定该物质的基本单元。这样就可以按照等物质的量反应原则，由滴定消耗标准溶液物质的量求出被测物质的含量。

【例 5-5】 用高锰酸钾法间接测定石灰石中 CaO 的含量。称取试样 0.4090g，用稀盐酸溶解后加入 $(NH_4)_2C_2O_4$ 得 CaC_2O_4 沉淀。沉淀经过滤洗涤后溶于稀硫酸中。滴定生成的 $H_2C_2O_4$ 用去 0.2000mol/L$\left(\frac{1}{5}KMnO_4\right)$溶液 29.73mL。计算石灰石中 CaO 的百分含量。

解 测定过程的主要反应有

$$Ca^{2+} + C_2O_4^{2-} \longrightarrow CaC_2O_4 \downarrow$$

$$CaC_2O_4 + H_2SO_4 \longrightarrow H_2C_2O_4 + CaSO_4$$

$$2MnO_4^- + 5C_2O_4^{2-} + 16H^+ \longrightarrow 2Mn^{2+} + 10CO_2 + 8H_2O$$

由分析过程和反应方程式可以看出：

1 分子 CaO 产生 1 分子 CaC_2O_4 沉淀，后者又转化为 1 分子 $H_2C_2O_4$。已知 $H_2C_2O_4$的基本单元为$\frac{1}{2}H_2C_2O_4$，故 CaO 的基本

单元应是$\frac{1}{2}CaO$。

各反应物之间的相当关系为：

$$\frac{1}{5}KMnO_4 \sim \frac{1}{2}H_2C_2O_4 \sim \frac{1}{2}CaO$$

按式(2-6)

$$w(CaO)=\frac{c\left(\frac{1}{5}KMnO_4\right)V(KMnO_4)M\left(\frac{1}{2}CaO\right)}{m}$$

$$=\frac{0.2000\times 29.73\times 10^{-3}\times \frac{1}{2}\times 56.08}{0.4090}=40.76\%$$

【例 5-6】 溴量法测定苯酚的含量。称取试样 1.220g，溶解后定容至 1000mL，吸取此溶液 25.00mL，加 0.1000mol/L$\left(\frac{1}{6}KBrO_3\right)$溴试剂（$KBrO_3+KBr$）30.00mL，再加 HCl 酸化，放置待反应完全后加入 KI，混匀，析出的 I_2 用 0.1100mol/L 的 $Na_2S_2O_3$ 溶液滴定，消耗 11.80mL。计算试样中苯酚的质量分数。

解 首先配平反应方程式

$$BrO_3^- + 5Br^- + 6H^+ \longrightarrow 3Br_2 + 3H_2O$$

OH（苯酚） $+3Br_2 \longrightarrow$ Br, OH, Br, Br（2,4,6-三溴苯酚） $+3HBr$

$$Br_2 + 2I^- \longrightarrow 2Br^- + I_2$$

$$2S_2O_3^{2-} + I_2 \longrightarrow S_4O_6^{2-} + 2I^-$$

由分析过程和反应方程式可以看出：

$KBrO_3$ 与 KBr（过量）反应生成 Br_2 物质的量为

$$c\left(\frac{1}{6}KBrO_3\right)V(KBrO_3)$$

取代反应完成后剩余 Br_2 物质的量为

$$c(Na_2S_2O_3)V(Na_2S_2O_3)$$

二者之差即为与苯酚发生取代反应的 Br_2 的物质的量，也等于苯酚物质的量。

在 Br_2 与 KI 的反应中，1 分子 Br_2 得到 2 个电子，其基本单元为$\frac{1}{2}Br_2$；在取代反应中，1 分子苯酚与 3 分子 Br_2 反应，相当于$\frac{1}{6}$苯酚与$\frac{1}{2}Br_2$ 反应，故苯酚的基本单元应为$\frac{1}{6}$苯酚。因此，各反应物之间存在下列相当关系：

$$\frac{1}{6}KBrO_3 \sim \frac{1}{2}Br_2 \sim \frac{1}{2}I_2 \sim S_2O_3^{2-} \sim \frac{1}{6}C_6H_5OH$$

将已知数据代入计算式，试样中苯酚的质量分数：

$$w_{苯酚}=\frac{\left[c\left(\frac{1}{6}KBrO_3\right)V(KBrO_3)-c(Na_2S_2O_3)V(Na_2S_2O_3)\right]M\left(\frac{1}{6}C_6H_5OH\right)\times\frac{1000}{25}}{m_{样品}}$$

$$=\frac{[0.1000\times30.00\times10^{-3}-0.1100\times11.80\times10^{-3}]\times\frac{94.11}{6}\times\frac{1000}{25}}{1.220}\times100\%$$

$$=87.53\%$$

实验 13　高锰酸钾标准滴定溶液的制备

一、目的要求

1. 初步掌握 $KMnO_4$ 标准滴定溶液的配制和标定方法。

2. 理解操作条件对氧化还原滴定的重要意义。

二、仪器与试剂

1. 仪器

分析天平　　滴定分析所需仪器　　微孔玻璃砂坩埚（孔径 5～10μm）

2. 试剂

高锰酸钾（$KMnO_4$）　　基准草酸钠（$Na_2C_2O_4$，需于 110℃ 烘至恒重）　　硫酸溶液（8＋92）

三、实验步骤

1. $c\left(\frac{1}{5}KMnO_4\right)=0.1mol/L$ 高锰酸钾溶液的配制

称取1.6g高锰酸钾，溶于500mL水中，缓慢煮沸15min，冷却后置于暗处保存2周。以微孔玻璃砂坩埚滤于干燥的棕色瓶中。

过滤高锰酸钾溶液所使用的微孔玻璃砂坩埚，预先应以同样的高锰酸钾溶液缓缓煮沸5min。收集瓶也要用高锰酸钾溶液洗涤2～3次。

2. $c\left(\frac{1}{5}KMnO_4\right)=0.1mol/L$ 高锰酸钾溶液的标定

称取0.2g基准草酸钠(称准至0.0001g)，放于250mL锥形瓶中，加入100mL硫酸溶液(8＋92)使其溶解。用配制的高锰酸钾溶液滴定。注意：加入一滴 $KMnO_4$ 溶液后，褪色较慢，要等粉红色褪去后才能加下一滴，滴定逐渐加快。接近终点时将溶液加热至约65℃，再缓慢滴定至溶液呈粉红色30s不褪为终点。

平行标定三份。同时做空白试验。

四、结果计算

$$c\left(\frac{1}{5}KMnO_4\right)=\frac{m\times1000}{(V-V_0)\times67.00}$$

式中 $c\left(\frac{1}{5}KMnO_4\right)$——高锰酸钾标准滴定溶液的准确浓度，mol/L；

V——标定消耗高锰酸钾溶液的体积，mL；

V_0——空白试验消耗高锰酸钾溶液的体积，mL；

m——草酸钠的准确质量，g；

67.00——$\frac{1}{2}Na_2C_2O_4$ 的摩尔质量，g/mol。

五、思考与讨论

1. 配制 $KMnO_4$ 标准滴定溶液为什么要煮沸并放置两周后过滤？能否用滤纸过滤？

2. 高锰酸钾溶液应装入哪种滴定管？如何读数？

3. 用 $Na_2C_2O_4$ 标定 $KMnO_4$ 溶液时，应注意哪些反应条件？为什么？

实验 14　过氧化氢含量的分析

一、目的要求

1. 掌握用高锰酸钾法测定 H_2O_2 的原理和方法。

2. 熟练掌握液体试样的称量方法。

二、仪器与试剂

1. 仪器

滴瓶　　分析天平　　滴定分析所需仪器

2. 试剂

高锰酸钾标准滴定溶液$\left[c\left(\frac{1}{5}KMnO_4\right)=0.1mol/L\right]$　硫酸溶液（1＋15）　双氧水试样［约 $w(H_2O_2)=0.35$］

三、实验步骤

取 100mL 硫酸溶液（1＋15）于 250mL 锥形瓶中。将双氧水试样装入洁净的滴瓶中，按差减法称取约 0.15g 试样（精确至 0.0001g），放入上述锥形瓶中，摇匀。用 $c\left(\frac{1}{5}KMnO_4\right)=0.1mol/L$ 的高锰酸钾标准滴定溶液滴定至溶液呈粉红色 30s 不消失为终点。

平行测定三份。

四、结果计算

试样中 H_2O_2 含量按下式计算：

$$w(H_2O_2)=\frac{c\left(\frac{1}{5}KMnO_4\right)V\times 17.01}{m\times 1000}$$

式中　$c\left(\frac{1}{5}KMnO_4\right)$——高锰酸钾标准滴定溶液的准确浓度，mol/L；

V——滴定消耗高锰酸钾标准滴定溶液的体积，mL；

m——试样质量，g；

17.01——$\frac{1}{2}H_2O_2$ 的摩尔质量，g/mol。

五、思考与讨论

1. 本实验滴定之初反应缓慢，能否加热？为什么？

2. 为什么高锰酸钾以 $\frac{1}{5}KMnO_4$ 作基本单元？而过氧化氢以 $\frac{1}{2}H_2O_2$作基本单元？

3. 如何测定不同规格的双氧水产品［$w(H_2O_2)=0.27$ 或 0.50］？

实验 15　硫代硫酸钠标准滴定溶液的制备

一、目的要求

1. 掌握硫代硫酸钠标准滴定溶液的配制和标定方法。

2. 熟悉碘量瓶的使用操作。

二、仪器与试剂

1. 仪器

分析天平　　500mL 碘量瓶　　滴定分析所需仪器

2. 试剂

硫代硫酸钠（$Na_2S_2O_3 \cdot 5H_2O$ 或 $Na_2S_2O_3$）　基准重铬酸钾（$K_2Cr_2O_7$，需于 120℃烘至恒重）　碘化钾（KI）　硫酸溶液（20%）　淀粉指示液（5g/L 水溶液：将 0.5g 可溶性淀粉加 10mL 水调成糊状，在搅拌下倒入 90mL 沸水中，煮沸 1～2min，冷却备用）

三、实验步骤

1. $c(Na_2S_2O_3)=0.1$mol/L 硫代硫酸钠溶液的配制

称取 13g 结晶硫代硫酸钠（$Na_2S_2O_3 \cdot 5H_2O$）或 8g 无水硫代硫酸钠，加 0.1g 无水碳酸钠溶于 500mL 水中，缓缓煮沸 10min，冷却。放置 2 周后过滤，待标定。

2. $c(Na_2S_2O_3)=0.1$mol/L 硫代硫酸钠溶液的标定

称取基准重铬酸钾 0.15g（称准至 0.0001g）置于 500mL 碘量瓶中，加 25mL 水使其溶解。加 2g 碘化钾及 20mL 硫酸溶液，盖上瓶塞轻轻摇匀，以少量水封住瓶口，于暗处放置 10min。取出用洗瓶冲洗瓶塞及瓶内壁，加 150mL 水，用配制的 $Na_2S_2O_3$ 溶液滴定，接近终点时（溶液为浅黄绿色），加入 3mL 淀粉指示液，继续滴定至溶液由蓝色变为亮绿色为终点。

平行标定三份。同时做空白试验。

四、结果计算

$$c(Na_2S_2O_3)=\frac{m\times1000}{(V-V_0)\times49.03}$$

式中 $c(Na_2S_2O_3)$——硫代硫酸钠标准滴定溶液的准确浓度，mol/L；

V——标定消耗硫代硫酸钠溶液的体积，mL；

V_0——空白试验消耗硫代硫酸钠溶液的体积，mL；

m——基准重铬酸钾的准确质量，g；

49.03——$\frac{1}{6}K_2Cr_2O_7$ 的摩尔质量，g/mol。

五、思考与讨论

1. 配制硫代硫酸钠标准滴定溶液为什么要煮沸，放置 2 周后过滤？

2. 用重铬酸钾标定硫代硫酸钠溶液时，下列做法的原因是什么？

（1）加入 KI 后于暗处放置 10min；

（2）滴定前加 150mL 水；

（3）近终点时加淀粉指示液。

实验 16　硫酸铜含量的分析

一、目的要求

1. 掌握间接碘量法测定铜的原理和方法。

2. 掌握分析偏差的计算，探讨造成偏差的原因。

二、仪器与试剂

1. 仪器

分析天平　　滴定分析所需仪器　　碘量瓶

2. 试剂

硫代硫酸钠标准滴定溶液 [$c(Na_2S_2O_3)=0.1mol/L$]　碘化钾（KI）　硝酸 [$w(HNO_3)=0.65\sim0.68$]　乙酸溶液 [$w(HAc)=0.36$]　氟化钠饱和溶液　碳酸钠饱和溶液　淀粉指示液（5g/L 水溶液）

三、实验步骤

称取硫酸铜试样 1g（称准至 0.0002g）于 250mL 碘量瓶中，加 100mL 水溶解，加 3 滴硝酸，煮沸，冷却，逐滴加入饱和碳酸钠溶液，直至有微量沉淀出现为止。然后加入 4mL 乙酸溶液，使溶液呈微酸性；加 10mL 饱和氟化钠溶液、5g 碘化钾，盖上瓶塞于暗处放置 3min。用 $c(Na_2S_2O_3)=0.1mol/L$ 的硫代硫酸钠标准滴定溶液滴定，直到溶液呈现淡黄色，加 3mL 淀粉指示液，继续滴定至蓝色消失为终点。

平行测定三份。测得质量分数的绝对偏差不应大于 0.006。

四、结果计算

$$w(CuSO_4 \cdot 5H_2O)=\frac{c(Na_2S_2O_3)V\times 249.7}{m\times 1000}$$

式中　$c(Na_2S_2O_3)$——硫代硫酸钠标准滴定溶液的准确浓度，mol/L；

V——滴定消耗硫代硫酸钠标准滴定溶液的体积，mL；

249.7——硫酸铜（$CuSO_4 \cdot 5H_2O$）的摩尔质量，g/mol；

m——试样质量，g。

五、思考与讨论

1. 测定硫酸铜含量时，加入硝酸、碳酸钠溶液、乙酸和氟化钠溶液，各起什么作用？

2. 间接碘量法的误差来源有哪些？如何避免？

3. 计算分析结果的绝对偏差和相对平均偏差，讨论造成偏差的原因。

实验 17　聚合硫酸铁中全铁的测定

一、目的要求

1. 掌握直接配制 $K_2Cr_2O_7$ 标准滴定溶液的方法与计算。

2. 初步掌握重铬酸钾法测定铁的原理与步骤。

二、仪器与试剂

1. 仪器

分析天平　　滴定分析所需仪器

2. 试剂

基准重铬酸钾（$K_2Cr_2O_7$，需于 120℃烘至恒重）　　氯化亚锡溶液（250g/L 盐酸溶液：称取 25.0g $SnCl_2$ 置于干烧杯中，溶于 20mL 盐酸，冷却后用水稀释至 100mL，保存于棕色瓶中，加入高纯锡粒数颗）　　饱和氯化高汞溶液（称取 7g $HgCl_2$，溶于 100mL 热水中，冷却澄清后使用）　　盐酸溶液（1＋1）　　硫磷混合酸（将 15mL 硫酸缓慢溶入 50mL 水中，再加 15mL 磷酸，用水稀释至 100mL）　　二苯胺磺酸钠指示液（5g/L 水溶液）

三、实验步骤

1. $c\left(\frac{1}{6}K_2Cr_2O_7\right)=0.1mol/L$ 重铬酸钾标准滴定溶液的制备

称取基准重铬酸钾 1.2～1.3g（精确至 0.0001g），放入小烧杯中，加少量水，加热溶解，定量地移入 250mL 容量瓶中，用水稀释至刻度，摇匀。计算其准确浓度。

2. 聚合硫酸铁中全铁的测定

用滴瓶减量法称取聚合硫酸铁液体试样约 1.5g 或称取固体样品 0.9g（精确至 0.0002g），置于 250mL 锥形瓶中，加 20mL 水、20mL 盐酸溶液（1＋1），加热至沸，趁热小心滴加氯化亚锡溶液至溶液黄色消失，再过量一滴。快速冷却，将 5mL 饱和氯化高汞溶液快速一次加入，摇匀后静置 1min，应有绢丝状沉淀出现。然后加 50mL 水，再加入 10mL 硫磷混合酸和 4～5 滴二苯胺磺酸钠指示液；立即用 $c\left(\frac{1}{6}K_2Cr_2O_7\right)=0.1mol/L$ 的重铬酸钾标准滴定溶液滴定至紫色 30s 不褪为终点。

平行测定三份。

四、结果计算

1. 重铬酸钾标准滴定溶液的制备

$$c\left(\frac{1}{6}K_2Cr_2O_7\right)=\frac{m\times1000}{V\times49.03}$$

式中 $c\left(\frac{1}{6}K_2Cr_2O_7\right)$——重铬酸钾标准滴定溶液的准确浓度，mol/L；

V——配制溶液的体积，mL；

m——基准重铬酸钾的准确质量，g；

49.03——$\frac{1}{6}K_2Cr_2O_7$ 的摩尔质量，g/mol。

2. 试样中铁含量的计算

$$w(Fe)=\frac{c\left(\frac{1}{6}K_2Cr_2O_7\right)V\times55.85}{1000\times m}$$

式中 $c\left(\frac{1}{6}K_2Cr_2O_7\right)$——重铬酸钾标准滴定溶液的准确浓度，mol/L；

V——滴定消耗重铬酸钾标准滴定溶液的体积，mL；

m——试样质量，g；

55.85——Fe 的摩尔质量，g/mol。

五、注意事项

测铁时加入的氯化亚锡溶液应稍微过量，以保证 Fe^{3+} 完全还

原为 Fe^{2+}。但过量太多会生成多量的絮状沉淀，甚至会生成灰色沉淀，这是由于过多的 $SnCl_2$ 与 $HgCl_2$ 发生下列反应：

$$SnCl_2 + HgCl_2 \longrightarrow SnCl_4 + Hg\downarrow$$

大量的氯化亚汞特别是金属汞，会与重铬酸钾作用。遇到这种情况，应弃去重做。

六、思考与讨论

1. 制备 $K_2Cr_2O_7$ 标准滴定溶液，为什么不需要标定？

2. 测铁时，加入氯化亚锡、氯化高汞、硫磷混合酸各起什么作用？

3. 说明测铁过程中溶液呈现下列颜色的原因（化学成分）：

（1）滴加 $SnCl_2$ 溶液前，试液呈黄色；

（2）$HgCl_2$ 溶液加入后，出现白色丝状沉淀；

（3）滴定终点前，溶液呈亮绿色；

（4）滴定终点后，溶液呈紫色。

实验 18　卡尔·费休法测定化工产品中的微量水

一、目的要求

1. 初步掌握卡尔·费休法测定水分的原理与操作。

2. 熟悉滴定度在定量分析中的应用。

二、仪器与试剂

1. 仪器

卡尔·费休测水装置（具有 25mL 自动滴定管）　称样玻璃管（约 3mL）　医用注射器（50mL、10mL）

2. 试剂

卡尔·费休试剂（取 670mL 无水甲醇❶于 1000mL 干燥的磨口棕色瓶中，加入 85g 碘，盖紧瓶塞，振摇至碘全部溶解，加入

---

❶ 配制卡尔·费休试剂所用无水甲醇和无水吡啶，要求含水量≤0.05%。当试剂含水量超过时，需于 500mL 甲醇（或吡啶）中加入 4A 分子筛约 50g，塞上瓶塞，放置 24h 后，吸取上层清液使用。

270mL 无水吡啶，摇匀，于冰水浴中缓缓通入干燥的二氧化硫，使磨口棕色试剂瓶增重 65g 左右，盖紧瓶塞摇匀，于暗处放置 24h 以上备用）　二水酒石酸钠（$Na_2C_4H_4O_6 \cdot 2H_2O$，含结晶水 15.66%）　甲醇（含水量<0.05%）　试样（无水乙醇、苯、尿素或其他试样）

三、实验步骤

1. 卡尔·费休试剂的标定

用注射器将 25mL 甲醇注入滴定容器中，开动电磁搅拌器，连接终点电量测定装置，此时电流表指示电流接近于 0。用卡尔·费休试剂滴定甲醇中的微量水，滴定至电流突然增大至 10～20μA，并保持稳定 1min（不计消耗试剂的体积）。

在玻璃称样管中称取约 0.25g 二水酒石酸钠（精确至 0.0001g）。移开滴定容器的胶皮塞，在几秒内迅速将二水酒石酸钠倾入滴定容器中。然后再称量玻璃称样管的质量，以求得加入二水酒石酸钠的准确质量。或者用滴瓶加入 30～40mg 水进行标定。

用卡尔·费休试剂滴定加入的标准物质或已知量的水，直到电流表指针达到与上述同样的偏斜度，至少保持稳定 1min，记录消耗试剂的体积。

2. 试样中微量水的测定

通过排液口放掉滴定容器中的废液。用注射器将 25mL 甲醇（或按待测样品规定体积的溶剂）注入滴定容器中。按标定试剂的操作过程滴去甲醇中的微量水（不计消耗试剂的体积）。然后加入待测试样，按同样的操作步骤，用卡尔·费休试剂滴定至终点，记录消耗试剂的体积。对于液体试样，以注射器准确计量体积，并通过胶皮塞注入；对于固体粉末试样，以玻璃称样管准确称量，移开胶皮塞倾入。加入试样量以含水 20～40mg 为宜。

四、结果计算

1. 试剂的滴定度

$$T=\frac{m_1 \times 0.1566}{V_1} \quad 或 \quad T=\frac{m_2}{V_1}$$

式中　T——卡尔·费休试剂对水的滴定度，mg/mL；

m_1——加入二水酒石酸钠的质量，mg；

m_2——加入纯水的质量，mg；

V_1——标定消耗卡尔·费休试剂的体积，mL。

2. 试样含水量

$$w(H_2O)=\frac{V_2T}{m\times10^3} \quad 或 \quad w(H_2O)=\frac{V_2T}{V\rho\times10^3}$$

式中　T——卡尔·费休试剂对水的滴定度，mg/mL；

V_2——滴定消耗卡尔·费休试剂的体积，mL；

m——固体试样的质量，g；

V——液体试样的体积，mL；

ρ——液体试样的密度，g/mL。

五、思考与讨论

1. 滴定容器中预先加入25mL甲醇起什么作用？用卡尔·费休试剂滴定这些甲醇为什么不计读数？

2. 卡尔·费休法测水时，液体试样为什么用注射器刺透胶皮塞注入？固体试样为什么要在几秒内倾入滴定容器？

3. 如果用目视法确定滴定终点，应如何观察和操作？

本章要点

1. 氧化还原滴定反应必须具备的条件

氧化还原反应是电子转移反应，反应过程比较复杂。用于滴定的氧化还原反应必须具备以下条件。

（1）反应定量进行完全　一般认为，氧化剂半反应和还原剂半反应的电极电位之差 $\Delta\varphi^{\ominus}\geqslant0.4V$ 时，反应可定量进行完全。因此常用强氧化剂和较强的还原剂作滴定剂。

（2）符合化学计量关系　滴定反应必须按一定的化学方程式进行。要严格控制反应条件，防止任何副反应发生。

（3）反应速率足够大　对于速率较慢的反应，可通过增加反应物浓度（包括酸度）、适当提高温度或加入催化剂等简便方法，将反应速率提高到与滴定速度相适应。

（4）有合适的指示剂　高锰酸钾法用自身指示剂；碘量法有专属指示剂（淀粉）；其他方法所选氧化还原指示剂，应在滴定体系化学计量点附近发生颜色改变。

2. 常用的氧化还原滴定法

各种氧化还原滴定法通常以所用氧化剂命名。直接滴定方式是用该氧化剂配成标准滴定溶液，直接滴定还原性物质；返滴定或间接滴定方式可以测定氧化性物质或其他物质，这种情况往往还使用另一种还原剂的标准滴定溶液。

现将本章所涉及的各种具体方法归纳如下。

方法名称	标准滴定溶液	被测物举例
高锰酸钾法	0.1mol/L $\frac{1}{5}KMnO_4$ 溶液 0.1mol/L Fe^{2+} 溶液	直接法：Fe^{2+}、As(Ⅲ)、$C_2O_4^{2-}$、H_2O_2、部分有机物 返滴定：MnO_2、PbO_2、ClO_3^-
重铬酸钾法	0.1mol/L $\frac{1}{6}K_2Cr_2O_7$ 溶液 0.1mol/L Fe^{2+} 溶液	直接法：Fe^{2+} 返滴定：水的 COD
碘量法	0.1mol/L $\frac{1}{2}I_2$ 溶液 0.1mol/L $Na_2S_2O_3$ 溶液 $T_{H_2O/试剂}=2mg/mL$ 的卡尔·费休试剂	直接法：S^{2-}、SO_3^{2-}、Sn^{2+}、As(Ⅲ)、维生素C 间接法：H_2O_2、Cu^{2+}、IO_3^-、BrO_3^-、部分有机物 卡尔·费休法：微量水
溴酸钾法	0.1mol/L $\frac{1}{6}KBrO_3$ 溶液 0.1mol/L($\frac{1}{6}KBrO_3+KBr$)溴溶液	直接法：Sb(Ⅲ)、As(Ⅲ)、Sn^{2+}、N_2H_4 间接法：苯酚、苯胺

3. 氧化还原滴定计算的要领和步骤

按照等物质的量反应规则进行氧化还原滴定计算时，为了确保被测物质的基本单元选择无误，建议遵循以下要领和步骤。

（1）配平滴定分析的反应方程式。在间接法中，被测物质发生的非氧化还原反应也要配平。

（2）由标准溶液的基本单元推算出被测物质的电子转移数和基本单元。在间接法中，根据方程式中的化学计量系数找出各反应物之间的相当关系，从而确定被测物质的基本单元。

（3）按照第二章的计算原则，选择计算公式，正确代入已知数据（尤其是被测物质基本单元的摩尔质量），计算分析结果。

4. 技能训练环节

氧化还原滴定对反应条件要求比较严格，必须认真、细致地按规程操作，完成以下技能训练环节。

（1）$KMnO_4$ 标准滴定溶液的配制和标定。

（2）$Na_2S_2O_3$ 标准滴定溶液的配制和标定。

（3）直接法配制 $K_2Cr_2O_7$ 标准滴定溶液。

（4）高锰酸钾法滴定条件（速度、温度）的控制。

（5）间接碘量法滴定条件的控制，使用碘量瓶的操作。

（6）重铬酸钾法测铁的操作过程。

（7）卡尔·费休试剂的标定和用于测定微量水（选作）。

1. 用于氧化还原滴定的反应应具备哪些条件？

2. 氧化还原滴定包括哪些方法？其基本反应和适用范围如何？

3. 用氧化还原半反应的标准电极电位，如何判断反应的方向和完全程度？

4. 什么是碘量法？直接碘量法和间接碘量法有何区别？怎样确定滴定终点？

5. 什么是卡尔·费休试剂？用此试剂测定物质中微量水分的原理如何？

6. 试计算比值 $[Fe^{3+}]/[Fe^{2+}]$ 分别为 0.1、1、10 时，电对 Fe^{3+}/Fe^{2+} 的电极电位各是多少？

答：0.71V；0.77V；0.83V

7. 如何配制 $KMnO_4$ 标准滴定溶液？标定其准确浓度时要注意哪些反应条件？

8. 如何配制 $Na_2S_2O_3$ 标准滴定溶液？如何标定其准确浓度？

9. 求下列反应的平衡常数：

$$Sn^{2+} + 2Ce^{4+} \longrightarrow Sn^{4+} + 2Ce^{3+}$$

答：10^{49}

10. 配平下列各反应式，指出反应中氧化剂和还原剂的基本单元如何确定。

（1）$I_2 + Na_2S_2O_3 \longrightarrow NaI + Na_2S_4O_6$

（2）$FeSO_4 + K_2Cr_2O_7 + H_2SO_4 \longrightarrow Fe_2(SO_4)_3 + Cr_2(SO_4)_3 + K_2SO_4 + H_2O$

（3）$Na_2C_2O_4 + KMnO_4 + H_2SO_4 \longrightarrow Na_2SO_4 + MnSO_4 + CO_2 + K_2SO_4 + H_2O$

（4）$HCOONa + KMnO_4 + NaOH \longrightarrow K_2MnO_4 + Na_2MnO_4 + Na_2CO_3 + H_2O$

（5）$CH_3COCH_3 + I_2 + NaOH \longrightarrow CH_3COONa + CH_3I + NaI + H_2O$

11. 高锰酸钾法与重铬酸钾法测定铁，有哪些相同和不同之处？为什么？

12. 提高氧化还原滴定反应速率的方法有哪些？举例说明。

13. 间接碘量法为什么要使用碘量瓶？说明其操作要领。

14. 用 I_2 标准滴定溶液能否定量滴定还原剂 Fe^{2+}？为什么？

15. 用基准物质 $K_2Cr_2O_7$ 标定 $Na_2S_2O_3$ 溶液的准确浓度时，能否用 $Na_2S_2O_3$ 溶液直接滴定准确称量的 $K_2Cr_2O_7$？为什么？

16. 将 0.1936g 的 $K_2Cr_2O_7$ 溶于水，酸化后加入过量的 KI，析出的 I_2 用 $Na_2S_2O_3$ 溶液滴定，消耗 33.61mL。求 $Na_2S_2O_3$ 的浓度。

答：0.1175mol/L

17. 配制 0.1mol/L $\frac{1}{5}KMnO_4$ 溶液 250mL，应称取试剂 $KMnO_4$

多少克？若用基准物 $H_2C_2O_4 \cdot 2H_2O$ 来标定其浓度，欲使 $KMnO_4$ 溶液消耗量在35mL左右，需要称取试剂 $H_2C_2O_4 \cdot 2H_2O$ 多少克？

答：0.8g；0.22g

18. 用重铬酸钾法测定矿石中铁含量。称取矿样0.4021g，溶于酸后将溶液中的 Fe^{3+} 还原为 Fe^{2+}，用0.1200mol/L的 $\frac{1}{6}K_2Cr_2O_7$ 标准滴定溶液滴定，用去27.43mL。求滴定度 $T_{Fe_2O_3/K_2Cr_2O_7}$ 及矿石中 Fe_2O_3 的百分含量。

答：9.582mg/mL；65.36%

19. 称取含硫脲 $CS(NH_2)_2$ 试样0.7000g，溶解后在容量瓶中稀释至250mL，准确移取试液25.00mL，用0.05000mol/L的 $\frac{1}{6}KBrO_3$ 标准溶液滴定至溶液出现黄色，消耗15.00mL。求试样中硫脲的质量分数。

[反应 $4BrO_3^- + 3CS(NH_2)_2 + 3H_2O \longrightarrow 3CO(NH_2)_2 + 3SO_4^{2-} + 4Br^- + 6H^+$]

答：10.19%

20. 某厂生产 $FeCl_3 \cdot 6H_2O$ 试剂，国家规定二级品含量不低于99.0%，三级品不低于98.0%。为了检验质量，称取样品0.5000g，用水溶解后加适量HCl和KI，用 $c(Na_2S_2O_3)$ = 0.09026mol/L的 $Na_2S_2O_3$ 标准滴定溶液滴定析出的 I_2，用去20.35mL；同样条件下做空白试验用去0.20mL。问该产品属于哪一级？

答：98.3%；三级品

21. 测定某样品中丙酮含量时，称取试样0.1000g于盛有NaOH溶液的碘量瓶中，振荡，精确加入50.00mL 0.1000mol/L $\frac{1}{2}I_2$ 标准溶液，盖好。放置一定时间后，加硫酸调节至微酸性，立即用0.1000mol/L的 $Na_2S_2O_3$ 溶液滴定至淀粉指示剂褪色，消耗 10.00mL。丙酮与碘的反应见第 10（5）题。求试样中丙酮的质量分数。

答：38.72%

22. 有一卡尔·费休试剂，滴定度为 $T_{H_2O/试剂}=2.00mg/mL$。用此试剂滴定 0.250g 氯化钡（$BaCl_2 \cdot 2H_2O$）时，消耗了 17.4mL。计算此氯化钡的纯度。

答：94.37%

23. 用间接碘量法测定含铜样品，称取试样 0.4000g，溶解在酸性溶液中。加入 KI 后用 0.1000mol/L 的 $Na_2S_2O_3$ 溶液滴定析出的 I_2，用去 20.00mL。求样品中铜的百分含量。

答：31.78%

24. 用 30.00mL $KMnO_4$ 溶液恰能氧化一定质量的 $KHC_2O_4 \cdot H_2O$，同样质量的 $KHC_2O_4 \cdot H_2O$ 又恰能被 25.00mL $c(KOH)=0.2000mol/L$ 的 KOH 溶液中和。计算 $KMnO_4$ 溶液的浓度 $c\left(\frac{1}{5}KMnO_4\right)$。

答：0.3360mol/L

25. GB 601—2002 规定用基准 $K_2Cr_2O_7$ 标定 0.1mol/L $Na_2S_2O_3$ 溶液的准确浓度时，需称取基准 $K_2Cr_2O_7$ 0.18g；而 GB 601—88 中是规定称取 0.15g。试讨论新国标中此项改动的意义何在。

从滴定废液中回收碘、银和汞

碘、碘化钾、硝酸银等是比较贵重的化学试剂。应用碘量法和银量法的化验室以及教学实验中，会产生大量的含碘、含银废液。有准备地将锥形瓶中的滴定废液收集到专用的废液缸中，积少成多，批量处理，可以获得一定的经济效益，同时培养节约、环保意识。

工业上提取碘的方法有吸附法、萃取法、电化学方法等。实验室中从滴定废液中回收碘化物，可以采用简便的化学沉淀-转化法。

碘量法滴定废液中的碘主要以碘离子形式存在。如果废液中含有单质 I_2（淀粉变蓝），可先加入少量亚硫酸钠，使 I_2 全部变为 I^-，之后于搅拌下加入硫酸铜溶液，使溶液中的 I^- 以碘化亚铜形式全部沉淀下来。将沉淀过滤、洗净，在加热和搅拌下逐渐加入氢氧化钾溶液，使沉淀转化为红褐色的氧化亚铜（Cu_2O）沉淀。过滤分离，将滤液净化、蒸发、结晶，即可得到碘化钾产品。用稀硫酸处理分离出来的氧化亚铜沉淀，可制得硫酸铜溶液供循环使用。

银量法的滴定废液中含有大量的氯化银沉淀，可以采用以下方法回收利用。

在废液中加入过量的氯化钠，使氯化银沉淀完全。在过滤出的氯化银沉淀中埋入铁片，加入盐酸，于搅拌下加热至沸腾，使氯化银还原为灰白色的粗银粉。取出残余铁片，将粗制银粉洗涤、烘干，溶入稀硝酸中。将该溶液过滤除杂后，可制得结晶硝酸银产品。或者在硝酸银溶液中加入铜丝，使其发生置换反应，制得有光泽的银灰色的纯银粉。

还可以用高温还原的方法回收金属银。将洗净、烘干的氯化银粉末配以适量碳酸钠和木炭粉，混匀后置于坩埚中。然后放入马弗炉内，于1000℃左右的温度下煅烧，待坩埚内的物质熔为液态时，取出倾入耐高温的容器内冷却，即得金属银锭。

采用汞量法测定氯化物的实验室会产生含汞废液。汞是有毒的重金属，为避免汞对环境的污染，含汞废液必须加以处理。比较简单的方法是在碱性介质中，用过量的硫化钠沉淀汞，再用双氧水氧化多余的硫化钠，防止汞以多硫化物形式溶解。具体步骤可于收集约 4L 含汞废液的容器中，依次加入 40mL 的氢氧化钠溶液（400g/L）、10g 硫化钠（$Na_2S \cdot 9H_2O$），搅匀。10min 后慢慢加入 40mL 双氧水（30% H_2O_2），充分混合，放置 24h 后将上部清液排入废水中，沉淀物硫化汞（俗称辰砂）转入另一容器内，由专人进行汞的回收。处理过程所用药剂用工业品即可。

Chapter 6

第六章 沉淀滴定和沉淀称量法

知识目标

1. 理解溶度积规则，能用于说明沉淀滴定和沉淀称量法的有关原理。

2. 了解银量法确定滴定终点的三种方法，掌握莫尔法的滴定条件和应用。

3. 掌握沉淀称量法的应用条件和分析结果的计算。

技能目标

1. 学会配制和标定硝酸银标准滴定溶液。
2. 掌握指定质量称样法的操作技术。
3. 掌握莫尔法测定氯化物的操作要领。
4. 初步掌握沉淀称量法的一般步骤和基本操作。

沉淀滴定法是利用沉淀反应来进行滴定分析的方法。沉淀称量法是利用沉淀反应，使待测组分生成难溶化合物沉淀析出，经过滤、洗涤、烘干或灼烧，最后加以称量，以求得被测组分含量的方法。

沉淀滴定和沉淀称量法都是以物质的沉淀反应为基础的分析方法。为了掌握这两类方法的基本原理和实施条件，必须讨论沉淀与溶解平衡的有关问题。

第一节 沉淀与溶解平衡

一、溶度积规则

当温度一定时，在难溶电解质的饱和溶液中，有关离子浓度的乘积为一常数，这个常数称为溶度积，用 K_{sp} 表示。如果在难溶化合物的离解方程式中，某离子的系数不等于1，则该离子的浓度按其对应的系数自乘。例如（在25℃）：

$$Ag^+ + Cl^- \rightleftharpoons AgCl\downarrow$$

$$K_{sp\,AgCl} = [Ag^+][Cl^-] = 1.8\times10^{-10}$$

$$2Ag^+ + CrO_4^{2-} \rightleftharpoons Ag_2CrO_4\downarrow$$

$$K_{sp\,Ag_2CrO_4} = [Ag^+]^2[CrO_4^{2-}] = 1.1\times10^{-12}$$

$$Ba^{2+} + SO_4^{2-} \rightleftharpoons BaSO_4\downarrow$$

$$K_{sp\,BaSO_4} = [Ba^{2+}][SO_4^{2-}] = 1.1\times10^{-10}$$

表6-1列出了一些常见难溶化合物的溶度积。

表6-1　一些常见难溶化合物的溶度积（25℃）

化学式	K_{sp}	化学式	K_{sp}
Ag_2CrO_4	1.1×10^{-12}	CaC_2O_4	2.3×10^{-9}
Ag_2SO_4	1.2×10^{-5}	$CaSO_4$	4.5×10^{-5}
$AgCl$	1.8×10^{-10}	CuI	1.3×10^{-12}
$AgBr$	5.4×10^{-13}	$Fe(OH)_3$	2.8×10^{-39}
AgI	8.5×10^{-17}	Hg_2Cl_2	1.4×10^{-18}
$AgSCN$	1.0×10^{-12}	$MgCO_3$	6.8×10^{-5}
$BaCO_3$	2.6×10^{-9}	$Mg(OH)_2$	5.6×10^{-12}
$BaSO_4$	1.1×10^{-10}	$PbCl_2$	1.7×10^{-5}
BaC_2O_4	1.6×10^{-7}	$PbCrO_4$	2.8×10^{-13}
$Ca(OH)_2$	5.0×10^{-6}	$PbSO_4$	2.5×10^{-8}
$CaCO_3$	3.4×10^{-9}	$SrSO_4$	3.4×10^{-7}

按照溶度积规则，可以定量地描述溶液中沉淀的生成和溶解条件。如果用MA表示化合物的通式，在饱和溶液中沉淀与溶液间呈平衡状态：

$$M^+ + A^- \rightleftharpoons MA$$

$$[M^+][A^-] = K_{sp} \tag{6-1}$$

当溶液中离子浓度的乘积大于该化合物的溶度积时，溶液是过饱和的，将有沉淀析出直至达到饱和为止。因此生成沉淀的条件是：

$$[M^+][A^-] > K_{sp} \tag{6-2}$$

当溶液中离子浓度的乘积小于该化合物的溶度积时，溶液是未饱和的，若有固体存在将继续溶解直至达到饱和为止。因此沉淀溶解的条件是：

$$[M^+][A^-] < K_{sp} \tag{6-3}$$

根据上述离子浓度积与溶度积的关系式，可以判断沉淀能否生成以及沉淀完全的基本条件。

二、沉淀完全的条件

沉淀滴定是用某种标准滴定溶液作沉淀剂，与试液中被测离子生成难溶化合物沉淀。要在化学计量点结束滴定，试液中被测离子必须 99.9%以上转化为沉淀，故要求沉淀的溶度积必须很小。

【例 6-1】 试液中待测离子 A^- 的浓度为 0.01mol/L。滴入沉淀剂 M^+，在化学计量点要求 99.9%生成 MA，试求 $K_{sp\,MA}$ 应为多少？

解 在化学计量点有 99.9%的 A^- 生成沉淀，溶液中游离 A^- 的浓度为：

$$[A^-] = 0.01 \times 0.1\% = 10^{-5}\,\text{mol/L}$$

此时，A^- 全部由沉淀的溶解和离解产生，溶液中沉淀剂 M^+ 的浓度也应是 10^{-5} mol/L，故沉淀的溶度积为：

$$K_{sp\,MA} = [A^-][M^+] = 10^{-5} \times 10^{-5} = 10^{-10}$$

由例 6-1 可见，用于沉淀滴定的反应，其沉淀的溶度积必须 $\leqslant 10^{-10}$，否则由于沉淀的部分溶解会引起较大的分析误差。

在沉淀称量法中，怎样衡量沉淀反应是否达到完全呢？通常依据沉淀反应达到平衡时，溶液中剩余的待测离子浓度，或者说沉淀的溶解损失量来衡量。按照溶度积规则，在难溶化合物的饱和溶液中加入过量的沉淀剂时，沉淀的溶解度降低，其溶解损失就会减少。

【例 6-2】 用硫酸钡称量法测定试样中硫酸盐的含量。计算在 200mL $BaSO_4$ 饱和溶液中，由于溶解所损失的沉淀质量是多少。

如果使沉淀剂 Ba^{2+} 过量 0.01mol/L，这时溶解损失又是多少？

解 已知 25℃时，$K_{sp\,BaSO_4}=1.1\times10^{-10}$，则

$$[Ba^{2+}]=[SO_4^{2-}]=\sqrt{1.1\times10^{-10}}=1.05\times10^{-5}\ (mol/L)$$

而 $BaSO_4$ 的摩尔质量 $M=233g/mol$，则

$$BaSO_4\text{ 的溶解量}=1.05\times10^{-5}\times233\times0.200=4.9\times10^{-4}\ (g)$$

当 $[Ba^{2+}]=0.01mol/L$ 时（原有 Ba^{2+} 浓度可忽略不计）：

$$[SO_4^{2-}]=\frac{1.1\times10^{-10}}{0.01}=1.1\times10^{-8}\ (mol/L)$$

此时，$BaSO_4$ 的溶解量 $=1.1\times10^{-8}\times233\times0.200=5.1\times10^{-7}$ (g)

已知分析天平的称量误差为 0.2mg 即 2×10^{-4}g。由例 6-2 可见，若沉淀剂不过量，由沉淀溶解引起的损失超过称量误差；若加入足够过量的沉淀剂，由沉淀溶解所造成的损失远远小于天平的称量误差，这个损失就可以忽略了。因此，沉淀称量分析一方面要选择合适的沉淀剂，使生成沉淀的溶度积尽可能小；另一方面可加入过量的沉淀剂，以保证被测组分沉淀完全。但是，沉淀剂用量也不宜过多，因为过多的沉淀剂可能产生不同程度的副作用，反而导致溶解损失增加。一般按理论值过量 50%～100%；如果沉淀剂是不易挥发的物质，则控制过量 20%～30%。

此外，溶液中是否存在其他易溶电解质，溶液的酸度、温度、沉淀颗粒大小和结构，对沉淀的溶解度都有一定的影响，这里就不讨论了。

三、分步沉淀

若在几种离子的混合溶液中，加入一种能与它们生成难溶化合物的沉淀剂，则会产生几种沉淀。但由于溶液中离子浓度不同，与沉淀剂生成难溶化合物的溶度积大小不同，几种沉淀形成的先后次序可能不同。究竟溶液中哪种离子先沉淀，哪种后沉淀呢？根据溶度积规则，离子积先达到溶度积的先产生沉淀，或者说哪一种离子产生沉淀所需的沉淀剂的量最少，则该离子最先析出沉淀。

【例 6-3】 在含有 Cl^- 和 CrO_4^{2-} 的溶液中，两种离子浓度都是 0.1mol/L。当逐滴加入 $AgNO_3$ 溶液时，哪种离子先沉淀？第二种离子开始沉淀时，第一种离子在溶液中的浓度是多少？

解 AgCl 和 Ag_2CrO_4 开始沉淀时所需的 Ag^+ 浓度分别是：

对 AgCl $$[Ag^+]=\frac{K_{sp\ AgCl}}{[Cl^-]}=\frac{1.8\times10^{-10}}{0.1}=1.8\times10^{-9}\ (mol/L)$$

对 Ag_2CrO_4 $$[Ag^+]=\sqrt{\frac{K_{sp\ Ag_2CrO_4}}{[CrO_4^{2-}]}}=\sqrt{\frac{1.1\times10^{-12}}{0.1}}$$
$$=3.3\times10^{-6}\ (mol/L)$$

可见首先达到 AgCl 的溶度积，AgCl 先沉淀。

继续滴加 $AgNO_3$ 溶液，当 $[Ag^+]$ 增加到 3.3×10^{-6} mol/L 时，Ag_2CrO_4 开始析出沉淀，这时溶液中 Cl^- 的浓度是：

$$[Cl^-]=\frac{K_{sp\ AgCl}}{[Ag^+]}=\frac{1.8\times10^{-10}}{3.3\times10^{-6}}=5.4\times10^{-5}\ (mol/L)$$

与 Cl^- 的初始浓度相比，未沉淀的 Cl^- 仅占 0.054%，可以认为这时 Cl^- 实际上已沉淀完全。

这种利用溶度积的大小不同进行先后沉淀的作用称为分步沉淀。利用分步沉淀原理，可以选择适当的沉淀剂或控制一定的反应条件，使混合离子相互分离或连续滴定。

四、沉淀的转化

一种难溶化合物转变为另一种难溶化合物的现象叫沉淀的转化。例如，在有 AgCl 沉淀的溶液中，由于沉淀的溶解和解离，溶液中含有 Ag^+。在此溶液中加入 NH_4SCN 时，由于 AgSCN 的溶度积（$K_{sp}=1.0\times10^{-12}$）小于 AgCl 的溶度积（$K_{sp}=1.8\times10^{-10}$），故溶液中的 Ag^+ 与 SCN^- 浓度的乘积超过了 AgSCN 的溶度积，于是析出 AgSCN 沉淀。从而导致溶液中 Ag^+ 浓度降低，此时溶液对 AgCl 来说是不饱和的，AgCl 沉淀开始溶解。由于 AgCl 溶解，Ag^+ 浓度增加，AgSCN 沉淀将不断析出。如此继续进行，直至达到平衡。转化过程反应方程式如下：

$$
\begin{array}{c}
AgCl \rightleftharpoons Ag^{+} + Cl^{-} \\
+ \\
NH_4SCN \longrightarrow SCN^{-} + NH_4^{+} \\
\Updownarrow \\
AgSCN \downarrow
\end{array}
$$

沉淀能否转化及转化的程度取决于两种沉淀物溶度积的相对大小。显然，溶度积大的沉淀容易转化为溶度积小的沉淀，两者 K_{sp} 相差越大，转化的比例越大。由于上例中沉淀转化现象的存在，会给银量返滴定法带来误差，在分析操作中应当想办法避免。利用沉淀转化作用有时可以解决工程上的实际问题。例如锅炉内的锅垢含有 $CaSO_4$，它既不溶于水也不溶于酸。为了清除 $CaSO_4$，可加入 Na_2CO_3 溶液使 $CaSO_4$ 逐渐转化为溶度积更小的 $CaCO_3$，以便清除。

五、沉淀剂的选择

沉淀滴定除了要求沉淀的溶度积 $\leqslant 10^{-10}$，反应定量进行外，还要求沉淀反应速率快，有适当的指示剂确定滴定终点。由于受到这些条件的限制，实际上能用于沉淀滴定的反应不多，最常用的是生成难溶银盐的“银量法”。该法采用的沉淀剂标准滴定溶液有两种，即 $AgNO_3$ 标准滴定溶液和 NH_4SCN 标准滴定溶液。银量法可以测定 Cl^-、Br^-、I^-、CN^-、SCN^-、Ag^+ 及含有卤素的有机化合物。

沉淀称量法除了要求沉淀反应必须定量进行完全以外，选择沉淀剂还应考虑以下几方面因素。

① 沉淀剂应具有较好的选择性和特效性。当有数种离子同时存在于试液中时，沉淀剂最好只与被测离子发生沉淀反应。例如，丁二酮肟就是沉淀 Ni^{2+} 的特效试剂。

② 形成的沉淀应具有易于分离和洗涤的良好结构。晶形沉淀带入杂质少，而且比非晶形沉淀易于分离和洗涤。例如，沉淀 Al^{3+}，若用氨水作沉淀剂，则形成非晶形沉淀；而选用 8-羟基喹啉有机沉淀剂，形成的 8-羟基喹啉铝沉淀是晶形沉淀，易于过滤和洗涤。

③ 沉淀剂本身溶解度应较大，过量的沉淀剂容易洗涤除去。应尽可能选用易挥发或易灼烧除去的沉淀剂。这样，沉淀中带有的沉淀剂即使未经洗净，也可以借烘干或灼烧除去。一些铵盐和有机沉淀剂都能满足这些要求。

④ 生成的沉淀经烘干或灼烧所得称量形式必须有确定的化学组成，其相对分子质量较大，这样引入的称量误差较小。

从对沉淀剂的要求来看，许多有机沉淀剂比无机沉淀剂更适合作沉淀称量分析。目前沉淀称量法主要用于含量不太低的硫、硅、磷、钾、镍、铝、钡等元素的精确分析；但操作较繁琐，在生产控制分析中应用较少。

第二节 沉淀滴定——银量法

根据确定终点所用指示剂的不同，或以创立者的名字命名，银量法又分为以下三种具体方法。

一、莫尔法——铬酸钾作指示剂

这种方法是在中性或弱碱性溶液中，以铬酸钾作指示剂，用硝酸银标准滴定溶液直接滴定 Cl^-（或 Br^-）。反应如下：

化学计量点前 $Ag^+ + Cl^- \longrightarrow AgCl\downarrow$（白色）

化学计量点后 $2Ag^+ + CrO_4^{2-} \longrightarrow Ag_2CrO_4\downarrow$（砖红色）

根据分步沉淀原理，滴定过程首先析出 AgCl 沉淀；到达化学计量点后，稍过量的 Ag^+ 与 CrO_4^{2-} 生成砖红色的 Ag_2CrO_4 沉淀，指示滴定终点。

下面讨论主要滴定条件。

（1）指示剂用量　欲使 Ag_2CrO_4 沉淀恰好在化学计量点时产生，关键问题是控制指示剂的加入量。如果溶液中 CrO_4^{2-} 浓度过高，终点出现过早；如果溶液中 CrO_4^{2-} 浓度过低，终点出现过迟，都会影响滴定的准确度。根据溶度积原理，在化学计量点：

$$[Ag^+]=[Cl^-]=\sqrt{K_{sp\ AgCl}}=\sqrt{1.8\times10^{-10}}=1.3\times10^{-5}\ (mol/L)$$

这时，若恰好析出 Ag_2CrO_4 沉淀，所需 CrO_4^{2-} 的浓度应为：

$$[CrO_4^{2-}]=\frac{K_{sp\ Ag_2CrO_4}}{[Ag^+]^2}=\frac{1.1\times10^{-12}}{(1.3\times10^{-5})^2}=0.007\ (mol/L)$$

由于 K_2CrO_4 溶液的黄色影响终点的观察，其实际用量一般为 0.003～0.005mol/L，即在 100mL 溶液中加入 50g/L 的 K_2CrO_4 溶液 1～2mL。采用这样浓度的指示剂导致的终点误差较小，可以认为不影响分析结果的准确度。

（2）溶液的酸度　莫尔法要求的 pH 范围是 6.5～10.5。因为 Ag_2CrO_4 易溶于酸，在酸性溶液中 Ag_2CrO_4 沉淀生成过迟，甚至不析出沉淀。在强碱性或氨性溶液中，滴定剂 $AgNO_3$ 能发生下列反应：

$$Ag^+ + OH^- \longrightarrow AgOH\downarrow$$

$$2AgOH \longrightarrow Ag_2O + H_2O$$

$$Ag^+ + 2NH_3 \longrightarrow [Ag(NH_3)_2]^+$$

若被测试液酸性太强，需用 $NaHCO_3$ 或稀 NaOH 溶液中和；若碱性太强，可用稀 HNO_3 或 H_2SO_4 中和。调至适宜的 pH 后，再进行滴定。

（3）充分摇动试液　由于滴定生成的 AgCl 沉淀容易吸附溶液中的 Cl^-，使溶液中 $[Cl^-]$ 降低，与其平衡的 $[Ag^+]$ 增加，以致未到化学计量点时，Ag_2CrO_4 沉淀便过早产生，引入误差。因此滴定时必须充分摇动试液，使被吸附的 Cl^- 释放出来，以获得准确的终点。

莫尔法主要用于测定 Cl^- 和 Br^-。当 Cl^- 和 Br^- 共存时，测得的是它们的总量。凡是能与 CrO_4^{2-} 生成沉淀的阳离子（如 Ba^{2+}、Pb^{2+}、Hg^{2+} 等）、能与 Ag^+ 生成沉淀的阴离子（如 PO_4^{3-}、AsO_4^{3-}、S^{2-}、CO_3^{2-} 等）都干扰测定。可见，莫尔法的选择性较差。

【应用实例】 水中氯化物含量的测定

天然水中含有氯化物，主要是钠、钙、镁的盐类。天然水用漂白粉消毒或加入凝聚剂 $AlCl_3$ 处理时，又会带入一定量的氯化物。

工业用水中含有氯化物会对锅炉、管道有腐蚀作用；作为化工原料用水会影响产品质量；饮用水中氯化物一般不得超过 200mg/L。由于天然水和工业用水中对于测定 Cl^- 有干扰的物质很少，因此常用莫尔法测定。其程序是：取一定量水样（50～100mL），以 K_2CrO_4 作指示剂，用 0.01～0.05mol/L 的 $AgNO_3$ 标准滴定溶液滴定（见实验 19）。如果水样的酸碱度不合适，应预先中和之。若水样中含有干扰测定的 PO_4^{3-}、S^{2-} 等物质，则可采用福尔哈德法进行测定。

二、福尔哈德法——铁铵矾作指示剂

这种方法是在 $c(HNO_3)=0.2\sim0.5$mol/L 的酸性溶液中，以铁铵矾 [$NH_4Fe(SO_4)_2\cdot12H_2O$] 作指示剂。

1. 直接滴定测银

用 NH_4SCN 标准滴定溶液滴定 Ag^+，产生 AgSCN 沉淀。化学计量点后，稍微过量的 SCN^- 就与指示剂 Fe^{3+} 生成 $[Fe(SCN)]^{2+}$ 红色配离子。反应如下：

化学计量点前　$Ag^+ + SCN^- \longrightarrow AgSCN\downarrow$（白色）

化学计量点后　$Fe^{3+} + SCN^- \longrightarrow [Fe(SCN)]^{2+}$（红色）

2. 返滴定测卤素

在卤素离子（X^-）的溶液中，加入已知过量的 $AgNO_3$ 标准滴定溶液，X^- 与 Ag^+ 反应生成 AgX 沉淀；然后加入铁铵矾指示剂，用 NH_4SCN 标准滴定溶液滴定剩余的 Ag^+。反应如下：

$$\underset{(过量)}{Ag^+} + X^- \longrightarrow AgX\downarrow$$

$$\underset{(剩余量)}{Ag^+} + SCN^- \longrightarrow \underset{(白色)}{AgSCN\downarrow}$$

此法可用于测定 Cl^-、Br^-、I^- 等。但测定 Cl^- 时，因 AgCl 沉淀的溶度积大于 AgSCN 沉淀的溶度积，到达化学计量点后，SCN^- 会与 AgCl 反应使 AgCl 沉淀转化为溶度积更小的 AgSCN 沉淀。

$$AgCl + SCN^- \longrightarrow AgSCN\downarrow + Cl^-$$

导致溶液中红色的 $[Fe(SCN)]^{2+}$ 消失。这就使得 NH_4SCN 标准滴定溶液用量增多，造成较大误差。为避免这种误差，可在滴入 NH_4SCN 标准滴定溶液之前，加入一定量密度比水大的有机试剂，如硝基苯或邻苯二甲酸二丁酯。用力摇动使 AgCl 沉淀进入有机试剂层，与被滴定的溶液隔开，再用 NH_4SCN 标准滴定溶液返滴定。

福尔哈德法可用来测定 Cl^-、Br^-、I^-、SCN^- 和 Ag^+。由于此法是在稀硝酸溶液中进行滴定，许多弱酸的阴离子如 PO_4^{3-}、AsO_4^{3-}、CrO_4^{2-} 等，都不会与 Ag^+ 生成沉淀。因此，福尔哈德法的选择性比莫尔法强。但是，能与 SCN^- 起反应的强氧化剂、铜盐、汞盐等干扰测定，应预先除去。

三、法扬斯法——吸附指示剂

吸附指示剂是一类有色的有机化合物，它们在水溶液中离解为具有一定颜色的阴离子。当其阴离子被带正电荷的沉淀胶粒吸附时，由于结构发生变化导致颜色改变，从而指示滴定终点。

例如，用 $AgNO_3$ 标准滴定溶液滴定 I^-（或 Br^-），可在弱酸性溶液中选用曙红（四溴荧光黄）作指示剂。曙红是一种有机弱酸，可用简式 HEO 表示，在水溶液中它能离解出橙黄色阴离子 EO^-。在化学计量点前，AgI 沉淀吸附溶液中尚未反应的 I^-，形成带负电荷的胶粒 $(AgI)\cdot I^-$，曙红的阴离子 EO^- 不被吸附，溶液为橙黄色。化学计量点后，微过量的 Ag^+ 使 AgI 吸附 Ag^+ 形成带正电荷的胶粒 $(AgI)\cdot Ag^+$，进而吸附 EO^- 使指示剂结构发生变化，呈现出红紫色。溶液由橙黄色变为红紫色即为滴定终点。

各种吸附指示剂及其使用条件，可查阅有关分析化学手册。

第三节　沉淀称量法

一、试样的溶解与沉淀

1. 试样的溶解

在沉淀称量法中，溶解或分解试样的方法取决于试样及待测组分的性质。应确保待测组分全部溶解而无损失，加入的试剂不应干扰以后的分析。

溶样时，准备好洁净的烧杯，配以合适的玻璃棒（其长度约为烧杯高度的1.5倍）及直径略大于烧杯口的表面皿。称取一定量的样品，放入烧杯后，将溶剂顺器壁倒入或沿下端靠紧杯壁的玻璃棒流下，防止溶液飞溅。如溶样时有气体产生，可将样品用水润湿，通过烧杯嘴和表面皿间的缝隙慢慢注入溶剂，作用完全后用洗瓶吹水冲洗表面皿，水流沿壁流下。试样溶解过程操作必须十分小心，避免溶液损失和溅出。

2. 沉淀进行的条件

沉淀的形成包括生成晶核和晶核长大两个阶段。对于晶形沉淀，为了得到颗粒较大而纯净的沉淀，应该控制下列形成沉淀的条件。

(1) 稀　应在适当稀的溶液中进行沉淀。这样的溶液中生成晶核速度较慢，有利于形成较大颗粒的晶体，便于过滤和洗涤。

(2) 热　沉淀应在热溶液中进行。热溶液使沉淀的溶解度较大，有利于晶体生长。热溶液中沉淀吸附杂质的量也减少，可以得到较纯净的沉淀。

(3) 搅　在不断搅拌下慢慢滴加沉淀剂，这样可防止局部过饱和而生成大量的小颗粒沉淀。

(4) 陈　沉淀析出后应进行陈化，即将沉淀同溶液静置一段时间，使小晶粒逐渐溶解，大晶粒继续长大，原来被吸附的杂质可能转入溶液中。

3. 沉淀操作

沉淀是称量分析最重要的一步操作，应根据沉淀的性质采用不同的沉淀条件和操作方式。

晶形沉淀要求在适当稀的热溶液中进行。将试液在水浴或电热板上加热后，一手持玻璃棒充分搅拌（勿碰烧杯壁及底），另一手拿滴管滴加沉淀剂，滴管口接近液面滴下，以免溶液溅出。滴加速度可先慢后稍快。在沉淀过程中，要有严格的定量观念，不得将玻璃棒拿出烧杯，以防损失沉淀。

检查沉淀是否完全时，将溶液放置待沉淀下沉后，沿杯壁向上层清液中加一滴沉淀剂，观察滴落处是否出现浑浊，如不出现浑浊即表示沉淀完全。否则应补加沉淀剂至检查沉淀完全为止。

沉淀完全后，盖上表面皿在水浴上陈化 1h 左右或放置过夜进行陈化。

二、沉淀的过滤和洗涤

过滤的目的是将沉淀从母液中分离出来，使其与过量沉淀剂、共存组分或其他杂质分开，并通过洗涤获得纯净的沉淀。对于需要灼烧的沉淀常用滤纸过滤，而对于过滤后只需烘干即可称量的沉淀，可采用微孔玻璃坩埚（或漏斗）过滤。

1. 用滤纸过滤

（1）滤纸的选择　沉淀称量分析中，过滤沉淀应当采用“定量滤纸”，每张滤纸灼烧后的灰分在 0.1mg 以下，故又称“无灰滤纸”。按滤纸纤维孔隙大小，又可分为快速、中速、慢速三种。应根据沉淀的性质和数量选择滤纸。例如，硫酸钡等细晶形沉淀应选用慢速滤纸；磷酸铵镁（$MgNH_4PO_4 \cdot 6H_2O$）为粗晶形沉淀，应选用中速滤纸过滤。

（2）滤纸的折叠和安放　用洁净的手将滤纸对折两次，将其展开后即成 60°的圆锥体（半边为一层，另半边为三层），如图 6-1 所示，放入漏斗中，检查与漏斗边是否贴合。为了使漏斗与滤纸之间贴紧而无气泡，可将三层厚的外两层撕下一小块。撕下来的滤纸角应保存于干燥的表面皿中，以备擦拭烧杯中残留的沉淀之用。注意漏斗边缘要比滤纸上边高出约 0.5～1cm。

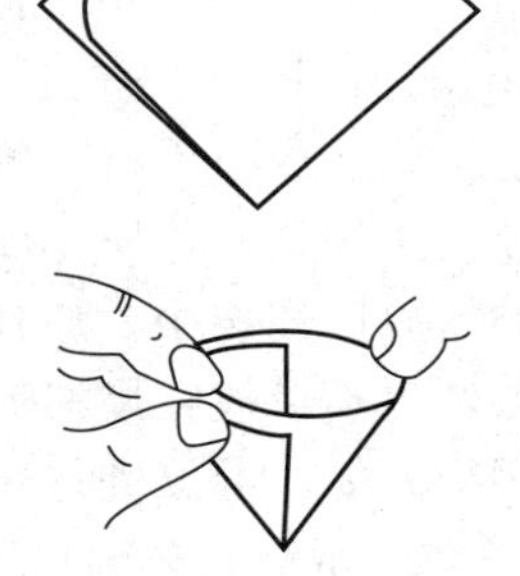

图 6-1　滤纸折叠

滤纸放入漏斗后，用手按住滤纸三层的一边，用洗瓶注入少量水将滤纸润湿，轻压滤纸赶去气泡，使滤纸锥体上部与漏斗壁刚刚贴合。加水至滤纸边缘，漏斗颈内应全部充满水形成水柱。若颈内不形成水柱，可用手指堵住漏斗下口，稍稍掀起滤纸的一边，用洗瓶向滤纸和漏斗之间的空隙里加水，使漏斗颈及锥体的大部分被水充满，然后压紧滤纸边，松开堵在下口的手指，即能形成水柱。具有水柱的漏斗，由于水柱的重力曳引漏斗内的液体，从而加快过滤速度。

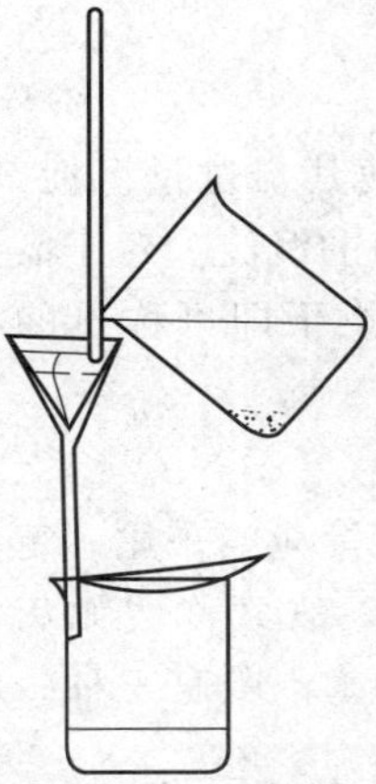

（3）沉淀的过滤　将准备好的漏斗放在漏斗架上，漏斗下面放一洁净的承接滤液的烧杯，漏斗颈口长的一边紧靠杯壁，使滤液沿杯壁流下，不致溅出。

过滤一般采用倾注法，即将沉淀上面的清液小心地倾入滤纸上，尽可能使沉淀留在烧杯内。倾注时，溶液应沿着一支垂直的玻璃棒流入漏斗中，如图 6-2 所示。玻璃棒的下端应对着滤纸 3 层的一边，并尽可能接近滤纸。随着溶液的倾入，应将玻璃棒逐渐提高，以免触及液面，待漏斗中液面到达离滤纸边缘 5mm 处，应暂时停止倾注，以免少量沉淀因毛细作用越过滤纸上缘，造成损失。暂停倾注时，应将烧杯嘴沿玻璃棒向上提，并逐渐扶正烧杯，这样可以避免烧杯嘴上的液滴流到烧杯外壁，再将玻璃棒放回烧杯中。应注意玻璃棒绝对不可放在桌上或其他任何地方，也不可放在烧杯嘴处，以免使沾在玻璃棒上的少量沉淀丢失和污染。如此继续进行，直至沉淀上的清液几乎全部倾入漏斗为止。

图 6-2　倾注法过滤

2. 用微孔玻璃坩埚（或漏斗）过滤

有些沉淀不能与滤纸一起灼烧，否则易被碳还原，如氯化银沉淀；有些沉淀不需要灼烧，只需干燥即可称量，如丁二肟镍沉淀。这种情况应用微孔玻璃坩埚（或漏斗）来过滤。微孔玻璃坩埚有几种型号，一般用 P_{16} 号或 P_{10} 号过滤细晶形沉淀（相当于慢速滤纸），用 P_{40} 号过滤一般的晶形沉淀（相当于中速滤纸）。

采用微孔玻璃坩埚过滤，常用抽滤法。在抽滤瓶口配一个橡皮垫圈，插入坩埚，瓶侧的支管用橡皮管与水流泵相连，进行减压过滤。过滤结束时，先去掉抽滤瓶上的胶管，然后关闭水泵，以免水倒吸入抽滤瓶中。

微孔玻璃坩埚使用前一般先用盐酸或硝酸处理，然后用水抽洗干净，烘干备用。这种坩埚耐酸不耐碱，不适于过滤强碱溶液。用过的玻璃坩埚应立即用适当的洗涤液洗净，用纯水抽洗干净，烘干备用。

微孔玻璃坩埚可在 105～180℃下烘干。测定时，空的微孔玻璃坩埚应在烘干沉淀的温度下烘至恒重。

3. 沉淀的洗涤和转移

洗涤沉淀时，既要除去吸附在沉淀表面的杂质，又要防止溶解损失。根据沉淀的性质不同，可选择不同的洗涤液，如晶形沉淀常用沉淀剂的稀溶液作洗涤液。

洗涤沉淀一般是先在原烧杯中用倾注法洗涤，沿杯壁四周加入 10～20mL 洗涤液，用玻璃棒搅拌，静置，待沉淀沉降后倾注。如此重复 4～5 次，每次应尽可能使洗涤液流尽。

转移沉淀时需加入少量洗涤液，将溶液搅混，立即将沉淀连同洗涤液一起转移到滤纸上。至大部分沉淀转移后，最后少量沉淀的转移方法是：左手持烧杯，用食指按住横搁在烧杯口上的玻璃棒，玻璃棒下端比杯嘴长出 2～3cm，将烧杯倾置于漏斗上方，玻璃棒下端靠近滤纸的三层处，右手拿洗瓶吹洗烧杯内壁黏附有沉淀处及全部杯壁，直至洗净烧杯。杯壁和玻璃棒上可能还黏附有少量沉淀，可用淀帚擦下，也可用玻璃棒头上卷一小片滤纸（原撕下的）成淀帚状抹下杯壁的沉淀，擦过的滤纸放入漏斗中。沉淀的转移如图 6-3 所示。

图 6-3　沉淀的转移

沉淀转移到滤纸上后，再在滤纸上进行最后的洗涤。这时需用洗瓶吹入洗液，从滤纸边缘开始向下螺旋形移动，将沉淀冲洗到滤纸底部，反复几次，直至洗净。

洗涤沉淀时应注意，既要将沉淀洗净，又不能用太多的洗涤液，否则将增大沉淀的溶解损失。为此需用“少量多次”的洗涤原则以提高洗涤效率，即总体积相同的洗涤液应尽可能分多次洗涤，每次用量要少，而且每次加入洗涤液前应使前次的洗涤液尽量流尽。

充分洗涤后，必须检查洗涤的完全程度。为此，取一小试管（或表面皿）承接滤液 1～2mL，检查其中是否还有母液成分存在，例如，用硝酸酸化的硝酸银溶液，就可检验滤液中是否还有氯离子存在。如无白色氯化银浑浊生成，表示沉淀已经洗净。

三、沉淀的烘干和灼烧

1. 沉淀的烘干

烘干是指在 250℃ 以下进行的热处理，其目的是除去沉淀上所沾的洗涤液。凡是用微孔玻璃坩埚过滤的沉淀都需用烘干的方法处理。

一般将微孔玻璃坩埚连同沉淀放在表面皿上，然后放入烘箱中。根据沉淀的性质确定烘干温度。第一次烘干沉淀的时间较长，约 2h；第二次烘干时间可短些，约 45min 至 1h。沉淀烘干后，取出置于干燥器中冷却至室温后称量。反复烘干、称量，直至恒重为止。

2. 沉淀的干燥和灼烧

灼烧是指在高于 250℃ 以上温度进行的热处理。凡是用滤纸过滤的沉淀都需用灼烧方法处理。灼烧是在预先已烧至恒重的瓷坩埚中进行的。

(1) 瓷坩埚的准备　先把坩埚洗净晾干（或烘干），然后在高温下灼烧至恒重，灼烧坩埚的温度应与灼烧沉淀时的温度相同。坩埚可以放在温度为 800～1000℃ 的马弗炉中灼烧，也可以用喷灯、煤气灯灼烧。第一次灼烧约 30min，取出稍冷却后，转入干燥器中冷却至室温，称量。第二次再灼烧 15～20min，再冷却称量。相邻两次称量之差小于0.2mg时，即已恒重。恒重的坩埚放在干燥器中备用。

（2）沉淀的干燥及滤纸的炭化和灰化　先从漏斗内小心地取出带有沉淀的滤纸，仔细地将滤纸四周折拢，使沉淀完全包裹在滤纸中，此时应注意勿使沉淀有任何损失。将滤纸包放入已恒重的坩埚，让滤纸层数较多的一边朝上，这样可使滤纸较易灰化。将瓷坩埚斜放在泥三角上，坩埚底应放在泥三角的一边，坩埚口对准泥三角的顶角［见图6-4(a)］，把坩埚盖斜倚在坩埚口的中部，然后开始用小火加热，把火焰对准坩埚盖的中心，见图6-4(b)。使火焰加热坩埚盖，热空气由于对流而通过坩埚内部，使水蒸气从坩埚上部逸出。待沉淀干燥后，将煤气灯移至坩埚底部，见图6-4(c)，仍以小火继续加热，使滤纸炭化变黑。炭化时应注意，不要使滤纸着火燃烧，否则微小的沉淀颗粒可能因飞散而损失。一旦滤纸着火时，应立即移去灯火，盖好坩埚盖，让火焰自行熄灭，切勿用嘴吹。稍等片刻再打开盖子，继续加热。直到滤纸全炭化不再冒烟后，逐渐升高温度，并用坩埚钳夹住坩埚不断转动，使滤纸完全灰化呈灰白色。

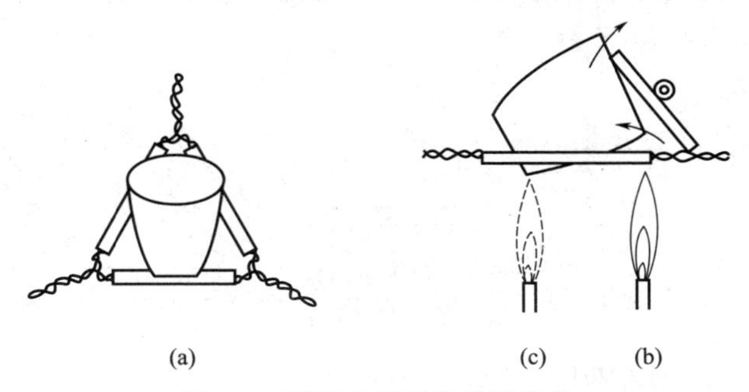

图6-4　沉淀的干燥及滤纸炭化

（3）沉淀的灼烧　滤纸灰化后，将坩埚垂直地放在泥三角上，盖上坩埚盖（留一小空隙），于指定温度下灼烧沉淀；或者将坩埚放在马弗炉中灼烧（这时一般是先在电炉上将沉淀和滤纸烤干并进行炭化和灰化）。通常第一次灼烧时间为30～45min，第二次灼烧15～20min。每次灼烧完毕都应在空气中稍冷再移入干燥器中，冷却至室温后称量。然后再灼烧、冷却、称量，直至恒重。

四、分析结果的计算

沉淀称量分析最后得到的是沉淀称量形式的质量。在很多情况下沉淀的称量形式与要求的被测组分化学式不一致，这就需要将称量形式的质量换算成被测组分的质量，按下式计算分析结果。

$$w_{被测组分}=\frac{m_{称量形式}\times\frac{M_{被测组分}}{M_{称量形式}}}{m} \tag{6-4}$$

式中 $w_{被测组分}$——试样中被测组分的质量分数；

$m_{称量形式}$——沉淀称量形式的质量，g；

m——试样的质量，g；

$M_{称量形式}$——沉淀称量形式的摩尔质量，g/mol；

$M_{被测组分}$——被测组分的摩尔质量，g/mol。

对于指定的分析方法，比值$\frac{M_{被测组分}}{M_{称量形式}}$为一常数，称为换算因数，以 F 表示。采用换算因数计算分析结果时，若称量形式与被测组分所含被测元素原子或分子数目不相等，则需乘以相应的倍数。例如：

被测组分	称量形式	换算因数 F
S	$BaSO_4$	$\frac{M(S)}{M(BaSO_4)}=\frac{32.06}{233.40}\approx 0.1374$
MgO	$Mg_2P_2O_7$	$\frac{2\times M(MgO)}{M(Mg_2P_2O_7)}=\frac{2\times 40.31}{222.60}\approx 0.3622$

五、应用实例

1. 硫酸盐的测定

由表 6-1 可见，SO_4^{2-} 能生成的难溶化合物有 $CaSO_4$、$SrSO_4$、$PbSO_4$ 和 $BaSO_4$ 等，其中 $BaSO_4$ 的溶度积最小，故常用 $BaSO_4$ 沉淀称量法测定可溶性硫酸盐。由于 $BaCl_2$ 在水中的溶解度大于 $Ba(NO_3)_2$，过量的沉淀剂易被洗涤除去，因此选用 $BaCl_2$ 作沉淀剂，一般过量 20%。$BaSO_4$ 沉淀初生成时为细小的晶体，过滤时易穿过滤纸。为了得到纯净而颗粒较大的晶形沉淀，应当在热的酸性稀溶液中，在不断搅拌下滴入 $BaCl_2$ 溶液。将所得 $BaSO_4$ 沉淀陈化、过滤、洗涤、干燥、灼烧，最后称量，即可求得试样中硫酸盐的含量（见实验 20）。

采用 $BaSO_4$ 沉淀称量法也可以测定天然或工业产品中硫的含量，这时需要预先将试样中的硫转化为可溶性硫酸盐。例如，测定煤中的硫含量时，先将试样与 Na_2CO_3、MgO 混合物（称为艾士卡试剂）一起灼烧，使煤中的硫化物及有机硫分解、氧化，并转化为 Na_2SO_4，然后以水浸溶、过滤，再按前述步骤加以测定。

2. 钾盐的测定

K^+ 能与易溶于水的有机试剂四苯硼钠 $NaB(C_6H_5)_4$ 反应，生成四苯硼钾沉淀。

$$K^+ + B(C_6H_5)_4^- \longrightarrow KB(C_6H_5)_4 \downarrow$$

四苯硼钾是离子缔合物，具有溶解度小、组成恒定、热稳定性好（最低分解温度为 265℃）等优点，故四苯硼钠是 K^+ 的一种良好沉淀剂。生成的沉淀经过滤、洗涤、烘干即可称量。

由于四苯硼钾易形成过饱和溶液，因此加入四苯硼钠沉淀剂的速度宜慢，同时要剧烈搅拌。考虑到沉淀有一定的溶解度，洗涤沉淀时应采用沉淀剂溶液作洗涤液。

此法适用于钾盐和含钾肥料的测定。试液中若有铵离子，也能与四苯硼钠发生沉淀反应。这种情况需加入甲醛，使铵生成六亚甲基四胺而排除干扰。

实验 19 硝酸银标准滴定溶液的制备和水中氯化物的测定

一、目的要求

1. 掌握硝酸银标准滴定溶液的制备及应用滴定度的计算方法。
2. 掌握莫尔法测定氯化物的原理和操作。
3. 熟悉指定质量法称取样品的操作技术。

二、仪器与试剂

1. 仪器

分析天平　　滴定分析所需仪器

2. 试剂

硝酸银（$AgNO_3$）　　基准氯化钠（NaCl，需置于瓷坩埚中在500～600℃灼烧40～50min，冷却后存于干燥器中备用）　　铬酸钾指示液（50g/L水溶液）

三、实验步骤

1. 氯化钠基准溶液的制备

用指定质量法准确称取基准氯化钠0.2060g，溶于水，定量转移至250mL容量瓶中，稀释至刻度，摇匀。该溶液Cl^-的质量浓度为0.500mg/mL。

2. 硝酸银标准滴定溶液的制备及标定

称取1.2g硝酸银（称准至0.01g），溶于500mL蒸馏水中，摇匀。溶液保存于棕色瓶中，贴上标签，留用。

准确移取25.00mL氯化钠基准溶液于250mL锥形瓶中，加蒸馏水25mL。另取一锥形瓶，加入50mL蒸馏水作空白。各加入1mL铬酸钾指示液，在不断摇动下分别用配制的硝酸银溶液滴定至刚出现砖红色为终点。

平行标定三份。

3. 水中氯化物含量的测定

准确吸取50.00mL水样，置于250mL锥形瓶中。若水样中氯化物含量较高，可取适量水样，用蒸馏水稀释至50mL。加入1mL铬酸钾指示液，在不断摇动下，用硝酸银标准滴定溶液滴定至刚出现砖红色为终点。

平行测定三份。同时用50mL蒸馏水做空白试验。

四、结果计算

1. 硝酸银溶液的标定

$$T_{Cl^-/AgNO_3}=\frac{0.500V}{V_1-V_0}$$

式中　$T_{Cl^-/AgNO_3}$——硝酸银标准滴定溶液的滴定度，mg/mL；
V_1——标定消耗硝酸银溶液的体积，mL；
V_0——空白消耗硝酸银溶液的体积，mL；
V——标定所取氯化钠基准溶液的体积，mL；
0.500——氯化钠基准溶液中 Cl^- 的质量浓度，mg/mL。

2. 水中氯化物的测定

$$\rho(Cl^-)=\frac{T_{Cl^-/AgNO_3}(V_1-V_0)}{V}\times 10^3$$

式中　$\rho(Cl^-)$——水样中 Cl^- 的质量浓度，mg/L；
$T_{Cl^-/AgNO_3}$——硝酸银标准滴定溶液的滴定度，mg/mL；
V_1——水样消耗硝酸银标准滴定溶液的体积，mL；
V_0——空白消耗硝酸银标准滴定溶液的体积，mL；
V——水样体积，mL。

五、思考与讨论

1. 莫尔法测定 Cl^- 应控制的 pH 范围是多少？如果水样 pH 不在此范围，应如何处理？

2. 用 $AgNO_3$ 标准滴定溶液滴定 Cl^- 时，为什么要充分摇动溶液？如摇动不好，对分析结果有什么影响？

3. 硝酸银标准滴定溶液物质的量浓度是多少？写出用物质的量浓度计算分析结果的公式。

实验 20　硫酸钠含量的分析

一、目的要求

1. 掌握沉淀称量法测定硫酸盐的原理和方法。

2. 初步掌握沉淀、过滤、洗涤、干燥和灼烧等称量分析基本操作技术。

二、仪器与试剂

1. 仪器

烧杯　表面皿　漏斗　玻璃棒　定量滤纸（慢速）
瓷坩埚　煤气灯或高温炉

2. 试剂

氯化钡溶液（122g/L，取 61g $BaCl_2 \cdot 2H_2O$ 加水溶解，用水稀释至 500mL，必要时过滤）　盐酸溶液（1＋1）　硝酸银溶液（20g/L）　工业无水硫酸钠（试样）

三、实验步骤

（1）称取 2.5g 硫酸钠试样（精确至 0.0002g），加 60mL 水，加热溶解，过滤到 250mL 容量瓶中，滤器用水洗涤至无 SO_4^{2-} 为止（用 $BaCl_2$ 溶液检验）。冷却滤液，以水稀释至刻度，摇匀。

（2）准确吸取试液 25.00mL 于 500mL 烧杯中，加 5mL 盐酸溶液（1＋1）和 270mL 水，加热至微沸。在不断搅拌下滴加 10mL $BaCl_2$ 溶液，时间约需 1.5min，继续搅拌并微沸 2～3min，然后盖上表面皿，保持微沸 5min，再把烧杯置于沸水浴上保持 2h。

（3）将烧杯冷却至室温，用慢速定量滤纸过滤，以温水洗涤沉淀至无 Cl^- 为止［取 5mL 洗液，加 5mL $AgNO_3$ 溶液（20g/L）混匀，放置 5min 不出现浑浊］。

（4）将沉淀连同滤纸转移至已于（800±20）℃恒重的瓷坩埚中，在 110℃烘干，然后灰化，在（800±20）℃下灼烧至恒重。

平行测定两份。

四、结果计算

$$w(Na_2SO_4)=\frac{m_1\times 0.6086}{m\times\frac{25}{250}}$$

式中　$w(Na_2SO_4)$——试样中 Na_2SO_4 的质量分数[1]；

m_1——硫酸钡沉淀的质量，g；

m——试样质量，g；

0.6086——$BaSO_4$ 换算为 Na_2SO_4 的换算因数。

[1] 严格来说，测定结果应扣除少量的钙镁硫酸盐，才是 Na_2SO_4 的质量分数。

五、思考与讨论

（1）沉淀 $BaSO_4$ 时为什么要在热的稀溶液中进行？不断搅拌的目的是什么？

（2）$BaSO_4$ 沉淀生成后，为什么将烧杯置于沸水浴中保持 2h？这个过程中沉淀发生什么变化？

（3）洗涤沉淀为什么最初用倾注法？如何提高洗涤效率？

本章要点

1. 溶度积规则及其应用

根据难溶化合物的溶度积常数（K_{sp}）和溶液中有关离子的浓度，能够判定沉淀生成或溶解的条件：

离子浓度积 = K_{sp}，饱和溶液；

离子浓度积 > K_{sp}，生成沉淀；

离子浓度积 < K_{sp}，沉淀溶解。

利用溶度积规则，可以说明沉淀滴定和沉淀称量分析中的一些基本原理。

（1）沉淀滴定法，为了在化学计量点实现沉淀完全，要求生成难溶化合物的 $K_{sp} \leqslant 10^{-10}$，如卤化银沉淀即可满足要求。

（2）用 $AgNO_3$ 标准滴定溶液滴定 Cl^-，以 K_2CrO_4 作指示剂是利用分步沉淀原理。当 Ag_2CrO_4 沉淀生成时，溶液中的 Cl^- 实际上已经沉淀完全。

（3）用银量反滴定法测 Cl^- 时，因 $K_{sp\ AgSCN} < K_{sp\ AgCl}$，已生成的 AgCl 沉淀将部分转化为 AgSCN 沉淀，造成分析误差。加入密度较大的有机试剂覆盖于 AgCl 沉淀表面，可以避免此项误差。

（4）在沉淀称量法中，沉淀的溶解损失必须小于分析天平的称量误差（0.2mg）。一方面要选择溶度积小的沉淀，另一方面可以加入过量的沉淀剂，使被测组分沉淀完全。

2. 沉淀滴定——银量法

按照所用指示剂不同，有三种具体的方法，其方法特点和适用范围归纳如下：

方　法	指示剂	标准溶液	酸度条件	测定对象
莫尔法	铬酸钾	$AgNO_3$ 溶液	中性、弱碱性 pH 为 6.5～10.5	Cl^-、Br^-
福尔哈德法	铁铵矾	$AgNO_3$ 溶液 NH_4SCN 溶液	硝酸溶液 （0.2～0.5mol/L）	Ag^+、Cl^-、Br^-、I^-
法扬斯法	吸附指示剂	$AgNO_3$ 溶液	pH 条件随 指示剂而异	Cl^-、Br^-、I^-、SCN^-

3. 沉淀称量分析

（1）选择沉淀剂　要求选择性强，沉淀溶解度很小，易于过滤、洗涤、纯化，过量的沉淀剂易于除去，经烘干或灼烧所得称量形式有确定的化学组成。

（2）一般步骤　溶样→沉淀→过滤→洗涤→烘干或灼烧。

（3）沉淀条件　沉淀过程对后续操作和分析结果影响很大。为了得到颗粒较大、纯净的晶形沉淀，应控制稀、热、搅、陈等沉淀条件。

（4）应用　目前沉淀称量法主要用于硫、磷、硅、钾、镍、铝、钡等元素的常量分析。

4. 技能训练环节

（1）用指定质量称量法称取基准物质。

（2）配制和标定 $AgNO_3$ 标准滴定溶液。

（3）莫尔法滴定条件的控制和终点的掌握。

（4）采用滴定度表示标准滴定溶液组成并计算分析结果。

（5）沉淀称量分析的基本操作，包括沉淀条件的控制，沉淀的过滤、洗涤、烘干、灼烧和恒重。

1. 什么是溶度积规则？溶液中沉淀生成或溶解的条件是什么？

2. 什么样的沉淀反应能用于沉淀滴定？什么样的沉淀反应能用于沉淀称量分析？

3. 试述银量滴定法中三类指示剂的作用原理。

4. 为什么莫尔法只能在中性或弱碱性溶液中进行，而福尔哈德法只能在酸性溶液中进行？

5. 要获得纯净而易于分离和洗涤的沉淀，需注意哪些沉淀条件？为什么？

6. 在沉淀称量法中，什么情况下用滤纸过滤？什么情况下用微孔玻璃坩埚过滤？如何操作？

7. 沉淀灼烧前如何进行干燥、灰化？怎样才算灼烧到恒重？

8. 按溶度积规则，解释下列现象：

(1) $CaCO_3$ 沉淀能溶于 HAc 溶液中；

(2) AgCl 沉淀不溶于稀酸，却能溶于氨水中；

(3) 在 $CaCl_2$ 溶液中滴加少量稀硫酸，逐渐有沉淀生成；

(4) 在 $BaCl_2$ 溶液中滴加少量稀硫酸，迅速生成沉淀。

9. 在 I^- 和 Cl^- 各为 0.05mol/L 的混合溶液中，滴加 0.05mol/L 的 $AgNO_3$ 溶液，哪种离子先析出沉淀？第二种离子开始沉淀时，第一种离子是否已沉淀完全？

10. 沉淀称量分析一般需经过哪些步骤？如何避免沉淀损失？

11. 沉淀称量分析应如何选择沉淀剂？该法主要用于测定哪些物质？

12. 称取纯碱样品 4.850g，溶解后定容至 250.0mL，取出 25.00mL，用 0.0100mol/L 的 $AgNO_3$ 标准滴定溶液滴定至终点，消耗 9.50mL。计算纯碱样品中 NaCl 的百分含量。

答：1.14%

13. 称取基准氯化钠 0.2000g，溶于水，加入过量的 $AgNO_3$ 溶液 50.00mL，以铁铵矾为指示剂，用 NH_4SCN 溶液滴定至微红色，用去 25.00mL。已知 1.00mL NH_4SCN 溶液相当于 1.20mL $AgNO_3$ 溶液。求 $c(AgNO_3)$ 和 $c(NH_4SCN)$ 各是多少。

答：0.1711mol/L；0.2053mol/L

14. 称取含砷农药样品 0.2041g，溶于 HNO_3 后样品中砷转变为 H_3AsO_4，将溶液调至中性，加入 $AgNO_3$ 溶液使其生成

Ag_3AsO_4 沉淀。将沉淀过滤洗净，溶于稀硝酸中，用 0.1105mol/L NH_4SCN 溶液滴定 Ag^+，用去 34.14mL。计算此农药中 As_2O_3 的百分含量。

答：60.95％

15. 称取含有 KCl 和 KBr 的样品 0.2330g，溶解于水后用莫尔法进行滴定，用去 0.1000mol/L $AgNO_3$ 溶液 22.77mL。求样品中 KCl 和 KBr 的百分含量？

答：27.33％；72.67％

16. 称取烧碱样品 5.038g，溶于水，用硝酸调节 pH 后，定容于 250.0mL。吸取 25.00mL 于锥形瓶中，加入 25.00mL 0.1043mol/L 的 $AgNO_3$ 溶液，沉淀完全后加入 2mL 硝基苯。返滴定用去 0.1015mol/L 的 NH_4SCN 标准滴定溶液 21.45mL。求烧碱试样中 NaCl 的质量分数。

答：4.99％

17. 有一分析纯试剂，因标签损坏只能看清 KIO 字样。为了确定 KIO_x 中的 x 值，称取此盐 0.5000g，将其还原为碘化物后，用 0.1000mol/L 的 $AgNO_3$ 滴定至曙红终点，用去 23.36mL。求此化合物的分子式。

答：KIO_3

18. 称取 $BaCl_2$ 样品 0.4801g，用沉淀称量法分析得 $BaSO_4$ 沉淀 0.4578g，计算样品中 $BaCl_2$ 的质量分数。

答：85.08％

19. 称取磷矿粉试样 0.5432g，溶解后将磷沉淀为 $MgNH_4PO_4 \cdot 6H_2O$，经灼烧为 $Mg_2P_2O_7$，称得质量为 0.2234g。求试样中 P 和 P_2O_5 的质量分数。

答：11.44％；26.23％

20. 用四苯硼钠法测定钾长石中的钾时，称取试样 0.5000g，经处理并烘干得四苯硼钾［$KB(C_6H_5)_4$］沉淀 0.1834g。求钾长石试样中 K_2O 的含量。

答：4.82％

知识窗

奇特的纳米材料

纳米材料是指任意一维的尺度小于 100nm 的晶体、非晶体以及界面层结构的材料。当粒子尺寸小至纳米级时，其本身将具有表面与界面效应、量子尺寸效应、小尺寸效应，这些效应使得纳米材料具有很多奇特的性能。自 1991 年有人首次制备了碳纳米管以来，由于纳米材料具有许多独特的性质和广阔的应用前景而引起了人们的广泛关注。纳米材料的制备和应用现已成为各国科学界研究的热门课题。

纳米材料的种类、功能和应用已有很多报道。例如，对机械关键零部件进行金属表面纳米粉涂层处理，可以提高机械设备的耐磨性、硬度和使用寿命；用纳米陶瓷粉制成的陶瓷有一定的塑性，高硬度和耐高温，可使发动机工作在更高的温度下，从而提升汽车和飞机的性能；在化工方面用某种纳米粒子作催化剂，比表面积大，化学活性高，已用作脱硫剂和废水处理；用纳米材料制成的多功能塑料，具有抗菌、除味、防腐、抗老化作用，可用作冰箱等家用电器外壳里的抗菌除味塑料；在合成纤维中添加纳米 SiO_2、纳米 ZnO，经抽丝、纺织可制成防霉、防臭和抗紫外线辐射的服装等。

纳米材料包括纳米粉末和纳米固体两个层次。纳米固体是用粉末为原料，经过成形和烧结制成的。现已研究了多种方法制备纳米粉末，其物理方法包括机械球磨法、蒸发-冷凝法等；其化学方法有化学气相法、化学沉淀法、水热法、溶胶-凝胶法、溶剂蒸发法、电解法、高温蔓延合成法等。制备的关键是如何控制颗粒大小和获得较窄且均匀的粒度分布，以及如何保证粉末的化学纯度。

化学沉淀法是制备高纯纳米粉末应用较多的方法之一。它是将沉淀剂（OH^-、CO_3^{2-}、SO_4^{2-} 等）加到金属盐溶液中进行沉淀处理，再将沉淀物过滤、干燥、煅烧，制得纳米级化合物粉末。主要用于制备纳米级金属氧化物粉末。它又包括共沉淀和均相沉淀法。如何控制粉末的成分均匀性及防止形成硬团聚是该方法的关键问题。

（1）共沉淀法　将沉淀剂加入混合金属盐溶液中，使各组分均匀地沉淀，再将沉淀物过滤、干燥、煅烧，即得纳米粉末。如以 $ZrOCl_2 \cdot 8H_2O$ 和 YCl_3 为起始原料，用过量氨水作沉淀剂，采用化学共沉法制备 ZrO_2-Y_2O_3 纳米粉末。为了防止形成硬团聚，一般还采用冷冻干燥或共沸蒸馏对前驱物进行脱水处理。

（2）均相沉淀法　一般的沉淀过程是不平衡的，但如果控制溶液中的沉淀剂浓度，使之缓慢地增加，则可使溶液中的沉淀反应处于平衡状态，且沉淀可在整个溶液中均匀地出现，这种方法称为均相沉淀法。例如，用尿素作为均相沉淀剂，通过均相沉淀法制备 ZrO_2-Y_2O_3 纳米粉末。

在高温和超高压下对 ZrO_2-Y_2O_3 纳米粉末进行烧结，可得到相对密度大于 99%、平均晶粒尺寸仅 80nm 的纳米陶瓷。

由于纳米材料具有特异的光、电、磁、催化等性能，可广泛应用于国防军事和民用工业的各个方面。不仅在高科技领域有不可替代的作用，也为传统的产业带来生机和活力。因此许多国家都在积极研究和开发。我国科研部门对纳米材料的制备研究开展较多，但到目前为止，国内的研究工作多处于实验室阶段，实现工业化批量生产、形成商品化规模还有待进一步努力。

Chapter 7

第七章

电位分析和电导分析

知识目标

1. 掌握电位测量系统的构成和直接法测定水溶液 pH 的原理。

2. 了解电位滴定的适用范围；掌握确定电位滴定终点的方法。

3. 了解电导率、摩尔电导率的概念及其在分析检测中的应用。

技能目标

1. 学会用酸度计、玻璃电极、甘汞电极或复合电极测定水溶液 pH。

2. 能够用酸度计（mV 挡）和有关电极测定工作电池的电动势。

3. 掌握手动电位滴定装置的安装和操作要点。

4. 能够用电导仪检测水质纯度。

电位分析是以测量电池电动势为基础的电化学分析方法。电位分析包括直接电位法和电位滴定法两大类。

直接电位法是根据电极电位与有关离子浓度间的函数关系，直接测出该离子的浓度，电位法测定溶液 pH 就是典型的例子。电位滴定法是确定滴定分析终点的一种方法，可以代替指示剂，更加客观、准确地确定各种滴定分析的终点。

电导分析是以测量溶液导电能力为基础的电化学分析方法，主要用于水质检测，也可用于确定一些滴定分析的终点。

本章重点讨论电位分析法，扼要介绍电导分析法。

第一节 电位测量用电极和仪器

一、工作电池

由第五章关于氧化还原半反应的电极电位方程式可知，在一定温度下，电极电位与半反应的氧化态和还原态物质的浓度呈一定的函数关系。

$$\varphi=\varphi^{\ominus}+\frac{0.059}{n}\lg\frac{[Ox]}{[Red]}\quad (25℃)\qquad (7\text{-}1)$$

在电位分析中，把电极电位随待测组分浓度变化而变化的电极称为指示电极。如果能测量指示电极的电位，就能求出待测组分的浓度。但是，单一电极因不能构成测量回路，无法测其电极电位。必须与一个电位恒定（与待测组分浓度无关）的参比电极组成原电池，测量该电池的电动势（E），才能得知指示电极电位，从而确定待测组分浓度。因此，电位分析是通过测量工作电池的电动势来分析待测物质含量的分析方法。直接电位法是将指示电极与参比电极浸入待测试液中，通过测定这个工作电池的电动势求出待测组分含量。电位滴定法是将指示电极与参比电极置于滴定分析的滴定池中，测量滴定过程中的电位突变，以确定滴定分析的终点。

二、参比电极

电位分析常用的参比电极是汞-氯化亚汞电极（又称甘汞电极）和银-氯化银电极，它们都属于金属-金属难溶盐电极。

1. 甘汞电极

甘汞电极由汞、甘汞（Hg_2Cl_2）和氯化钾溶液组成，其构造如图 7-1(a) 所示。其电极反应为：

$$Hg_2Cl_2+2e \rightleftharpoons 2Hg+2Cl^-$$

电极电位：

$$\varphi(Hg_2Cl_2/2Hg)=\varphi^{\ominus}(Hg_2Cl_2/2Hg)-0.059\lg[Cl^-] \quad (25℃) \quad (7\text{-}2)$$

式(7-2) 表明，温度一定时，甘汞电极电位取决于溶液中 Cl^- 的浓度，当 $[Cl^-]$ 一定时，其电极电位也就恒定了，故可作为测定其他离子的参比电极。通常在支管中装入饱和 KCl 溶液，称为饱和甘汞电极（缩写为 SCE）。

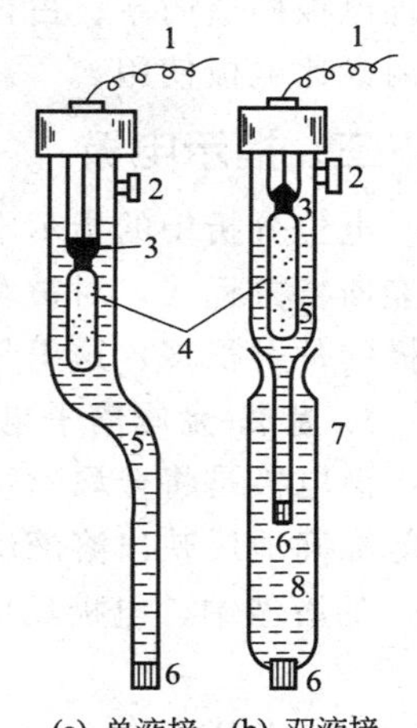

(a) 单液接　(b) 双液接

图 7-1　甘汞电极

1—导线；2—加液口；3—汞；4—甘汞；5—KCl 溶液；6—素瓷塞；7—外管；8—KNO_3 溶液

【例 7-1】 已知 $\varphi^{\ominus}(Hg_2Cl_2/2Hg)=0.2828V$，25℃时 KCl 在水中的溶解度为 34.2g/100mL 水。求 25℃饱和甘汞电极的电位。

解　25℃在 KCl 饱和溶液中，Cl^- 的浓度为：

$$[Cl^-]=\frac{34.2\times1000}{74.55\times100}=4.59\ (mol/L)$$

代入式(7-2) 得

$$\varphi(Hg_2Cl_2/2Hg)=0.2828-0.059\lg4.59=0.2438\ (V)$$

甘汞电极中的 KCl 溶液会通过多孔素瓷向外少量渗漏。当用于待测 Cl^- 的试液中作参比电极时，上述单液接甘汞电极的外面还应套接一个 KNO_3 盐桥，构成双液接甘汞电极，如图 7-1(b) 所示。

2. 银-氯化银电极

该电极是在银丝上镀一层 AgCl，并浸入一定浓度的 KCl 溶液中构成，其电极反应为：

$$AgCl+e \rightleftharpoons Ag+Cl^-$$

电极电位：

$$\varphi(AgCl/Ag)=\varphi^{\ominus}(AgCl/Ag)-0.059\lg[Cl^-] \quad (25℃) \quad (7\text{-}3)$$

同甘汞电极相似，温度一定时，银-氯化银电极的电位取决于

溶液中 Cl^- 的浓度。当 $[Cl^-]$ 一定时，其电极电位也就恒定了。这种电极构造简单、占体积小，经常将它置于较复杂电极的内部，作内参比电极使用。

三、指示电极

电位分析中的指示电极，其电极电位与被测组分浓度之间应符合能斯特方程式，对被测组分浓度的变化响应快、重现性好。指示电极的种类很多，这里只介绍常用的几种。

1. 金属-金属离子电极

该电极是将金属丝浸入含有这种金属离子的溶液中，其电极电位能准确地反映出溶液中金属离子的浓度。例如，将银丝浸入含有 Ag^+ 的溶液中，电极反应为：

$$Ag^+ + e \rightleftharpoons Ag$$

电极电位：

$$\varphi(Ag^+/Ag) = \varphi^\ominus(Ag^+/Ag) + 0.059\lg[Ag^+] \qquad (7\text{-}4)$$

该电极称为银电极，可用于测定溶液中的 Ag^+ 浓度，也可在沉淀滴定中测定 Ag^+ 浓度的变化。

【例 7-2】 用 0.1000mol/L $AgNO_3$ 溶液滴定 0.1000mol/L NaCl 溶液 20.00mL，将银电极浸入滴定池中，计算化学计量点及 $AgNO_3$ 溶液过量 0.04mL 时，银电极电位的变化。

解 由附录中二查出 $\varphi^\ominus(Ag^+/Ag) = 0.7996V$，已知 $K_{sp\,AgCl} = 1.8\times10^{-10}$

（1）在化学计量点

$$[Ag^+] = [Cl^-] = \sqrt{K_{sp\,AgCl}} = \sqrt{1.8\times10^{-10}} = 1.3\times10^{-5}\ (mol/L)$$

$$\varphi(Ag^+/Ag) = 0.7996 + 0.059\lg(1.3\times10^{-5}) = 0.511\ (V)$$

（2）$AgNO_3$ 溶液过量 0.04mL 时

$$[Ag^+] = \frac{0.1000\times0.04}{20.00+20.04} = 1.0\times10^{-4}\ (mol/L)$$

$$\varphi(Ag^+/Ag) = 0.7996 + 0.059\lg(1.0\times10^{-4}) = 0.564\ (V)$$

可见，在化学计量点附近，$AgNO_3$ 溶液一滴之差，银电极电位突变 50mV 以上。若配备参比电极和测量仪器，足以观察到滴定终点。

2. 惰性金属或石墨碳电极

该类电极是将惰性导体材料铂、金或石墨碳棒放入含同一元素不同氧化态的两种离子的溶液中，电极作为导体协助电子的转移，自身不参与电化学反应。例如，将铂片浸入含有 Fe^{3+} 和 Fe^{2+} 的溶液中，电极反应为：

$$Fe^{3+} + e \rightleftharpoons Fe^{2+}$$

电极电位：

$$\varphi(Fe^{3+}/Fe^{2+}) = \varphi^{\ominus}(Fe^{3+}/Fe^{2+}) + 0.059\lg\frac{[Fe^{3+}]}{[Fe^{2+}]} \quad (25℃) \quad (7\text{-}5)$$

可见，溶液中氧化态和还原态物质浓度的比例，可由铂电极电位反映出来。因此铂电极常用作氧化还原电位滴定的指示电极。

3. 膜电极（离子选择性电极）

此类电极一般由薄膜、内参比电极和内参比溶液构成。基于薄膜种类和成分不同，可以制成测定各种不同离子的电极，故又称为离子选择性电极。

玻璃电极是典型的 H^+ 选择性电极，常用作测定溶液 pH 的指示电极。pH 玻璃电极的结构如图 7-2 所示。它的主要部分是一个厚度约为 0.1mm 的玻璃球泡（薄膜），内盛有 0.1mol/L 的 HCl 作内参比溶液，其中插入一支 Ag-AgCl 内参比电极。

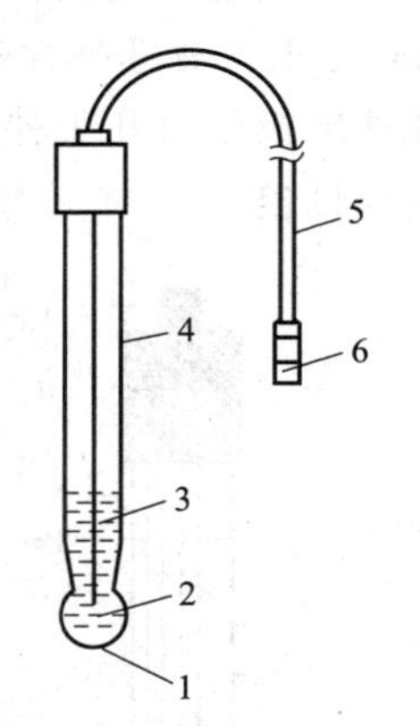

图 7-2 pH 玻璃电极
1—玻璃膜；2—内参比液；3—内参比电极；4—玻璃管；5—屏蔽导线；6—电极接头

玻璃电极使用前应在蒸馏水中浸泡 8h 以上，使玻璃薄膜表面形成水化层。当它浸入被测溶液时，溶液中的 H^+ 与球泡薄膜外表面水化层进行离子交换、迁移，当达到平衡时产生了相界面电位。同理，球泡内表面也会产生相界面电位。由于内水化层中 H^+ 浓度稳定不变，而外水化层中 H^+ 浓度随被测试

液的 [H^+] 变化而变化，因此玻璃膜两侧的电位差大小取决于膜外侧试液中的 [H^+]。实验表明，pH 玻璃电极的膜电位与被测溶液中 [H^+] 在一定范围内遵循能斯特方程式。

$$\varphi_{膜} = k + 0.059\lg[H^+] = k - 0.059\text{pH} \quad (25℃) \qquad (7\text{-}6)$$

式中，k 对于给定的玻璃电极而言为一常数，但它不是像标准电极电位那样通用的常数。

用玻璃电极测定 pH，准确度高（配合精密酸度计，测定误差为±0.01pH），不受试液中存在氧化剂或还原剂的影响，也能测定有色、浑浊或胶状溶液的 pH。但测定范围有限，如国产 231 型电极的测量范围为 pH＝1～13。

玻璃电极是比较成熟的膜电极。如果改变玻璃成分还能制成对 Na^+、Li^+ 有选择性响应的电极。在此基础上，研制成功的离子选择性电极已有几十种。例如，以氟化镧（LaF_3）晶体膜制成的 F^- 选择性电极，对 F^- 在 10^{-1}～10^{-7} mol/L 范围内具有良好的响应特性。一些多晶膜电极、液态膜电极现在已有商品出售，在化工、轻工、地质、环保、医药卫生等部门的分析检验中，离子选择性电极正在得到广泛的应用。

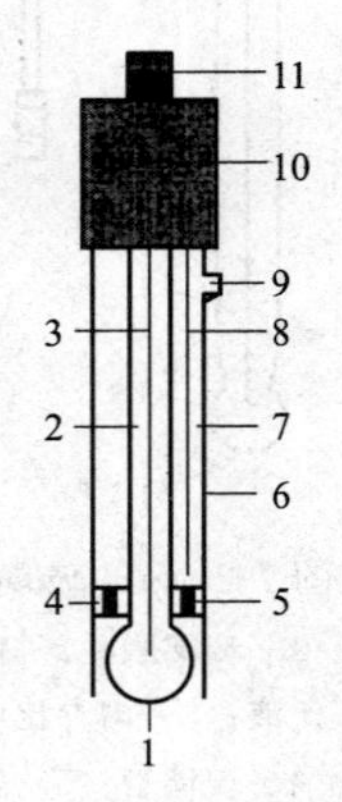

图 7-3　pH 玻璃复合电极
1—玻璃球泡；2—内参比溶液；3—内参比电极；4—密封胶；5—细孔素瓷；6—电极外壳；7—外参比溶液；8—外参比电极；9—加液口；10—密封塑料；11—电极引线

4. 复合电极

有些商品仪器将指示电极与参比电极捆绑安装在一支套管中，构成复合电极。使用时将电极引线插头插入测量仪器，将电极浸入试液中，即构成测量电池。这类电极结构紧凑，使用方便。

图 7-3 为一款 pH 玻璃复合电极示意。该电极外壳为聚碳酸酯树脂制成的圆管，管内固定一支 pH 玻璃电极。在玻璃电极和外壳之间的环隙中，安装一根 Ag-AgCl 外参比电极，同时注入

3mol/L KCl溶液作为外参比溶液，下端用细孔素瓷及密封胶封堵。

使用pH玻璃复合电极应当注意：初次使用或久置重新使用时，需将电极浸在3mol/L KCl溶液中活化8h。pH复合电极浸入被测溶液后，要搅拌晃动几下再静止放置，因为玻璃球泡和外壳之间会有一个小的空腔，电极浸入溶液后有时空腔中的气体来不及排除会产生气泡，使球泡或接界细孔素瓷与溶液接触不良，因此必须搅拌晃动以排除气泡。测量另一溶液时，要先用蒸馏水反复冲洗电极，避免溶液之间交错污染，以保证测量精度。

四、测量仪器

由于多数膜电极自身的电阻很大（玻璃膜电极内阻达250MΩ），必须使用带有电子放大器的高输入阻抗电位差计，才能准确测出工作电池的电动势。这方面已有的测量仪器型号很多，可归结为以下三种类型。

（1）高阻电位差计　属于通用的电位测量仪表，用于测量工作电池电动势，应准确到1mV。

（2）酸度计（或称pH计）　具有测量电动势（mV挡）和测量溶液pH两种功能。测定pH时，同pH玻璃电极、参比电极或复合电极配套使用。

（3）离子计（或称pX计）　具有测量电动势和测定溶液pX值（$pX=-\lg[X]$）等多种功能。测定pX值时，同X离子选择性电极及参比电极配套使用。

图7-4为手动调节型酸度计的外形图。仪器正面有数字显示窗和常用的调节器，仪器后面有电源插座、指示电极插口和参比电极接线柱。仪器侧面有安装电极用的支架。仪器主要调节器的作用说明如下。

① pH-mV转换开关　供选择仪器测量功能。开关在“mV”位置时，用于测量电动势或电位差，测量范围为0～±1999mV；

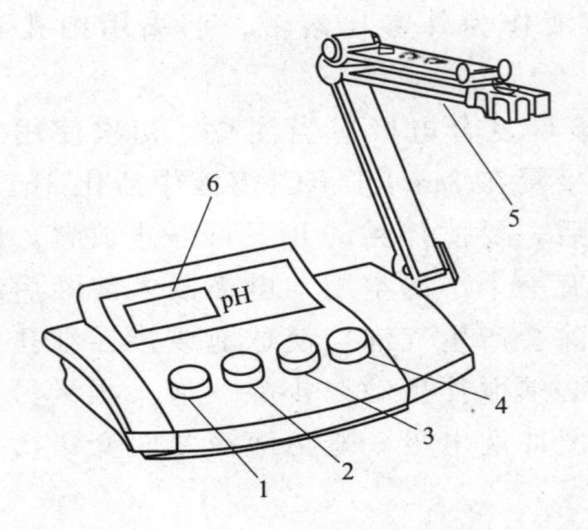

图 7-4 手动调节型酸度计

1—pH-mV 转换开关；2—“温度”调节器；3—“斜率”调节器；4—“定位”调节器；5—电极支架；6—数字显示屏

开关在“pH”位置时，用于测量溶液的 pH，显示读数可精确到 0.01pH。

②“温度”调节器　用于补偿溶液温度对 pH 测量的影响。在进行 pH 校准和测量试液的 pH 时，必须将此调节器拨至溶液温度值处。

③“定位”调节器　用于校准 pH 显示值。在用已知 pH 的标准缓冲溶液校准仪器时，用该调节器把仪器显示值恰调至标准缓冲溶液的 pH。

④“斜率”调节器　用于补偿电极的能斯特响应斜率。由于实际制造的电极往往达不到能斯特方程式中的理论斜率（即在 25℃时小于$\frac{0.059}{n}$），该调节器通过电子学方法能将不足理论值的实际电极斜率补偿到理论值。

“温度”、“定位”和“斜率”调节器，仅在 pH 校准和测量时使用；用“mV”挡测电动势时，这三个调节器被断开，不起作用。

各种型号酸度计或离子计的结构和性能不尽相同。一些新型仪器安装有计算机芯片，增加了如自动温度补偿、测定电极斜率、自动斜率补偿和仪器自检等功能。不同型号仪器的使用方法详见仪器说明书。

第二节　直接电位法

一、测定水溶液的 pH

直接电位法测定水溶液的 pH，是以 pH 玻璃电极为指示电极，以饱和甘汞电极（SCE）或 Ag-AgCl 电极为参比电极，浸入试液构成工作电池。由 pH 玻璃电极和参比电极组成工作电池的电动势为：

$$\begin{aligned} E &= \varphi_{参比} - \varphi_{玻璃} = \varphi_{参比} - [\varphi(AgCl/Ag) + \varphi_{膜}] \\ &= \varphi_{参比} - \varphi(AgCl/Ag) - k + 0.059pH = K + 0.059pH \end{aligned} \tag{7-7}$$

从形式上看，测出电动势 E 似乎就能求出溶液的 pH。但因 pH 玻璃电极的 k 值不是一个通用的常数，尽管 $\varphi_{参比}$ 和 $\varphi(AgCl/Ag)$ 的电位值是确定的，K 值仍然难以准确得知，故不能通过测量电池电动势直接计算出 pH。为了解决这一问题，通常是用已知 pH 的标准缓冲溶液对仪器进行校准。即先将 pH 玻璃电极和参比电极浸入已知 pH 的标准缓冲溶液中，调节测量仪器上的“定位”和“斜率”调节器，使测量仪表显示出标准缓冲溶液的 pH；然后再把这套电极浸入试液中，这时仪表显示值即为试液的 pH。测定中为使 K 保持为常数，应使用同一台 pH 计、同一套玻璃电极和参比电极，且保持溶液温度恒定。另一方面，标准缓冲溶液 pH 的准确与否，直接影响到电位法测量 pH 的准确度。准确配制 pH 标准缓冲溶液，在 pH 电位法测量中非常重要。表 7-1 给出了三种常用的 pH 标准缓冲溶液及不同温度时的标准 pH，必须严格按规定进行配制和使用。

其他 pH 标准缓冲溶液的配制和相关数据，见国家标准《GB/T 27501—2011 pH 值测定用缓冲溶液制备方法》。

表 7-1　标准缓冲溶液的 pH

标准缓冲溶液（质量摩尔浓度）	不同温度时的 pH					
	10℃	15℃	20℃	25℃	30℃	35℃
0.05mol/kg 邻苯二甲酸氢钾	3.996	3.996	3.998	4.003	4.010	4.019
0.025mol/kg 磷酸二氢钾 0.025mol/kg 磷酸氢二钠	6.921	6.898	6.879	6.864	6.852	6.844
0.01mol/kg 四硼酸钠	9.330	9.276	9.226	9.182	9.142	9.105

采用标准缓冲溶液校准仪器的方法测定溶液 pH 的具体操作步骤如下。

① 接通电源，安装仪器。把浸泡好的玻璃电极和甘汞电极（或用 pH 复合电极）安装在电极夹上固定好，玻璃电极插头插入电极插口，甘汞电极引线连接到接线柱上。仪器预热 20min。

② 将酸度计的功能选择开关置于“pH”位置，将“温度”调节器拨至溶液温度值（预先用水银温度计测量溶液温度）。将“斜率”调节器调到 100%位置。

③ 将电极浸入第一种标准缓冲溶液中（如邻苯二甲酸氢钾溶液），调节“定位”使仪表显示该温度下的标准 pH（20℃时 pH 为 3.998[1]）。

④ 移开第一种标准缓冲溶液，冲洗电极，用滤纸吸干（或用少量下一个溶液洗涤）。再将电极浸入第二种标准缓冲溶液（如四硼酸钠溶液）中，调节“斜率”使仪表显示该温度下的标准 pH（20℃时 pH 为 9.226）。

⑤ 按第③步重复第一种标准缓冲溶液的测定。若此时仪表显示的 pH 与标准值在误差允许范围内，即已完成定位；否则再重复上述操作。

⑥ 定位完成后，冲洗、吸干电极（或用少量下一个溶液洗涤），把这套电极浸入待测试液中，这时仪表显示值即为试液 pH（见实验 21）。

---

[1] 标准缓冲溶液的 pH，新版国家标准给出四位有效数字，是按高精度 pH 计设计的。使用手动调节普通 pH 计时，可取三位有效数字。

以上是采用“两点定位法”校准仪器的步骤。在要求不很高的场合，或者所用酸度计上无“斜率”调节器时，可以采用“一点定位法”，仅用一种标准缓冲溶液定位，即按上述①、②、③、⑥步骤操作。这种情况下，选用标准缓冲溶液的 pH 应接近试液 pH，以减小测量误差。

二、测定其他离子的含量

直接电位法测定除 H^+ 以外的其他离子时，也可以采用酸度计或离子计，只需将指示电极换成相应的离子选择性电极。例如，测定地下水中的 F^- 含量，可用氟离子选择性电极作指示电极，以饱和甘汞电极作参比电极组成工作电池。可以推导出该工作电池的电动势为：

$$E=K'+0.059\text{pF}\qquad(25℃)\tag{7-8}$$

类似于测定溶液 pH，若用 F^- 标准溶液校准离子计，就能测量出试液的 pF。在不具备离子计的场合，也可以通过测量工作电池的电动势，按“校准曲线法”进行定量分析。

由式(7-8) 可见，该电池的电动势与溶液 pF（$\text{pF}=-\lg[F^-]$）呈直线关系。可以配制一系列 F^- 标准溶液，依次浸入指示电极和参比电极，测量其电池的电动势，以测得电动势 E 为纵坐标，以 pF 为横坐标绘制 E-pF 校准曲线，如图 7-5 所示。然后在同样的实验条件下测定试液，由试液电动势在校准曲线上查出对应的 pF，换算为 $[F^-]$ 即为分析结果。

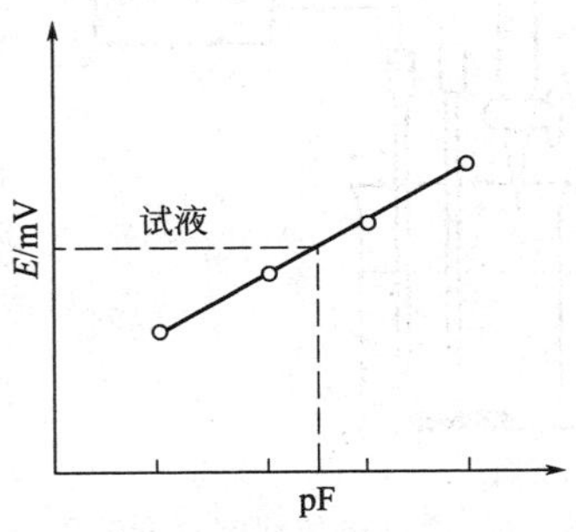

图 7-5　电位法 E-pF 校准曲线

应当注意，利用离子选择性电极校准曲线法测定离子含量时，标准溶液一般是用蒸馏水配制的，而试液中除待测离子外可能还含有一些其他离子，即标准溶液和试液的“背景”不同，“离子强度”不同。为避免由此引起的测量误差，一般需要向标准溶液和试液中同时加入离子强度调节剂。如测定 F^- 时，就需要加入浓度较大的 NaCl 溶液及 HAc-NaAc 缓冲溶液，它们不含有待测离子，但能够提高测定的准确度。

综上所述，应用离子选择性电极的直接电位法具有仪器简单、响应快、操作简便等优点，不仅广泛应用于各类分析实验室，而且在生产控制分析和环境监测方面，可以实现连续自动分析。但由于离子选择性电极目前还处于发展阶段，有关制造技术、延长电极寿命、提高选择性等方面还有待于进一步开发和完善。

第三节 电位滴定法

一、仪器装置和操作

电位滴定是利用滴定过程中指示电极电位的突跃来确定滴定终点到达的一种电化学方法。实际测定中利用浸入滴定池中的指示电极和参比电极之间电动势的突跃确定滴定终点。

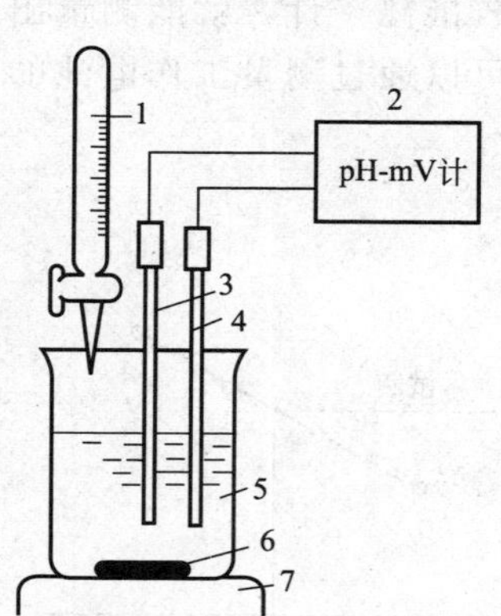

图 7-6 手动电位滴定仪器装置

1—滴定管；2—pH-mV 计；3—指示电极；4—参比电极；5—试液；6—搅拌子；7—电磁搅拌器

手动电位滴定的基本装置如图 7-6 所示，它包括滴定管、滴定池、指示电极、参比电极、高输入阻抗直流电位差计或 pH 计、电磁搅拌器等。进行电位滴定时，根据滴定反应类型，选好适当的指示电极和参比电极，按图 7-6 所示连接组装仪器。将滴定剂装入滴定管，调好零点，准确量取一定量试液于滴定池中，插入电极，开启电磁搅拌器和直流电位差计，读取初始电动势值。然后开始滴定，在滴定过程中每加一次滴定剂，测量一次电动势。接近终点时应放慢滴定速度（如每次滴加 0.10mL）。因为在终点附近，滴定剂体积的很小变化，都将引起指示电极电位的很大变化而发生电位突跃。这样就得到一系列滴定剂体积 V 和相应的电动势 E 数据，根据这些 E、V 数据，利用适当方法就可以确定滴定终点。

电位滴定与普通滴定的区别仅在于指示终点的方法不同。滴定分析的各类滴定反应都可以采用电位滴定，只是所需的指示电极有所不同。在酸碱滴定中，溶液的 pH 发生变化，常用 pH 玻璃电极作为指示电极；在氧化还原滴定中，溶液中氧化态与还原态组分的浓度比值发生变化，多采用惰性金属铂电极作为指示电极；在沉淀滴定中，常用银电极或相应卤素离子选择性电极；在配位滴定中，常用汞电极或相应金属离子选择性电极作指示电极。

二、滴定终点的确定方法

1. 图解法

以加入滴定剂体积 V 作横坐标，以测得工作电池的电动势 E 作纵坐标，在方格坐标纸上绘制 E-V 滴定曲线。曲线拐点即电位突变最大的一点所对应的滴定剂体积，就是终点体积 V_{ep}。

对于滴定突跃不十分明显的体系，利用 E-V 曲线确定滴定终点误差较大。这种情况可绘制 ΔE_1-V 曲线。在接近滴定终点时每次只加入少量滴定剂，为简便一般每次加入滴定剂 $\Delta V=0.10$mL，导致电动势的增量记作 ΔE_1。ΔE_1 反映了由于滴定剂体积变化而引起电池电动势的变化率，以这个变化率为纵坐标对滴定剂体积 V 作图，显然应得到一条尖峰状曲线，曲线极大值处所对应的滴定剂体积即为 V_{ep}，见图 7-7。

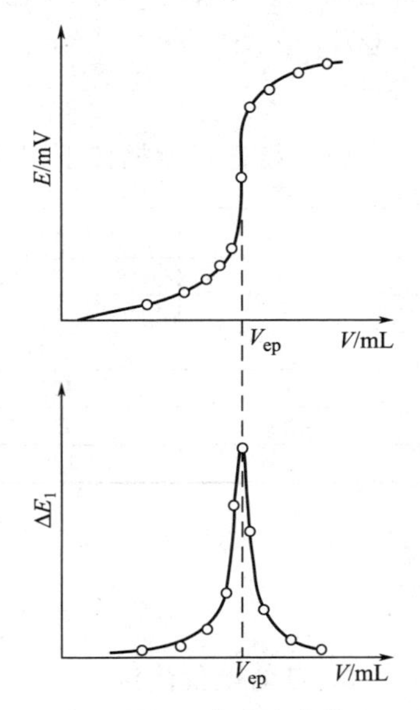

图 7-7　电位滴定曲线

2. 计算法

在 ΔE_1-V 曲线中，若将顺次各

个 ΔE_1 之间的差值记作 ΔE_2，可以观察到：在尖峰状曲线的左侧，$\Delta E_2>0$，为正值；而在尖峰状曲线的右侧，$\Delta E_2<0$，为负值。显然，$\Delta E_2=0$ 时就是滴定终点。根据这个道理，按简单比例关系不通过绘图，能够直接计算出滴定的终点体积 V_{ep}。

体积：V　　　V_{ep}　　　$V+\Delta V$

ΔE_2: $a(+)$　　　0　　　$b(-)$

$$V_{ep}=V+\frac{a}{a-b}\Delta V \tag{7-9}$$

式中　a——ΔE_2 最后一个正值；

b——ΔE_2 第一个负值；

V——ΔE_2 为 a 时所加入的滴定剂体积，mL；

ΔV——ΔE_2 由 a 至 b 时，滴加的滴定剂体积，mL。

【例 7-3】 在某电位滴定中，终点附近滴定剂消耗体积 V 与测得电动势 E 值如下。求滴定终点的体积 V_{ep}。

V/mL	14.80	14.90	15.00	15.10	15.20	15.30
E/mV	176	211	283	306	319	330

解　将记录数据按下列格式列表，计算出 ΔE_1、ΔE_2。

V/mL	E/mV	ΔE_1/mV	ΔE_2/mV
14.80	176		
		35	
14.90	211		+37
		72	
15.00	283		−49
		23	
15.10	306		−10
		13	
15.20	319		
15.30	330		

将 $a=+37$、$b=-49$、$V=14.90$、$\Delta V=0.10$ 代入式(7-9)，得

$$V_{ep}=14.90+\frac{37}{37-(-49)}\times 0.10=14.94\ (\text{mL})$$

3. 自动电位滴定

手动电位滴定需用作图或计算方法确定滴定终点，费时麻烦。

为了解决这一问题，发展了自动电位滴定。自动电位滴定仪器有两种类型：一类是通过电子单元控制滴定的电磁阀，使其在电位突跃最大的一点自动终止滴定；另一类是利用仪器自动控制加入滴定剂，并自动记录滴定曲线，然后按手动电位滴定中的终点确定方法来确定滴定终点 V_{ep}。

三、应用实例

无机化工产品中少量氯化物的测定：

由于原料和生产用水等原因，一些化工产品中往往含有少量氯化物，影响产品质量和用途。银量法测定无机化工产品中的少量氯化物，以电位滴定代替指示剂确定滴定终点，结果准确，通用性强。

根据所取样品溶液中 Cl^- 含量不同，采用 0.001～0.1mol/L 不同浓度的 $AgNO_3$ 标准滴定溶液作滴定剂。当测定低含量的 Cl^-，使用的 $AgNO_3$ 标准滴定溶液浓度小于 0.01mol/L 时，滴定应在乙醇-水溶液中进行，以提高测定的灵敏度。可以利用通用的电位滴定装置，指示电极为银电极。当所用 $AgNO_3$ 标准滴定溶液浓度低于 0.005mol/L 时，使用具有硫化银涂层的银电极效果更好。由于待测组分是溶液中的 Cl^-，参比电极必须采用带有饱和 KNO_3 盐桥的双液接饱和甘汞电极。为了减免方法误差，$AgNO_3$ 标准滴定溶液的标定和试样溶液的滴定应统一采用电位滴定，以计算法确定终点体积更为准确。

银量-电位滴定法测定氯化物，比莫尔法适用范围广，可以在酸性溶液中进行滴定，不受试液有色或浑浊的限制。例如，测定工业纯碱中的少量氯化物时，以稀硝酸溶样后的试液，即可直接进行滴定（见实验 22）。

第四节　电导分析法

一、电导率和摩尔电导率

在外加电场作用下，电解质溶液中的阴、阳离子向相反的方向移动，产生导电现象。电解质溶液导电和金属导体一样，遵循欧姆定律。在一定温度下，一定浓度的电解质溶液的电阻（R）与电极间距离（l）成正比，与电极面积（A）成反比，比例系数（ρ）为电阻率，即

$$R=\rho\frac{l}{A}$$

电导（L）是电阻的倒数：

$$L=\frac{1}{R}=\frac{1}{\rho}\times\frac{1}{l/A}=\frac{\kappa}{\theta} \tag{7-10}$$

式中，电导的单位是西门子，以 S 表示（即 Ω^{-1}）；κ 为电导率，是电阻率的倒数，表示两个相距 1cm、面积均为 $1cm^2$ 的平行电极间电解质溶液的电导，其单位为 S/cm；θ 为电极常数，也称电导池常数，对于给定的电导电极，$\theta=\frac{l}{A}$为一常数。

电导率与电解质溶液的种类、浓度和温度有关。在一定范围内，溶液浓度越大，电导率越大；但当浓度很大时，离子间引力增大，离子运动速度受到影响，电导率反而减小。利用电导率测定物质含量只适用于组成简单的试样，或者测定溶液中各种电解质的总和。

为了比较不同电解质溶液的导电能力，电化学中提出了摩尔电导率的概念。摩尔电导率是指溶质为 1mol 的电解质溶液，在相距 1cm 的两平行电极间所具有的电导，符号用 Λ_m 表示，其单位为 $S\cdot cm^2/mol$。

若含有 1mol 溶质的溶液体积为 $V(cm^3)$，电导率为 κ(S/cm)，则其摩尔电导率为 $\Lambda_m=\kappa V$。如溶液中溶质物质的量浓度为 c(mol/L)，则 $V=\frac{1000}{c}$，合并以上两式可得

$$\Lambda_m=\frac{1000\kappa}{c} \tag{7-11}$$

按式(7-11)，通过测定已知浓度溶液的电导率，即可求出相应的摩尔电导率。

摩尔电导率是对一定量的电解质而言的。当溶液浓度减小时，摩尔电导率就增大，这是由于两电极间电解质的量一定时，稀溶液的电离度增大，参加导电的离子数目增多。对于强电解质，虽然在浓度大时也全部电离，但当溶液稀释时，离子间引力减小，运动速度加快，就好像参与导电的离子数目增多一样。当溶液无限稀释时，摩尔电导率达到最大值，此值称为无限稀释的摩尔电导率或极限摩尔电导率，用符号 Λ^{∞} 表示。一些离子的极限摩尔电导率列于表 7-2。溶液无限稀释时，离子的极限摩尔电导率不受其他共存离子的影响，只取决于离子本身的性质，是各种离子的特征数据。因此，比较各种离子的极限摩尔电导率，就能比较它们导电能力的差异，在电导滴定中可以推断溶液电导的变化趋势。

表 7-2　一些离子的极限摩尔电导率（25℃）　　$S \cdot cm^2/mol$

阳离子	Λ_{+}^{∞}	阴离子	Λ_{-}^{∞}
H^+	349.8	OH^-	199.0
Li^+	38.7	Cl^-	76.3
Na^+	50.1	Br^-	78.1
K^+	73.5	I^-	76.8
NH_4^+	73.4	NO_3^-	71.4
Ag^+	61.9	ClO_4^-	67.3
$\frac{1}{2}Mg^{2+}$	53.1	CH_3COO^-	40.9
$\frac{1}{2}Ca^{2+}$	59.5	$\frac{1}{2}SO_4^{2-}$	80.0
$\frac{1}{2}Ba^{2+}$	63.6	$\frac{1}{2}CO_3^{2-}$	69.3

二、电导的测量

电导测量系统由电导电极、电导池、电导仪或电导率仪组成。

1. 电导电极

电导电极一般由铂片制成。由玻璃或硬质塑料制成电极架，把两个面积相同的铂片平行地固定在电极架内，通过引线和插头连接到电导仪上（见图 7-8）。铂片电导电极有镀铂黑和光亮两种。镀铂黑电极是在铂片上镀一层细粉状铂，以增大电极与溶液的接触面

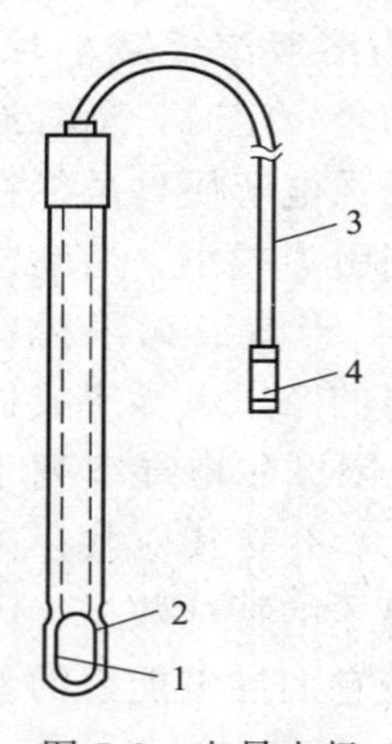

图 7-8 电导电极
1—铂片；2—玻璃架；
3—屏蔽导线；
4—电极接头

积，适用于测量电导较大的溶液。在测量电导较小的溶液如测定蒸馏水纯度时，应选用光亮铂片电极。例如，电导率在 200μS/cm 以上可采用 DJS-1C 型铂黑电极；电导率在 200μS/cm 以下宜用 DJS-1C 型光亮电极。

将电导电极浸入试液中测量得到的是该条件下溶液的电导，按式(7-10) 欲求出电导率 κ，还必须知道电极常数 θ；但实际上电极的 A 与 l 不易精确测定，两片电极也很难做到平行。通常是用已知电导率的标准氯化钾溶液（见表 7-3）盛在一个电导池中，测出电导后按式(7-10) 计算出该电极的 θ 值。测准电极常数以后，再使用这个电导电极时，只要测得溶液的电导值乘以电极常数，即为试液的电导率。

表 7-3 标准氯化钾溶液的电导率 κ S/cm

温度/℃	浓度/(mol/L)		
	1.000	0.1000	0.01000
0	0.06543	0.007154	0.0007751
18	0.09820	0.011192	0.0012227
25	0.11173	0.012886	0.0014114

【例 7-4】 在 18℃时，用一电导电极测得 0.1000mol/L KCl 标准溶液的电导为 0.05090S；用该电极测得 0.0050mol/L $\frac{1}{2}K_2SO_4$ 溶液的电导为 0.002952S。求：(1) 电极常数 θ；(2) K_2SO_4 溶液的电导率 κ 和摩尔电导率 Λ_m。

解 (1) 由表 7-3 查得 0.1000mol/L KCl 溶液 18℃时的电导率 $\kappa(KCl)=0.011192S/cm$，按式(7-10) 有

$$\theta=\frac{\kappa(KCl)}{L(KCl)}=\frac{0.011192}{0.05090}=0.2199\ (cm^{-1})$$

（2）对于 K_2SO_4 溶液

$$\kappa = L\theta = 0.002952 \times 0.2199 = 6.49 \times 10^{-4}\ (S/cm)$$

按式(7-11）有

$$\Lambda_m = \frac{1000\kappa}{c} = \frac{1000 \times 6.49 \times 10^{-4}}{0.0050} = 129.8\ (S \cdot cm^2/mol)$$

2. 电导仪及其操作

电导仪由测量电源、测量电路、放大器和显示器等构成。电导仪的型号很多，现以 DDS-11A 型数显电导率仪为例说明其使用方法。

图 7-9 为 DDS-11A 型数显电导率仪的面板示意。仪器设有校准/测量选择开关、温度旋钮、电极常数旋钮和量程选择开关，仪器后面有电极插座、电源线和电源开关。由于仪器能够设定电极常数和温度补偿，故可从数字显示器直接读出水溶液的电导率，该仪器与相应的电导电极配套可测定 $0 \sim 2 \times 10^5 \mu S/cm$ 范围的电导率。

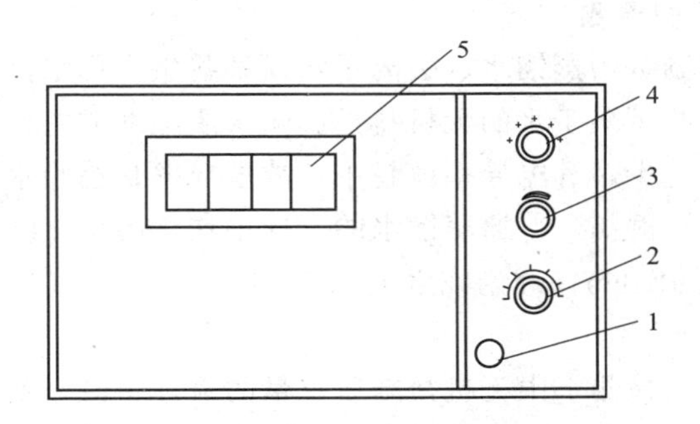

图 7-9 DDS-11A 型数显电导率仪的面板

1—校准/测量选择开关；2—温度旋钮；3—电极常数旋钮；4—量程选择开关；5—数字显示屏

使用 DDS-11A 型数显电导率仪测定水溶液电导率应遵循以下操作步骤。

（1）准备工作 插接电源线，打开电源开关，仪器预热 10min。将洗净的电导电极浸入盛被测溶液的烧杯中，电极插头插入仪器后面的电极插座内。

（2）温度补偿　用温度计测出被测溶液的温度，将“温度”旋钮调至被测溶液的实际温度值处。当旋钮置于 25℃时，仪器无温度补偿功能。

（3）校准　将“量程”置于符合被测溶液的量程范围（估计）。按下“校准/测量”开关，即处于校准状态，调节“常数”旋钮，使仪器显示所用电极常数的标称值（显示值不考虑小数点。例如，常数为 0.95 时显示 950；常数为 1.10 时显示 1100）。

（4）测量　再按“校准/测量”开关（开关弹起），仪器处于测量状态。这时的显示值即为被测溶液在 25℃时的电导率。若显示屏首位为“1.”，后三位数字熄灭，表明被测值超出量程范围，应增大一挡量程再测；若读数很小，可减小量程以提高测量精度。注意测量过程中每切换量程，都需重新校准以减小测量误差。

三、应用实例

1. 水质的检测

实验室制备的蒸馏水、去离子水及某些生产用水都需要检测水的纯度。一些可溶于水的无机盐是影响水质纯度的主要杂质，水中无机盐杂质越少，其电导率就越小，故电导率是检验水的纯度的一个重要指标。例如，普通蒸馏水的电导率在 $2\mu S/cm$ 以下；自来水约为 $5\times10^{2}\mu S/cm$；理论纯水为 $5.5\times10^{-2}\mu S/cm$（由水的电离平衡计算结果）。

电导法是检测水中无机盐杂质总量的最好手段，不仅能够在实验室测定（见实验 23），而且可以实现连续自动监测，当水中无机盐杂质超过规定指标时，自动发出报警或自动停止供水。

2. 电导滴定

由表 7-2 可见，H^{+} 和 OH^{-} 的极限摩尔电导率明显高于其他离子。利用这一特性，可以测量酸碱滴定过程中溶液电导的变化，绘制电导滴定曲线，以确定滴定终点。例如，以 0.1mol/L NaOH 溶液滴定 0.01mol/L HCl 时，最初由于溶液中有大量的 H^{+}，电导很高；随着滴定的进行，H^{+} 与 OH^{-} 结合生成 H_2O，溶液电导逐渐下降；在化学计量点 [H^+] 已非常小，原有的 H^+ 已被 Λ^{∞} 很低的 Na^+ 所代替，溶液电导达到最低值；过了化学计量点，由于过量的 OH^- 又使溶液电导回升。实际测量时，将电导电极置于滴定池中（类似电位滴定装置），只需测量滴定过程中若干点的电导，在 L-V 坐标图中分别连接成两条直线，将直线外延的交点即为化学计量点，如图 7-10 所示。

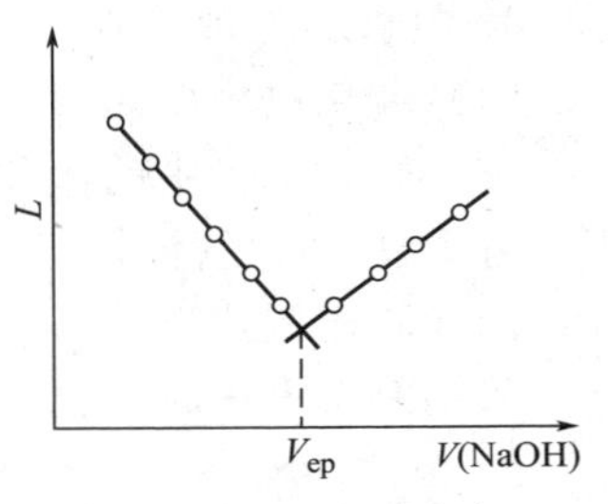

图 7-10　NaOH 溶液滴定 HCl 溶液的电导滴定曲线

电导滴定能够测定离解常数较低的弱酸或弱碱，如硼酸、酚、有机胺类等；也可以用于确定某些沉淀滴定的终点。

实验 21　电位法测定水溶液的 pH

一、目的要求

1. 掌握玻璃电极、甘汞电极或复合电极的使用及维护方法。

2. 学会使用酸度计测定溶液 pH 的操作技术。

二、仪器与试剂

1. 仪器

pH 玻璃电极　　饱和甘汞电极或 pH 复合电极　　塑料烧杯　　酸度计

2. 试剂

标准缓冲溶液Ⅰ［称取 10.12g 邻苯二甲酸氢钾（$KHC_8H_4O_4$）配制成 1000mL 水溶液］　　标准缓冲溶液Ⅱ［称取 3.387g 磷酸二氢钾（KH_2PO_4）和 3.533g 磷酸氢二钠（Na_2HPO_4），配制成 1000mL 水溶液］　　标准缓冲溶液Ⅲ［称取 3.80g 四硼酸钠（$Na_2B_4O_7 \cdot 10H_2O$）配制成 1000mL 水溶液］

配制 pH 标准缓冲溶液应使用不含 CO_2 的蒸馏水，配制好的溶液宜保存在塑料瓶中。这些标准缓冲溶液在不同温度下的 pH 见表 7-1。

三、实验步骤

1. 电极的外观检查

（1）玻璃电极应无裂纹，内参比电极应浸入内参比溶液中。

（2）甘汞电极中的饱和 KCl 溶液应浸没内部小玻璃管的下口，下部有少许 KCl 晶体，弯管内不得有气泡。使用时，电极上端注液口的橡胶塞应拔出，以防产生扩散电位影响测试结果。

采用复合电极时，也要做类似的检查。

2. 仪器的校准

（1）按本章第二节的操作步骤（其他型号仪器按说明书规定），安装电极，启动仪器。

（2）以标准缓冲溶液Ⅰ和Ⅲ进行定位和斜率补偿。没有“斜率”调节器的酸度计，可用一种与试液 pH 相近的标准缓冲溶液定位。

（3）测量并记录标准缓冲溶液Ⅱ的 pH，并与表 7-1 查得的该温度下的标准 pH 比较，其示值误差不应超过仪器的最小分度值。

3. 试液 pH 的测定

试液装入洁净、干燥的塑料烧杯，将冲洗、拭干的电极浸入试液，轻摇烧杯，待溶液静止后从显示屏上读出试液的 pH。平行测定两次。

四、注意事项

（1）玻璃电极使用前应在蒸馏水中浸泡 8h 以上。经常使用的玻璃电极，每次用后都应浸泡在蒸馏水中，以备下次再用。

（2）玻璃电极球泡很薄，极易破损，使用时应十分小心，避免接触硬物。安装电极时，玻璃电极球泡要比甘汞电极下端稍高一些，以起保护玻璃电极的作用。电极每次浸入溶液中时，要小心轻摇几下烧杯，促使响应平衡。

（3）酸度计是高输入阻抗仪器，要特别注意保持输入端电极插口、插头的清洁及干燥。不测量时应将接续器插入指示电极插口中，以防灰尘和湿气侵入。

五、思考与讨论

1. 玻璃电极使用前后应如何处理？检查和安装玻璃电极和甘汞电极时，应注意哪些问题？

2. 采用“一点定位法”校准仪器时，应该用哪种标准缓冲溶液定位？为什么？

3. 电位法测定溶液的 pH，为什么要进行“温度”补偿和“斜率”补偿？二者有什么不同？

实验 22　纯碱中少量氯化物的测定
（银量-电位滴定法）

一、目的要求

1. 学习电位滴定装置的安装与操作。

2. 掌握图解法和计算法确定电位滴定终点。

二、仪器与试剂

1. 仪器

滴定分析仪器　　银电极　　双液接饱和甘汞电极　　酸度计（mV 挡）　　电磁搅拌器

2. 试剂

氯化钠基准溶液　　硝酸银标准滴定溶液（利用实验 19 配制的 $AgNO_3$ 溶液和基准 NaCl 溶液，本实验按电位滴定重新标定其准确浓度）　　硝酸溶液（1＋1）　　溴酚蓝指示液（1g/L 乙醇溶液）

三、实验步骤

1. 仪器安装与调试

以银电极作指示电极，以双液接饱和甘汞电极作参比电极，使用酸度计 mV 挡或其他高阻电位差计，按图 7-6 安装仪器。启动仪器，调好仪器零点。

2. 硝酸银溶液的标定

准确移取 10.00mL NaCl 基准溶液于 100mL 烧杯中，加 40mL 水。放入电磁搅拌子，将烧杯置于电磁搅拌器上，开动搅拌器。加入 2 滴溴酚蓝指示液，滴加硝酸溶液（1＋1）至恰呈黄色。把电极浸入溶液中，记录起始电位值。用硝酸银标准滴定溶液滴定，可先加入 8.00mL，再逐次加入 0.10mL，记录每次加入硝酸银标准滴定溶液后的总体积和对应的电位值 E，计算出连续增加的电位值 ΔE_1 和 ΔE_1 之间的差值 ΔE_2。ΔE_1 的最大值即为滴定终点。终点后再继续记录一两个电位值。

平行标定两份或三份。

3. 纯碱试样中氯化物的测定

称取纯碱试样 1～2g（精确至 0.001g），置于 100mL 烧杯中，加 40mL 水溶解。以下操作与“硝酸银溶液的标定”后半部分相同，但不再一次先加入 8.00mL 硝酸银标准滴定溶液。

平行测定两份或三份，同时做空白试验。

四、记录与计算

1. 硝酸银溶液的标定

按例 7-3 的格式记录实验数据，按式(7-9) 求出滴定终点耗用 $AgNO_3$ 溶液的体积 V_2。

$AgNO_3$ 标准滴定溶液的准确浓度按下式计算：

$$c(AgNO_3)=\frac{c(NaCl)V_1}{V_2}$$

式中 $c(NaCl)$——氯化钠基准溶液的准确浓度，mol/L；

V_1——标定时移取氯化钠基准溶液的体积，mL。

2. 纯碱中氯化物的测定

按与上述同样的方法记录实验数据，并确定滴定终点。

试样中氯化物（以 NaCl 计）含量按下式计算：

$$w(NaCl)=\frac{c(AgNO_3)(V_3-V_0)\times 10^{-3}\times 58.44}{m}$$

式中 $c(AgNO_3)$——硝酸银标准滴定溶液的准确浓度，mol/L；

V_3——滴定耗用硝酸银标准滴定溶液的体积，mL；

V_0——空白试验耗用硝酸银标准滴定溶液的体积，mL；

m——试样质量，g；

58.44——NaCl 的摩尔质量，g/mol。

五、思考与讨论

1. 选择一组实验数据绘制 E-V 曲线和 ΔE_1-V 曲线，将求得的 V_{ep} 值与计算法比较一下，哪种方法准确？

2. 本实验标定的硝酸银溶液浓度与实验 19 的标定结果是否相同？为什么？

3. 为什么离化学计量点较远时，每次加入较多的滴定剂，而接近化学计量点时，每次仅加入 0.10mL 滴定剂？

实验 23　电导法检测水的纯度

一、目的要求

1. 掌握电导法检测水质纯度的原理及应用。

2. 掌握 DDS-11A 型数显电导率仪的使用操作。

二、仪器与试剂

1. 仪器

DDS-11A 型数显电导率仪　　恒温水浴　　DJS-1C 型光亮电导电极　　DJS-1C 型铂黑电导电极

2. 试剂

标准 KCl 溶液（0.01000mol/L）　　各种试样水

三、实验步骤

1. 电极常数的测定

（1）将盛 0.01000mol/L KCl 标准溶液的烧杯置于 25℃恒温水浴中。待温度平衡后，用少量溶液冲洗电导电极，再将电极浸入该溶液中，电极插头插入仪器电极插口。

（2）接通电源，预热后将“温度”旋钮调至 25℃，将“量程”选择开关置于适当挡。按下“校准/测量”开关，处于校准状态，调节“常数”旋钮至显示“1.00”位置。

（3）再按“校准/测量”开关（弹起）至“测量”状态，这时读出仪器的显示值（设为 L mS）。

（4）按下式计算该电极的电极常数（cm^{-1}）：

$$\theta=\kappa/L$$

式中　κ——KCl 标准溶液的电导率，mS/cm。

2. 试样水电导率的测定

（1）蒸馏水　取一定量蒸馏水于烧杯中，选用 DJS-1C 型光亮电导电极，按 DDS-11A 型数显电导率仪的操作步骤，测量试样水的电导率。

（2）去离子水　按照测量蒸馏水电导率同样的方法，测量去离子水的电导率。为了防止去离子水吸收空气中的 CO_2 带来误差，测定操作要迅速。

（3）自来水或天然水　取一定量自来水或天然水试样于烧杯中，选用 DJS-1C 型铂黑电极，按 DDS-11A 型数显电导率仪的操作步骤，测出试样水的电导率。

四、思考与讨论

1. 测量溶液电导或电导率时，为什么要求恒温？

2. 试解释用 DDS-11A 型数显电导率仪测定电极常数的操作步骤。

3. 查阅有关水质标准数据，判断你所测定的试样水电导率是否符合标准要求。

本章要点

1. 电极电位方程式及其应用

氧化还原半反应的电极电位，与氧化态、还原态物质浓度之间遵循能斯特方程式：

$$\varphi=\varphi^{\ominus}+\frac{0.059}{n}\lg\frac{[\mathrm{Ox}]}{[\mathrm{Red}]}$$

因此通过测量电极电位，可能求出有关物质的含量，这是电位分析的基础。

能斯特方程式不仅适用于氧化还原体系，而且在一定条件下适用于薄膜两侧由于离子交换作用而产生的膜电位体系。pH 玻璃电极就是对 H^+ 有选择性的膜电极。

$$\varphi_{膜} = k + 0.059\lg[H^+]$$

但是 k 与 $\varphi^{\ominus}$ 不同，$\varphi^{\ominus}$ 是氧化还原电对的标准电位，文献数据明确；k 不是一个通用的常数，随着制造技术和电极种类的不同，k 是每一支膜电极的特性常数。

2. 直接电位法

直接电位法一般适用于试样中微量组分的测定。其电位测量系统包括指示电极、参比电极、工作电池和测量电动势的仪表。

（1）直接电位法测定水溶液的 pH 是以 pH 玻璃电极作指示电极，以饱和甘汞电极或 Ag-AgCl 电极作参比电极，以 pH 计为测量仪器。通常是用已知 pH 标准缓冲溶液校准仪器的方法测定溶液的 pH。

采用两种标准缓冲溶液，按“两点定位法”校准时，需要使用“温度”、“斜率”和“定位”这三个调节器；采用一种标准缓冲溶液，按“一点定位法”校准时，需要使用“温度”和“定位”调节器。

（2）直接电位法测定其他离子（X）含量时，要使用相应的 X 离子选择性电极作为指示电极。如果使用测量电动势的仪器（pH 计 mV 挡），可以采用“校准曲线法”进行定量分析。需要注意的是，测定标准溶液与测定试液的实验条件要相同。

3. 电位滴定法

电位滴定法是代替指示剂确定各类滴定分析终点的电化学方法，适用于化学计量点附近电位突跃较小（酸碱滴定中 pH 突跃较小），试液有色、浑浊，缺乏合适指示剂等情况。

电位滴定的实验装置是通用的。对于各种滴定反应，仅是选用的指示电极不同，如酸碱滴定选 pH 玻璃电极、氧化还原滴定选铂电极、银量沉淀滴定选银电极等。

在电位滴定中，关注的是滴定过程中电动势的变化。滴定接近终点时，每次必须滴入少量滴定剂（一般 $\Delta V = 0.10mL$），电位突跃最大的一点即为滴定终点。确定终点耗用滴定剂的体积 V_{ep}，可以采用图解法或计算法，一般说计算法比较准确。

4. 电导分析法

电导分析法是以测量溶液导电能力为基础的一种电化学分析方法。溶液的电导（L）是电阻的倒数，电导率（κ）是电阻率的倒数。

$$L=\frac{1}{R}=\frac{\kappa}{\theta}$$

对于给定的电导电极，其电极常数 θ 可用标准 KCl 溶液来标定。已知电极常数后，用电导仪能够直接测出试液的电导率。直接电导法的一个重要应用是检测水质。

极限摩尔电导率（Λ^{∞}）是各种离子的特征数据。H^{+} 和 OH^{-} 具有很大的 Λ^{∞} 值。利用这一特性，按电导滴定法能准确地确定酸碱滴定的终点，也可以确定某些沉淀滴定的终点。

5. 技能训练环节

本章首次接触仪器分析，初学者应该先学习手动调节型酸度计和电导率仪的操作方法，以便进一步使用自动调节或其他较复杂的仪器。

（1）pH 玻璃电极和 SCE 或复合电极的检查及预处理。

（2）按规程配制一、两种 pH 标准缓冲溶液。

（3）用“两点定位法”校准酸度计，并测定试液的 pH。

（4）安装手动电位滴定装置，操作、记录并确定滴定终点。

（5）用电导率仪检测电导电极的电极常数并检测水的电导率。

1. 何谓直接电位法？何谓电位滴定法？

2. 参比电极的作用是什么？常用的参比电极有哪些？

3. 什么是膜电极？描述膜电位与氧化还原电位的能斯特方程式有何不同？

4. 用酸度计测定溶液的 pH，为什么必须用标准缓冲溶液校准仪器？常用的标准缓冲溶液有哪些？

5. 酸度计有哪些测量功能？说明其中主要调节器的名称和作用。

6. 说明采用“两点定位法”和“一点定位法”测定溶液 pH 的操作步骤。

7. 画图说明电位滴定的仪器装置，指出各类滴定反应如何选择指示电极。

8. 电位滴定确定终点的方法有哪些？如何记录、绘图与计算？

9. 电位滴定法确定滴定终点，与指示剂法相比有何优缺点？

10. 说明 pH 玻璃电极的构造、作用和使用注意事项。

11. 欲用直接电位法测定地下水中的 F^- 含量，应选择什么电极？用何种方法进行定量分析？

12. 用银量-电位滴定法测定纯碱中的少量氯化物，应选用何种参比电极？为什么？

13. 在 25℃，将银电极浸入浓度为 1×10^{-3} mol/L 的 $AgNO_3$ 溶液中，计算该银电极电位。若使银电极电位恰好为 0.500V，则要求 $AgNO_3$ 溶液的浓度为多大？

答：0.623V；8.36×10^{-6} mol/L

14. 什么是电解质溶液的电导、电导率和摩尔电导率？它们之间的关系如何？

15. 说明使用电导仪测定电极常数和测定溶液电导率的操作步骤。

16. 测定电导率为什么能检测水质纯度？电导滴定为什么能确定酸碱滴定的终点？

17. 用银量-电位滴定法测定某化工产品中的氯化物含量时，称取 3.210g 试样，用 0.02mol/L 的 $AgNO_3$ 标准滴定溶液滴定，近终点时记录数据如下。求试样中氯化物（以 Cl 表示）的质量分数。

$V(AgNO_3)$/mL	10.40	10.60	10.80	11.00	11.20
E/mV	198	208	225	255	281

答：2.42%

18. 以铂电极为指示电极，以 SCE 为参比电极，用 0.1000mol/L $Ce(SO_4)_2$ 标准滴定溶液对 25.00mL $FeSO_4$ 试液进行电位滴定，测得终点附近实验数据如下。求试液中 $FeSO_4$ 的质量浓度（mg/mL）。

$V[Ce(SO_4)_2]$/mL	36.20	36.40	36.50	36.60	36.70	37.00	37.10
E/mV	270	260	250	230	215	180	170

答：14.05mg/mL

19. 用 0.1000mol/L NaOH 标准滴定溶液电位滴定 50.00mL 乙酸溶液，获得下列数据：

V(NaOH)/mL	0.00	4.00	10.00	15.00	15.50	15.60	15.70	15.80	16.00	18.00
pH	2.00	5.05	5.85	7.04	7.70	8.24	9.43	10.03	10.61	11.60

要求：(1) 绘制 pH-V 滴定曲线；

(2) 绘制 ΔpH_1-V 曲线；

(3) 用计算法确定滴定终点 V_{ep}；

(4) 计算试样中乙酸的浓度；

(5) 计算化学计量点的 pH。

答：15.65mL；0.0313mol/L；8.57

20. 用某一电导电极浸入 0.01000mol/L 的 KCl 溶液中，在 25℃时测得其电导为 8.9mS。将该电导电极浸入相同浓度的 x 溶液中，测得电导为 0.46mS。试求：(1) 电极常数；(2) x 溶液的电导率；(3) x 溶液的摩尔电导率。

答：$0.1586cm^{-1}$；7.3×10^{-5}S/cm；$7.3S\cdot cm^2/mol$

微型电化学传感器

离子选择性电极将溶液中被测离子的浓度转化为电信号，实际上是一类电化学传感器。近年来，电化学传感器正在向高灵敏度、高选择性和微型化发展，出现了不少新的电极体系。例如，用于测量水质硬度的传感器和测量仪器已有商品出售。传感器采用对水中钙、镁离子响应的水硬度复合电极，它由测量电极、参比电极和温度电极组合而成。其电子单元采用智能型芯片设计，具有自动校准、自动温度补偿、数据存储和显示多种硬度单位等功能。可以做成便携式仪器，也可以进行在线监测。具有结构新颖、电位稳定、响应快速、使用方便的特点。

医学上能够24h监测人体食管pH的仪器已经用于胃食管反流病的诊断。胃食管反流病是指胃内容物（主要是盐酸、胃蛋白酶、胆汁等）反流入食管引起烧心、胸痛、反酸等症状。反流物的损伤作用，会导致食管炎的发生。为检测反流物在食管内的停留时间和pH，从患者鼻腔插入一支酸敏微型单晶锑电极，放在食管下括约肌上5cm处，将电极导管固定于面颊部，体外连接盒式记录仪。不影响正常就餐和睡眠，连续监测24h。完成后将记录仪所记录的资料输入电脑，进行显示、判断、打印，以确诊和制订治疗方案。

电化学传感器的另一个活跃的研究领域是超微修饰电极。修饰电极是通过对电极表面的分子"裁剪"，按意图给电极预定的功能，以在电极上有选择地进行期望的反应，在分子水平上实现电极功能的设计。超微修饰电极结合了超微电极和化学修饰电极的优点，拓展了其在电化学和电分析化学领域的应用。例如，蛋白质和酶在金属电极上的氧化还原通常是不可逆的，且浓度很低，用常规电极难以有效地进行研究。为了解决这一问题，人们提出用超微修饰电极研究生物分子。超微修饰电极表面修饰一层媒介体，加速蛋白质和酶与电极间的电子转移，可提高测定的选择性；同时在超微修饰电极上扩散速度快，电极表面电流密度大，测定的信噪比高，从而提高了测定的灵敏度。在L-半胱氨酸微银修饰电极上进行了血红蛋白的电化学行为的研究，结果表明，L-半胱氨酸微银修饰电极通过半胱氨酸与铁原子的结合，加速血红蛋白和电极间的电子传递速率，从而促进血红蛋白的氧化还原反应，在微银修饰电极上得到了较好的电化学响应。

Chapter 8

第八章 吸光光度分析

知识目标

1. 了解紫外-可见分光光度法的特点和应用范围。
2. 掌握光吸收定律，并能应用于吸光光度定量分析。
3. 了解选择显色剂和显色反应条件的基本原则。

技能目标

1. 熟练掌握可见分光光度计的操作。
2. 初步掌握紫外分光光度计的一般操作。
3. 能够测绘光吸收曲线，并选择光度测定条件。
4. 学会配制标准显色系列溶液，测绘标准曲线。
5. 能够按分析规程处理试样，按光度定量分析方法求出试样分析结果。

通过测量溶液中被测组分对一定波长光的吸收程度，以确定被测物质含量的方法称为吸光光度法或分光光度法。根据所用光的波长范围不同，吸光光度法分为紫外-可见分光光度法和红外分光光度法。本章主要讨论紫外-可见分光光度法。

紫外-可见分光光度分析灵敏度高、应用范围广；大多数无机物和有机物都可以直接或间接地用此法测定，测定物质浓度下限可达 $10^{-5}\sim10^{-6}$ mol/L，故适用于测定试样中微量组分，如化工产品中杂质分析、水质分析等。

第一节 物质对光的选择性吸收

一、光吸收的本质

光是一类电磁辐射，属于电磁波领域内的能量传播。光具有一定的波长和频率。人的眼睛能感觉到的光是可见光，其波长范围为380～780nm。光度分析中实用的紫外光波长范围为200～380nm。

一定波长的光称为单色光。由不同波长的光复合而成的光称为复合光。当一束白光（日光）通过光学棱镜或光栅时，白光被色散为红、橙、黄、绿、青、蓝、紫等颜色的光，说明白光是由这些颜色的光按一定比例复合而成的。实验证明，不仅上述七种颜色的光能复合成白光，而且两种特定颜色的光按一定强度比例复合也可以得到白光，这两种色光称为互补色，如黄光与蓝光为互补色，绿光与紫光为互补色。表8-1列出了各种颜色光及其互补色光的近似波长范围。

表8-1　各种颜色光及其互补色光的近似波长范围

光的颜色(波长/nm)	互补色(波长/nm)
红(620～780)	→青(490～500)
橙(590～620)	→青蓝(480～490)
黄(560～590)	→蓝(430～480)
绿(500～560)	→紫(380～430)
青(490～500)	→红(620～780)
青蓝(480～490)	→橙(590～620)
蓝(430～480)	→黄(560～590)
紫(380～430)	→绿(500～560)

一些物质的溶液呈现不同的颜色，是由于溶液中的分子或离子选择性地吸收了不同波长的光而引起的。例如，一束白光通过$KMnO_4$溶液时，绿色光大部分被吸收了，透过溶液的主要是紫色光，因而人们看到$KMnO_4$溶液呈紫色，即溶液呈现的是它吸收光的互补色光的颜色。溶液浓度愈大，观察到的颜色愈深，这就是目视比色分析的基础。

有些物质本身无色或颜色很浅，但能与适当的试剂发生显色反应，如Fe^{2+}能与有机试剂1,10-邻二氮菲（或称邻菲啰啉）生成橙红色的1,10-邻二氮菲亚铁配合物，可于显色之后进行比色或在可见光区进行分光光度分析。

紫外光比可见光具有更高的能量，可以激发一些物质分子的外层电子而不同程度地被物质吸收。在无机物中，SO_4^{2-}、NO_3^-、I_3^-及镧系元素的一些离子，对紫外光有吸收。在有机物中，含有共轭双键或双键上连有氧、氮、硫等杂原子的化合物以及芳香族化合物，都能吸收一定波长的紫外光。因此，这些物质可以不经过显色，直接在紫外光区进行光度测定，特别适用于非吸光试样中少量吸光杂质的分析。例如，用苯加氢法生产环己烷的产品中，往往含有少量杂质苯。苯能吸收 230～270nm 的紫外光，而环己烷在这个光区却无吸收，故可用紫外分光光度法直接测定环己烷产品中的杂质苯含量（见实验 27）。

二、光吸收曲线

精确地描述某种物质的溶液对不同波长光的选择吸收情况，可以通过实验测绘光吸收曲线。为此，用不同波长的单色光照射一定浓度的吸光物质的溶液，测量该溶液对各单色光的吸收程度（即吸光度 A）。以波长 λ 为横坐标，吸光度 A 为纵坐标作图，即可得到一条曲线。这种曲线描述了物质对不同波长光的吸收能力，称为吸收曲线或吸收光谱。图 8-1 是三个不同浓度的 1,10-邻二氮菲亚铁溶液的吸收曲线。从图 8-1 可以看到：

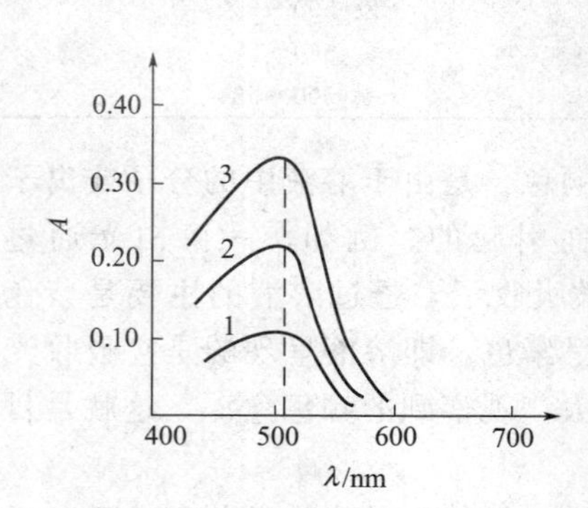

图 8-1　1,10-邻二氮菲亚铁溶液的吸收曲线

1—0.0002mg Fe^{2+}/mL；

2—0.0004mg Fe^{2+}/mL；

3—0.0006mg Fe^{2+}/mL

① 1,10-邻二氮菲亚铁溶液对不同波长光的吸收情况不同。对波长 510nm 的绿色光吸收最多，在吸收曲线上有一高峰；而对橙红色光几乎不吸收，完全透过，因而该溶液呈橙红色。

② 不同浓度 1,10-邻二氮菲亚铁溶液的吸收曲线形状相似，光吸收程度最大处的波长，即最大吸收波长（常以 λ_{max} 表示）不变。若在 λ_{max} 处测定吸光度，

灵敏度最高。因此吸收曲线是分光光度法选择测定波长的重要依据。

③ 同一物质不同浓度的溶液，在一定波长处吸光度随浓度增加而增大，这个特性可作为物质定量分析的依据。

由于物质对光的选择吸收情况与物质的分子结构密切相关，因此每种物质具有自己特征的光吸收曲线。对于前面提到的能吸收紫外光的无色物质，在紫外光区可以测得类似的吸收曲线，同样可在最大吸收波长处加以测定。

三、光吸收定律

当单色光通过含有吸光物质的稀的、均匀溶液时，由于溶液吸收了一部分光，光通量就要减小。设入射光通量为 Φ_0，通过溶液后透射光通量为 Φ_{tr}（见图 8-2），则比值 $\frac{\Phi_{tr}}{\Phi_0}$ 表示该溶液对光的透射程度，称为透射比，符号为 τ 或 T，其值可用小数或百分数表示[❶]。

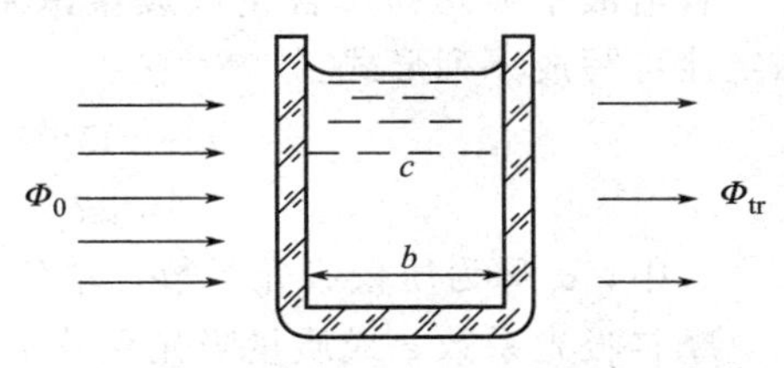

图 8-2　单色光通过盛溶液的吸收池

$$\tau=\frac{\Phi_{tr}}{\Phi_0} \tag{8-1}$$

在分光光度法中还经常以透射比倒数的对数表示溶液对光的吸收程度，称为吸光度，用 A 表示。

$$A=\lg\frac{\Phi_0}{\Phi_{tr}}=-\lg\tau \tag{8-2}$$

当入射光全部透过溶液时，$\Phi_{tr}=\Phi_0$，$\tau=1$（或 100%），$A=0$；

当入射光全部被溶液吸收时，$\Phi_{tr}\rightarrow 0$，$\tau\rightarrow 0$，$A\rightarrow\infty$。

---

❶ 按照 GB/T 14666—2003 推荐的分析化学术语，应以符号 τ 表示透射比。在有些书籍和仪器上将透射比称为透光度或透光率，以符号 T 表示。

实验和理论推导都已证明：一束平行单色光垂直入射通过一定光程的均匀稀溶液时，透射比随溶液中吸光物质的浓度和光路长度的增加而按指数减小。或者说，溶液的吸光度与吸光物质的浓度及光路长度的乘积成正比。这就是光的吸收定律，称为朗伯-比尔定律。即

$$\tau = 10^{-\varepsilon bc} \tag{8-3}$$

或

$$A = \varepsilon bc \tag{8-4}$$

式中 b——吸收池内溶液的光路长度（液层厚度），cm；

c——溶液中吸光物质的物质的量浓度，mol/L；

ε——摩尔吸光系数，L/(cm·mol)。

若溶液中吸光物质含量以质量浓度 ρ(g/L) 表示，则朗伯-比尔定律可写成下列形式：

$$\tau = 10^{-\alpha b\rho} \tag{8-5}$$

$$A = \alpha b\rho \tag{8-6}$$

式中，α 称为质量吸光系数，单位为 L/(cm·g)。

摩尔吸光系数 ε 或质量吸光系数 α 是吸光物质的特性常数，其值与吸光物质的性质、入射光波长及温度有关。ε 或 α 值愈大，表示该吸光物质的吸光能力愈强，用于分光光度测定的灵敏度愈高。

【例 8-1】 用邻二氮菲显色测定铁，已知显色液中亚铁含量为 50μg/100mL。用 2.0cm 的吸收池，在波长 510nm 处测得吸光度为 0.205。计算邻二氮菲亚铁的摩尔吸光系数（ε_{510}）。

解

$$c = \frac{50 \times 10^{-6}}{55.85 \times 100} \times 1000 = 8.95 \times 10^{-6} \text{ (mol/L)}$$

按式(8-4) 得

$$\varepsilon_{510} = \frac{A}{bc} = \frac{0.205}{2.0 \times 8.95 \times 10^{-6}} = 1.14 \times 10^{4} \text{ [L/(cm·mol)]}$$

【例 8-2】 某有色溶液在 3.0cm 的吸收池中测得的透射比为 40.0%，求吸收池厚度为 2.0cm 时该溶液的透射比和吸光度各为多少？

解 按式(8-2)，当吸收池为3.0cm时

$$A_1=-\lg\tau_1=-\lg0.400=0.398$$

按式(8-4)，当 c 和 ε 一定时，A 与 b 成正比，即

$$\frac{A_1}{A_2}=\frac{b_1}{b_2}$$

将 $A_1=0.398$、$b_1=3.0\text{cm}$、$b_2=2.0\text{cm}$ 代入上式，得

$$A_2=\frac{2.0}{3.0}\times0.398=0.265$$

$$0.265=-\lg\tau_2$$

求反对数得 $$\tau_2=54.3\%$$

光吸收定律是分光光度法定量分析的基础。应用这个定律的条件，一是必须使用单色光，二是必须是稀溶液（一般 $c<0.01\text{mol/L}$）。因为在较浓的溶液中，吸光物质分子间可能发生凝聚或缔合现象，使吸光度与浓度不成正比关系。

第二节 显色反应及其应用

在可见光区测定无色物质时，首先要利用显色反应把待测组分转变为有色物质，然后才能进行比色或分光光度测定。

一、显色剂的选择

显色反应主要有配位反应和氧化还原反应，其中配位反应用得最多。

与待测组分形成有色化合物的试剂叫做显色剂。同一物质可与不同的显色剂反应，生成各种不同的有色化合物。在选择显色反应和显色剂时，应尽量满足下列要求。

① 灵敏度高。摩尔吸光系数 ε 是衡量显色反应灵敏度的重要标志，应选择生成有色物质的 ε 值较大的显色反应。一般当 ε 值为 10^4 数量级时，可以认为灵敏度较高。

② 选择性好。选用的显色剂最好只与待测组分发生显色反应，或很少与其他组分发生显色反应。这样才有利于排除干扰。

③ 有色化合物组成恒定、化学性质稳定。这样才能保证测定过程中吸光度基本不变。

④ 有色化合物和显色剂之间的颜色有较大的差别。这样，在测定吸光度时显色剂本身无明显吸收，可以提高测定的准确度。

⑤ 显色反应条件易于控制。如果反应条件要求太苛刻，难以控制，就会影响测定结果的重现性。

显色剂可分为无机显色剂和有机显色剂两大类。

1. 无机显色剂

有些无机试剂能与金属离子发生显色反应，如 Cu^{2+} 与 $NH_3 \cdot H_2O$ 形成深蓝色配合物，Fe^{3+} 与 SCN^- 形成血红色配合物等。但多数无机有色配合物组成不恒定，也不稳定，光度分析的灵敏度不高，选择性较差。目前尚有实用价值的主要有硫氰酸盐（测定 Fe、Mo、W、Nb 等）、钼酸铵（测定 Si、P、W 等）及过氧化氢（测定 Ti、V 等）。

2. 有机显色剂

许多有机显色剂与金属离子生成稳定的螯合物，具有特征的颜色，其选择性和灵敏度都比无机显色剂高，因而得到了广泛的应用。例如，1,10-邻二氮菲可与 Fe^{2+} 生成稳定的橙红色配合物；双硫腙（二苯基硫代卡巴腙）与一些重金属离子（Cu^{2+}、Pb^{2+}、Zn^{2+}、Cd^{2+}、Hg^{2+}）的显色反应很灵敏，利用控制酸度和适当掩蔽的办法，可以提高反应的选择性；PAR[4-(2-吡啶偶氮)-间苯二酚] 及其衍生物，在不同条件下可与很多金属离子生成红色或紫红色可溶于水的配合物，是广泛应用的显色剂；偶氮胂（Ⅲ）特别适用于铀、钍、锆等元素以及稀土总量的测定等。

利用两种试剂与待测物质形成三元配合物的显色反应（三元配合物是指由三个组分形成的配合物），选择性与灵敏度都好。例如，用过氧化氢作显色剂测定钒，灵敏度低（$\varepsilon_{450}=2.7\times10^2$），而用 PAR 显色灵敏度虽有提高，但选择性差。如果将 V^{5+}、H_2O_2、PAR 三者混合，在一定条件下能形成紫红色的三元配合物，灵敏度大大提高（$\varepsilon_{540}=1.4\times10^4$），选择性也较好。这是由一种中心离子和两种异配位体形成的三元配合物。还有离子缔合型以及利用表面活性剂所形成的三元配合物等。由于三元配合物具有灵敏度高、选择性强、稳定性好、易被有机溶剂萃取等特性，因此近年来发展很快，在比色和分光光度分析中的应用越来越多。

二、显色反应条件

1. 显色剂用量

显色反应一般可用下式表示：

$$\underset{\text{待测组分}}{M} + \underset{\text{显色剂}}{R} \rightleftharpoons \underset{\text{有色化合物}}{MR}$$

反应在一定程度上是可逆的。为使显色反应尽可能地进行完全，一般需要加入过量的显色剂。但不是显色剂越多越好，有些情况下显色剂太多会引起副反应。

显色剂的适宜用量可通过实验来确定，其方法是将待测组分浓度及其他条件固定，分别加入不同量的显色剂，测定吸光度，绘制吸光度与显色剂浓度的关系曲线，如图 8-3 所示。可以看出，当显色剂浓度 c_R 在 $0\sim a$ 范围内时，显色剂用量不足，待测组分没有完全转变为有色配合物；c_R 在 $a\sim b$ 范围内，曲线平直，吸光度出现稳定值。因此可在 $a\sim b$ 间选择合适的显色剂用量。

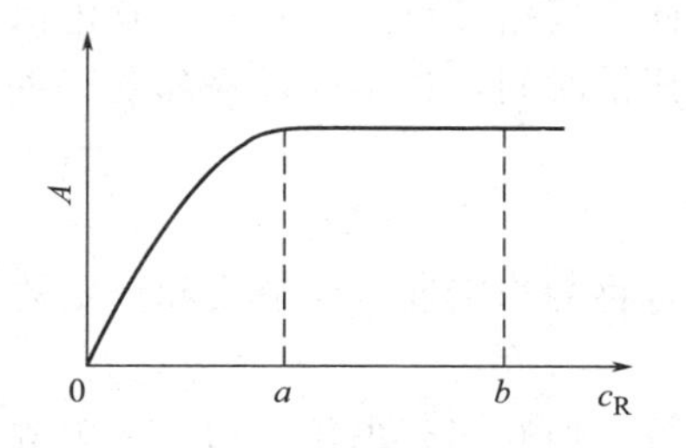

图 8-3　吸光度与显色剂浓度的关系曲线

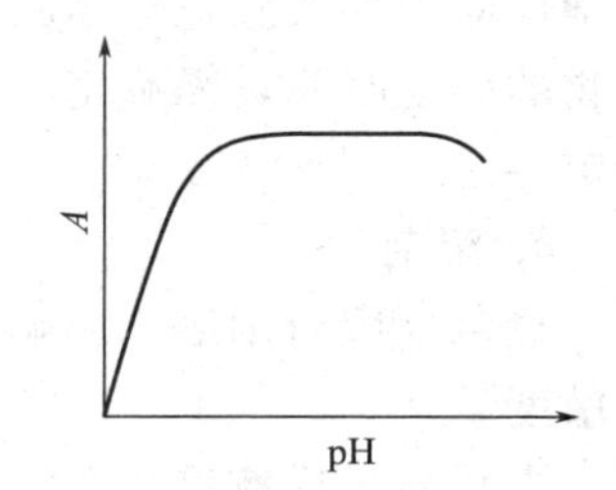

图 8-4　吸光度与 pH 的关系曲线

2. 溶液的酸度

酸度对显色反应的影响是多方面的。它不仅影响显色剂的平衡浓度和溶液的颜色，而且影响被测金属离子的存在状态及形成配合物的组成。

例如，多数有机显色剂是有机弱酸（以 HR 表示），在溶液中存在着下列平衡：

$$M+HR \rightleftharpoons MR+H^+$$

改变酸度将引起平衡移动。若增大［H^+］，平衡向 MR 离解方向移动，［MR］减小，颜色变浅；反之，若减小［H^+］，平衡向生成 MR 方向移动，能使显色反应进行完全。但若［H^+］太小，某些金属离子会水解形成氢氧化物沉淀，使显色反应无法进行。显色反应的适宜酸度一般通过实验来确定，其方法是固定待测组分及显色剂浓度，改变溶液的 pH，分别测定吸光度，作出吸光度与 pH 关系曲线，如图 8-4 所示。应选择曲线的平坦部分对应的 pH 作为测定条件。通常加入适当的酸碱缓冲溶液控制酸度。

3. 温度和显色时间

显色反应速率有快有慢。多数显色反应在室温下几分钟即可完成，颜色深度很快达到稳定状态。有些显色反应速率较慢，需经较长时间颜色才能稳定，这种情况下可适当加热。例如，以硅钼蓝法测定硅时，在室温显色需要 15～30min，而在沸水浴中显色只需 30s 即可完成。有些有色化合物在放置时受到空气的氧化或发生光化学反应，导致颜色逐渐减褪。因此应根据显色反应时间和有色化合物的稳定时间，来确定吸光度的测量时间，过早或过晚都会产生测定误差。

4. 溶剂

显色反应所用溶剂影响有色化合物的稳定性、溶解度和测定的灵敏度。

多数显色反应可在水溶液中进行。但有些有色化合物在水中溶解度较小，离解度大；而在某种有机溶剂中溶解度大，离解度小，这样溶液中就会有更多的吸光分子，从而提高了测定的灵敏度。例如，用硫氰酸盐显色测定钨时，黄色的生成物［$WO(SCN)_5$］$^{2-}$在水中的 ε 值为 7.7×10^3，而在甲基酮等有机溶剂中 ε 值提高到

1.8×10^4，明显提高了检测灵敏度。

利用有色化合物在有机溶剂中稳定性好、溶解度大的特点，采用适当的有机溶剂将有色化合物从大体积的水相中，萃取到较小体积的有机相中，并在有机相中进行吸光度测量，是提高分光光度法灵敏度和准确度的有效方法，这种方法称为萃取分光光度法。

5. 干扰及消除

试液中除了待测组分外，往往含有其他共存离子。若其他离子本身有色或能与显色剂作用生成有色化合物，都将干扰测定。一般可采用下列方法消除其他共存离子的干扰。

（1）控制酸度　如同第四章中酸效应对 EDTA 滴定金属离子的影响那样，提高溶液的酸度可使一些干扰离子不与弱酸型显色剂作用。如在 pH 为 5～6 时，二甲酚橙能与许多金属离子显色；但在 pH＜1 时，就只能与 Zr^{4+} 等少数离子显色，大大提高了选择性。

（2）掩蔽　加入掩蔽剂使干扰离子生成无色离子或配合物。如用 NH_4SCN 作显色剂测定 Co^{2+} 时，共存离子 Fe^{3+} 有干扰。这时可加入 NaF 使 Fe^{3+} 生成无色的 $[FeF_6]^{3-}$，这种配离子很稳定，对测定无干扰。

（3）改变干扰离子的价态　例如，用铬天青 S 作显色剂测定 Al^{3+} 时，Fe^{3+} 有干扰。加入抗坏血酸使 Fe^{3+} 还原为 Fe^{2+}，即可消除其干扰。

如果利用上述诸方法尚不能排除干扰，就需要采用分离的方法。如采用萃取分光光度法，以提高光度分析的灵敏度和选择性。

三、应用实例

用分光光度法测定各种离子或化合物所需用的显色剂和测定波长，可在分析化学手册中查到。这里仅举两类实例加以说明。

1. 微量铁的测定

化工产品或环境试样中往往含有微量铁，可用比色或分光光度法加以测定。按照所用显色剂的不同，已有多种测定铁的方法，现将常用的几种方法简单介绍如下。

(1) 硫氰酸盐法　硫氰酸盐与 Fe^{3+} 在酸性条件下生成一系列血红色配合物，$\varepsilon_{480}=7.0\times10^3$。由于 SCN^- 与 Fe^{3+} 能生成配位数不同的六种配合物，色调不尽一致，因此采用此法测铁时要严格控制显色剂的用量。

(2) 邻二氮菲法　1,10-邻二氮菲与 Fe^{2+} 在 pH 为 2～9 的溶液中生成橙红色配合物。

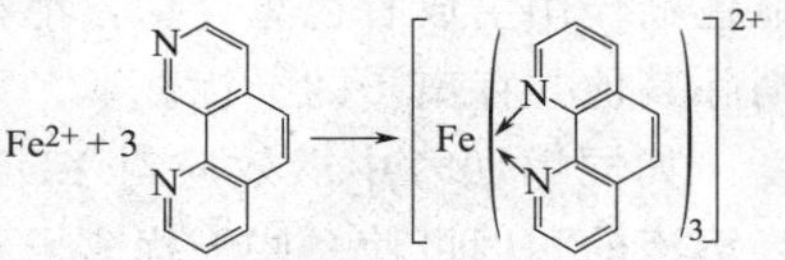

$$Fe^{2+}+3\,\text{phen}\longrightarrow[Fe(\text{phen})_3]^{2+}$$

如前所述，该显色反应灵敏度高（$\varepsilon_{510}=1.1\times10^4$），选择性好。测定试样中 Fe^{3+} 和总铁时，预先要加入还原剂抗坏血酸或盐酸羟胺，将 Fe^{3+} 还原为 Fe^{2+}。国家标准规定这种方法是测定化工产品中杂质铁的通用方法（见实验 25）。

(3) 2,2′-联吡啶法　2,2′-联吡啶与 Fe^{2+} 在 pH 为 3～9 的溶液中生成红色配合物，$\varepsilon_{522}=5.6\times10^4$。该法适用于有机物中微量铁的测定。

2. 某些有机物的测定

在有机化工生产过程中，由于副反应、分离不完全等因素，产品中往往含有微量其他有机物。生产排放废水中有时也带有有机污染物。在不具备紫外分光光度计和气相色谱仪（见第九章）的情况下，可以利用显色反应测定一些有机物。

(1) 微量羰基化合物　在酸性介质中，2,4-二硝基苯肼的甲醇溶液与微量羰基化合物醛或酮缩合脱水，生成黄色的2,4-二硝基苯腙，再与 KOH 甲醇溶液反应，生成红棕色的醌型离子。可在波长 480nm 处测定反应产物的吸光度。

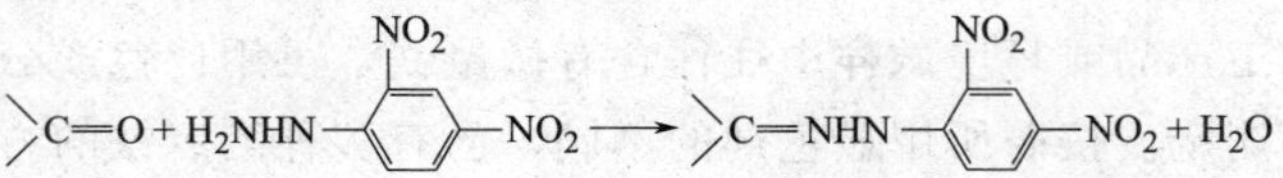

$$>C{=}O+H_2NHN-C_6H_3(NO_2)_2\longrightarrow>C{=}NHN-C_6H_3(NO_2)_2+H_2O$$

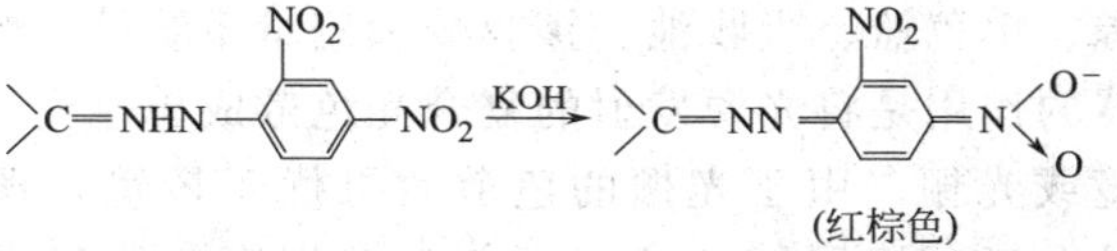

$$\rangle C{=}NHN{-}C_6H_3(NO_2){-}NO_2 \xrightarrow{KOH} \rangle C{=}NN{=}C_6H_3(NO_2){=}N(O^-){\to}O$$

(红棕色)

为使缩合反应进行完全，反应瓶应在室温放置 30min 后加入 KOH 溶液，再反应 12min，方可测定溶液的吸光度。该法为测定有机化工产品中微量羰基化合物的通用方法。

测定工业乙二醇中微量醛可用 3-甲基-2-苯并噻唑酮腙（缩写 MBTH）作显色剂。在氧化剂溶液（氯化铁和氨基磺酸）存在下，试样中脂肪醛与 MBTH 反应生成蓝绿色稠和阳离子，可在波长 620nm 处测定吸光度。测定范围为质量分数 0.00001%～0.005%（见实验 26）。

（2）微量挥发酚　挥发酚是指能随水蒸气蒸馏出的，并和 4-氨基安替比林反应生成有色化合物的挥发性酚类，包括苯酚，邻、间位有取代基的酚类之总和。测定工业废水中的挥发酚时，可在微碱性条件下加入氧化剂铁氰化钾和显色剂 4-氨基安替比林，生成红色的吲哚酚安替比林染料。

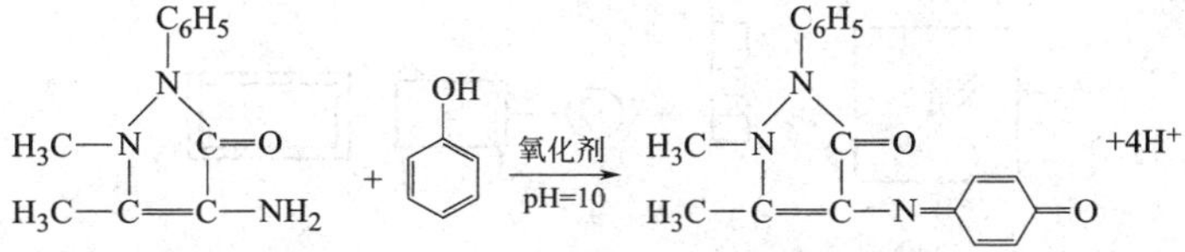

$$\text{4-氨基安替比林 }(C_6H_5{-}N;\ H_3C{-}N;\ C{=}O;\ H_3C{-}C{=}C{-}NH_2) + C_6H_5OH \xrightarrow[pH=10]{\text{氧化剂}} (C_6H_5{-}N;\ H_3C{-}N;\ C{=}O;\ H_3C{-}C{=}C{-}N{=}C_6H_4{=}O) + 4H^+$$

该显色反应速率较慢，所生成的有色物质不太稳定。因此，加入显色剂后要放置 10min 再测定吸光度，并要求 30min 内结束测定。

当挥发酚含量低于 0.5mg/L（以苯酚计）时，可采用氯仿萃取，对橙黄色萃取液进行分光光度测定。

第三节　分光光度计及其操作

一、仪器的构成

测量溶液对不同波长单色光吸收程度的仪器称为分光光度计。

它包括光源、单色器、吸收池、接收器和测量系统等五个部分。

单色器的作用是将光源发射的复合光色散成单色光，其色散元件可用棱镜或光栅。由于光栅的色散效果优于棱镜，现已普遍采用。光栅是在喷薄铝层的玻璃表面刻上等宽度、等间隔的平行条痕，每毫米的刻痕达上千条。一束平行光照射到光栅上，由于多缝衍射原理，反射出来的光就按波长顺序分开。配合聚光镜和狭缝的作用，即可得到所需波长的单色光。

图 8-5 为单光束分光光度计构成示意图。由光源发出的复合光，经光栅单色器色散为测量所需要的单色光，然后通过盛有吸光溶液的吸收池，透射光照射到接收器上。接收器是一种光电转换元件如光电池或光电管，它使透射光转换为电信号。在测量系统中对此电信号进行放大和其他处理，最后在显示器上显示吸光度和透射比的数值。

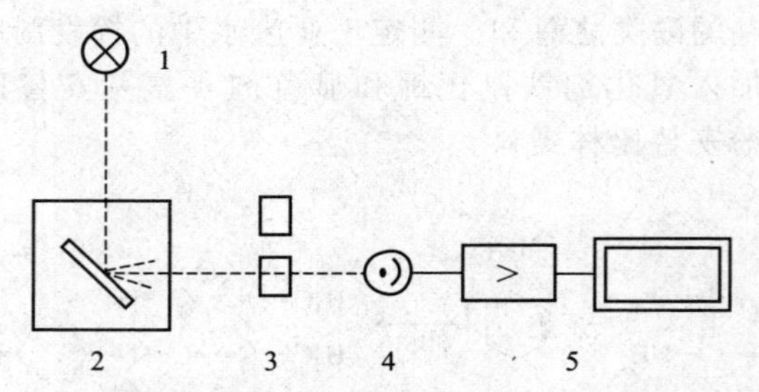

图 8-5　单光束分光光度计构成示意图

1—光源；2—单色器；3—吸收池；4—接收器；5—测量系统

为了能够准确测出试液中待测物质的吸光度，必须扣除吸收池壁、溶剂和所加试剂对光吸收的影响。为此，首先要用一个吸收池盛空白溶液（除待测物质外，其他试剂都加入）作为参比，置于仪器光路中，用相应的调节器将显示仪表读数调到透射比 $\tau=100\%$，即吸光度 $A=0$；然后再将盛试液的吸收池送入仪器光路，这样测出的吸光度才能反映待测物质对光的吸收。

分光光度计的种类和型号繁多。常用的可见分光光度计有 721 型、722 型、723 型等；常用的紫外-可见分光光度计有 752 型、

754 型、1801 型等。紫外-可见分光光度计的光学部件由石英制成，造价较贵。不同型号仪器的光学系统大体相似，只是适用的波长范围及测量系统的精度和自动化程度不同。

二、可见分光光度计

现以常用的 722 型分光光度计为例，说明可见分光光度计的使用操作。

722 型分光光度计采用卤钨灯光源、光栅单色器和光电管接收器，适用波长范围 330～800nm。接收器输出的电信号经微电流放大器和对数变换器，由数字显示器读出透射比、吸光度或浓度值。仪器外形如图 8-6 所示。

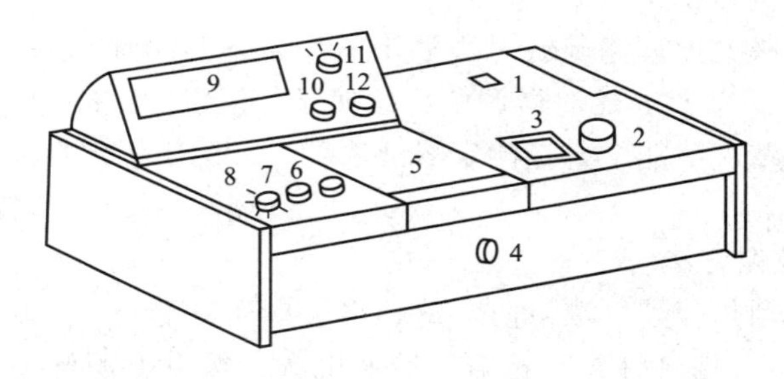

图 8-6　722 型分光光度计

1—电源开关；2—波长旋钮；3—波长读数窗；4—吸收池架拉杆；
5—暗箱盖；6—100%τ 旋钮；7—0%τ 旋钮；8—灵敏度选择钮；
9—数字显示器；10—吸光度调零旋钮；11—选择开关；12—浓度旋钮

1. 主要调节器

（1）波长选择器　由波长旋钮和波长读数窗组成。转动波长旋钮（改变仪器内光栅的角度），读数窗上指示选择的单色光波长。

（2）吸收池架及拉杆　仪器暗箱内放置吸收池架和吸收池，拉动吸收池架拉杆可将架上放置的四个吸收池依次置入光路。

（3）暗箱盖和光门　开启暗箱盖时，光门联动杆弹起，安装在光电管前面的光门自动关闭；盖上暗箱盖时，光门联动杆被压下，光门打开，光电管受光。

(4) 选择开关　设有 τ、A、c 三种显示模式，分别在显示器上显示透射比、吸光度或浓度的数值。

(5) $0\%\tau$ 旋钮　开启暗箱盖，接通电源后，用此旋钮将显示器调至“000.0”（即 $\tau=0\%$）。

(6) $100\%\tau$ 旋钮　调节此旋钮可连续改变光源亮度，控制入射光通量。盖上暗箱盖，当参比溶液置于光路时，用此旋钮将显示器调至“100.0”（即 $\tau=100\%$）。

(7) 灵敏度选择钮　用于改变检测的灵敏度，分五挡，“1”挡灵敏度最低，依次逐渐提高。选择的原则是：当参比溶液置于光路能调节至 $100\%\tau$ 的情况下，尽可能采用低挡次。当改变灵敏度挡次后，要重新校正 $0\%\tau$ 和 $100\%\tau$。

(8) 吸光度调零旋钮　当显示器稳定地显示 $100\%\tau$ 后，将选择开关拨至 A 挡，这时微调此旋钮使显示值恰为“0.000”。

(9) 浓度旋钮　直接测定溶液浓度时，用于标定标准溶液浓度的显示值。

2. 操作方法

(1) 预热仪器　取下防尘罩，将选择开关置于 τ 挡，灵敏度旋钮置于“1”挡。打开暗箱盖，接通电源，按下电源开关，指示灯亮，预热 20min。

(2) 选定波长　调节波长旋钮，观察波长读数窗，使所需波长值对准标线（这时若在暗箱内光路上放一白纸片，可看到由出光狭缝射出的该波长光的颜色）。

(3) 调节 $\tau=0\%$　在暗箱盖打开的情况下，调节 $0\%\tau$ 旋钮，使显示器显示为“000.0”。

(4) 置入吸收池　将盛参比溶液的吸收池置于吸收池架第一格内，盛待测溶液的吸收池按编号依次置于第二、第三、第四格内，固定好，盖上暗箱盖。

(5) 调节 $\tau=100\%$　在参比溶液置于光路的情况下，调节 $100\%\tau$ 旋钮，使显示器显示“100.0”。若显示值达不到“100.0”，则要增大灵敏度挡，然后再调节 $100\%\tau$ 旋钮，直到显示为“100.0”。

（6）重复操作上述步骤（3）和（5），直至显示稳定。

（7）吸光度测定　将选择开关拨至 A 挡，此时显示吸光度应为“0.000”；若不是，则微调吸光度调零旋钮，使显示为“0.000”。拉动吸收池架拉杆，将待测溶液置于光路，这时的显示值即为该溶液的吸光度。

（8）浓度测定　选择开关置 c 挡，将已知浓度的标准溶液吸收池置入光路，调节浓度旋钮，使显示标准溶液浓度值或标准溶液浓度的整倍数值。再将被测试液吸收池置入光路，这时仪器显示值即为试液的浓度或浓度的整倍数值。

（9）暂停和关机　若仪器暂时不用，只需打开暗箱盖使光门关闭，保护光电管。若测定完毕，要切断电源。取出吸收池，洗净晾干。仪器冷却 10min 后，盖上防尘罩。

3. 注意事项

（1）实验过程中，可随时将暗箱中的参比溶液吸收池置入光路，检查吸光度零点（$\tau=100\%$）是否稳定。如有变化，应将选择开关置于 τ 挡，用 $100\%\tau$ 旋钮调至“100.0”，再将选择开关置于 A 挡，这时如不为“0.000”，再用吸光度调零旋钮微调。

（2）必须注意保护吸收池的两个光学面。拿取吸收池时，只能用手指接触两侧的毛玻璃面；盛放溶液到池高度的 3/4 即可，防止溶液溢出；使用后要立即用水冲洗干净；只能用擦镜纸或丝绸擦拭光学面。

（3）为了延长光源灯的寿命，应尽量减少开关次数。短时不用可不关灯，连续使用时间不应超过 3h。若需使用更长时间，最好间歇 30min。

（4）光电管不能长时间曝光。仪器若暂时不用，要把暗箱盖打开，使光门关闭。实验过程中若大幅度改变测试波长，需等数分钟才能正常工作，因光电管需要一段响应平衡时间。

（5）若发现暗箱内、吸收池架上有溶液遗留，应立即取出清洗，并用纸吸干。要定期更换仪器内的干燥剂（硅胶），保持整机处于干燥状态。

三、紫外-可见分光光度计

现以 754C 型紫外-可见分光光度计为例，说明单光束紫外-可见分光光度计的结构特点和操作方法。

1. 结构特点

754C 型紫外-可见分光光度计具有卤钨灯和氘灯两种光源，分别适用于 360～850nm 和 200～360nm 波长范围。采用光栅单色器、GD33 光电管接收器。其测量显示系统装配了 8031 单片机，接收器输出的电信号经放大、模/数转换为数字信号，送往单片机进行数据处理。通过键盘输入命令，仪器便能自动调“0%τ”和调“100%τ”。输入标准溶液浓度数据，能建立浓度计算方程，在显示屏上显示出透射比 τ（%）、吸光度 A 及浓度 c 的数据，并可以由打印机打印出测量数据和分析结果。

754C 型紫外-可见分光光度计的外形和键盘分别如图 8-7 和图 8-8 所示。

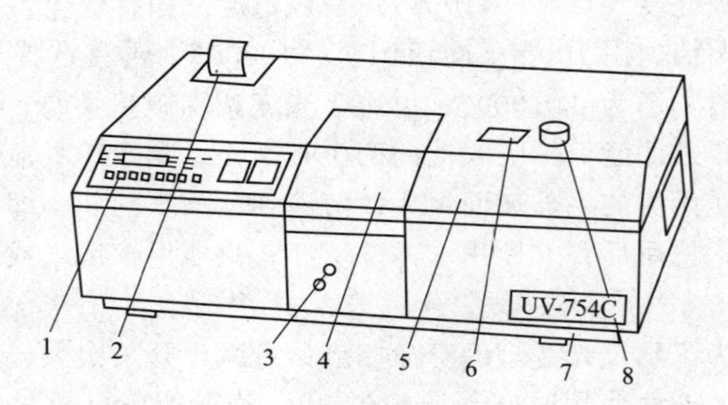

图 8-7　754C 型紫外-可见分光光度计外形

1—操作键；2—打印纸；3—样品室拉杆；4—样品室盖；5—主机盖板；6—波长显示窗；7—电源开关；8—波长旋钮

2. 操作方法

(1) 开机　打开样品室盖。打开电源开关，仪器进入预热状态，预热 20min 后，仪器进入工作状态（τ 显示模式）。

(2) 选择光源　电源开关打开后，卤钨灯即亮；若仪器需要在

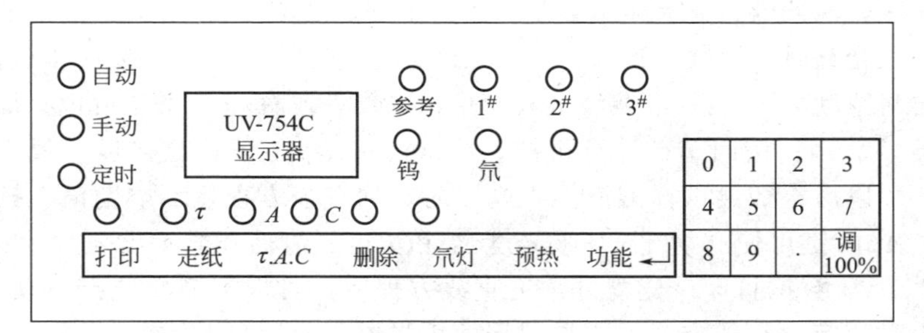

图 8-8　754C 型紫外-可见分光光度计键盘

紫外光区（200～360nm）工作，则可轻按氘灯键点亮氘灯（若要关闭氘灯则再按一次氘灯键；若需关卤钨灯则按功能键→数字键 1→回车键，即可熄灭）。

（3）选择波长　调节波长旋钮，选择需用的单色光波长。

（4）调零调百

① 调 $\tau=0.0\%$。在仪器处于 τ 模式，且样品室盖开着时，按 100%键，使仪器显示 $\tau=0.0\%$。

② 置入溶液。根据测量所需的波长选择合适的吸收池（在 200～360nm 范围内测量应使用石英吸收池；在 360～850nm 范围内测量使用玻璃吸收池）。分别盛装参比溶液和试液（或标液），依次置入吸收池架内，用弹簧夹固定好。

③ 调 $\tau=100.0\%$。盖上样品室盖，将参比溶液推入光路，按 100%键，使仪器显示为 $\tau=100.0\%$。待蜂鸣器“嘟”声叫后，方可进行下面的操作。

（5）测试

① 透射比和吸光度的测量。将第一个待测溶液推入光路，仪器显示该溶液的透射比 τ（%）。轻按 $\tau.A.C$ 键使仪器显示吸光度 A。此时按打印键可打印出该试样的数据。

待第一个样品数据打印完后，再将第二、第三个样品分别推入光路进行测量。打印数据后，打开样品室盖。

② 浓度直读。将两个已知浓度（如 c_1、c_2）的标准溶液依次置

于吸收池架内，盖上样品室盖，按回车键，当浓度为 c_1 的标准溶液置入光路时，按数字键输入 c_1 的浓度值，仪器显示 c_1；按回车键，再将浓度为 c_2 的标准溶液推入光路，按数字键输入 c_2 的浓度值，仪器显示 c_2；按回车键计算机按 c_1、A_1、c_2、A_2 值确定浓度直线方程。以后将待测试样溶液推入光路时，均按该方程显示浓度值。按 $\tau.A.C$ 键可使透射比 τ、吸光度 A 和浓度 c 值循环显示出来。

③ 数据打印。建立好浓度直线方程后，可根据需要选择自动、手动或定时打印方式（详见仪器使用说明书），打印数据。

（6）关机　测量完毕，取出吸收池，洗净并晾干后入盒保存。关闭电源，拔下电源插头。

四、光度测量条件的选择

为使分光光度法有较高的灵敏度和准确度，除了选择和控制适当的显色反应条件外，还必须选择适当的仪器测量条件。

1. 测定波长

在紫外光区根据被测物质的吸收曲线，在可见光区根据显色溶液的吸收曲线，一般选择最大吸收波长（λ_{max}）作为测定波长。如果干扰物质（包括显色剂）在此波长也有吸收，那么可选择灵敏度稍低的另一波长进行测定。但要尽可能选择吸收曲线较平滑的部分，以保证测定的精密度。

2. 参比溶液

参比溶液又叫空白溶液，用于调节吸光度零点（$\tau=100\%$）。在可见光区，当试液中其他共存组分有色或所用显色剂有色时，可以适当改变参比溶液，以扣除它们对被测物质光吸收的影响。表8-2 列出了几种常用的参比溶液，可以根据实际情况进行选择。

表 8-2　参比溶液的种类

试液中的其他组分	显色剂	参　比　溶　液
无色	无色	溶　剂
无色	有色	显色剂
有色	无色	试　液
有色	有色	将待测组分掩蔽后的试液加显色剂

3. 读数范围

被测溶液吸光度值太小或太大都会影响测量的准确度。若吸光度太小，说明溶液中吸光物质的浓度很低，测量的相对误差必然很大；若吸光度太大，说明溶液中吸光物质的浓度很大，透过吸收池照射到光电接收器上的光通量很小，也会造成很大的测量误差。因此应创造条件使吸光度读数适中。实验和理论推导表明，最好控制吸光度读数范围为 0.1～1.0，以保证测量的准确度。通过调整溶液浓度或选择适当液层厚度的吸收池，可使吸光度读数落在适宜的范围内。

第四节 光度定量分析

一、标准溶液

光度分析以（显色后）试样溶液的吸光度与标准溶液吸光度"比较"来确定试样中被测组分的含量。与滴定分析中的标准滴定溶液完全不同，光度分析中的标准溶液是已知被测组分准确含量的溶液，必须用被测组分的高纯物质或组分含量明确的化学试剂来制备。例如，配制铁标准溶液可用高纯铁或硫酸铁铵；配制甲醛标准溶液可用化学法标定过浓度的试剂甲醛溶液。

为了保证制备标准溶液浓度的准确性，所用试剂必须是分析纯的，一般用分析天平指定质量称样法准确称量，用二级或三级水溶解，在容量瓶中稀释至一定体积。其组分含量常用质量浓度加以表示。

【例 8-3】 欲配制 $\rho(Fe)=0.010mg/mL$ 的铁标准溶液 1L，应称取硫酸铁铵 [$NH_4Fe(SO_4)_2 \cdot 12H_2O$] 多少克？如何配制？

解 $\rho(Fe)=0.010mg/mL=0.010g/L$

$$m(NH_4Fe(SO_4)_2 \cdot 12H_2O)=0.010\times\frac{M(NH_4Fe(SO_4)_2 \cdot 12H_2O)}{M(Fe)}$$

$$=0.010\times\frac{482.2}{55.85}=0.08634g$$

由于称量如此少量的试剂有一定困难，可能带来较大的称量误差。实际做法可先称取 0.8634g 溶解后在 1L 容量瓶中定容作储备液，其浓度 $\rho(Fe)=0.100mg/mL$，使用时移取一定量储备液，再稀释 10 倍。

本章实验部分给出了所需标准溶液的配制规程。其他物质标准溶液制备的资料可查阅国家标准《GB/T 602—2002 化学试剂 杂质测定用标准溶液的制备》和化工行业标准《HG/T 3696.2－2011 无机化工产品 化学分析用标准溶液、制剂和制品的制备 第二部分 杂质标准溶液的制备》。这些标准资料中提供的杂质标准溶液不仅供光度分析使用，同样可作为其他仪器分析方法测定微量组分的对照标准。

二、目视比色法

目视比色法是用眼睛观察溶液颜色深浅来测定物质含量的方法。这种方法以白光为光源，用白光照射吸光物质溶液时，溶液中吸光物质浓度越大，对某种色光的吸光度越大，透过的互补色光就越突出，人们观察到的溶液颜色就越深。当待测试液与标准溶液的液层厚度相等、颜色深度相同时，说明二者吸光度相等，吸光物质浓度相同。

目视标准系列法所用的仪器是一组以同样材料制成的、形状大小相同的平底玻璃管，称为比色管。将已知浓度的标准溶液以不同体积依次放入各比色管中，分别加入等量的显色剂及其他试剂，然后稀释至同一刻度，即形成颜色逐渐加深的标准色阶。测定试样时，在相同条件下处理后与标准色阶对比。若试液与某一标准溶液的颜色深度一致，则它们的浓度相等。

目视比色多用于限界分析。限界分析要求确定试样中杂质含量是否在规定的限界以下。这种情况只需配制一种限界浓度的标准溶液。测定时，在相同条件下与待测溶液比较，如果显色试液比标准溶液颜色浅，说明是在允许限界内；否则，杂质含量为不合格。

目视比色的主要缺点是准确度不高，因为人的眼睛对不同颜色及其深度的分辨率不同，会产生较大的主观误差。但由于这种方法仪器简单、操作方便，目前仍应用于准确度要求不很高的例行分析中。

【应用实例】 液态化工产品色度的测定

本应无色透明的液态化工产品有时带有淡棕黄色。为了测定其色度，规定以一定浓度的铂-钴溶液作为比较的标准。液体色度的单位是黑曾（Hazen），一个黑曾单位是每升含有 1mg 以氯铂酸（H_2PtCl_6）形式存在的铂和 2mg 六水合氯化钴（$CoCl_2 \cdot 6H_2O$）配成的铂-钴溶液的色度。按一定比例将氯铂酸钾、氯化钴和盐酸配制成一系列铂-钴色度标准液，试液直接与标准液比较，用目视比色法判断确定与试液色度相同的标准液色号，即为试液的色度（见实验 24）。

三、标准曲线法

根据光吸收定律，当波长一定的入射光通过液层厚度一定的吸光物质溶液时，吸光度与溶液中吸光物质的浓度成正比。若以吸光度对浓度作图，应得到一条直线。为测绘这种直线关系，需要配制一组不同浓度的吸光物质的标准溶液，用同样的吸收池分别测量其吸光度。在坐标纸上，以浓度为横坐标，相应的吸光度为纵坐标作图，得到一条直线。该直线称为校准曲线或标准曲线，见图 8-9 中的实线。

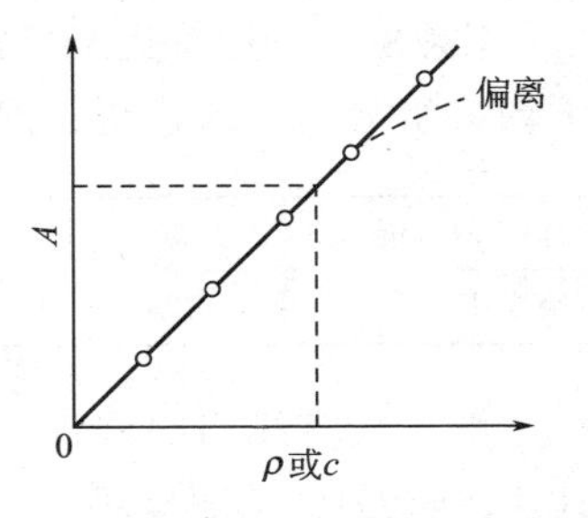

图 8-9　标准曲线

分析试样时，试样溶液也经同样处理，按照测绘标准曲线相同的条件，测定试液的吸光度，并从标准曲线上查出对应的浓度。

需要注意，当显色溶液浓度高时，可能出现实测点偏离直线的情况，如图 8-9 虚线所示。偏离直线的区域显然不能用于定量分析，即定量分析要求必须在标准曲线的线性范围内进行。

在实际测绘标准曲线时，由于仪器和操作等方面的原因，由标准溶液测得的若干个点可能不完全在一条直线上，这样画直线的任意性就很大。这种情况下，可以利用数学上的最小二乘法求出一条校准曲线方程，或称为直线回归方程。该方程的一般形式为：

$$y=bx+a \tag{8-7}$$

式中 y——显示量（吸光度）；

x——被测量（浓度）；

b——回归直线的斜率；

a——截距。

设 x 的取值分别为 x_1、x_2、…、x_i、…x_n，y 的对应值分别为 y_1、y_2、…、y_i、…y_n，则 a、b 值按下列公式求出：

$$a=\frac{\sum x_i^2\sum y_i-\sum x_i\sum x_iy_i}{n\sum x_i^2-(\sum x_i)^2} \tag{8-8}$$

$$b=\frac{n\sum x_iy_i-\sum x_i\sum y_i}{n\sum x_i^2-(\sum x_i)^2} \tag{8-9}$$

求出 a、b 值后代入式(8-7)，便得到直线回归方程。每次测定试样时，只要将测得的 y 值代入回归方程，即可计算出被测量 x 值。

【例 8-4】 用分光光度法测定某显色配合物的标准溶液，得到下列一组数据。求这组数据的直线回归方程。

标液 ρ/(mg/L)	1.00	2.00	3.00	4.00	6.00	8.00
吸光度 A	0.114	0.212	0.335	0.434	0.670	0.868

解 设直线回归方程为 $y=bx+a$。为了计算方便，列出 $y=10A$，$x=\rho$ 的编码变换方程。由实验数据得到

$\sum x_i=24.00$ $\sum x_i^2=130.00$ $\sum y_i=26.33$ $\sum x_iy_i=142.43$

代入式(8-8) 和式(8-9)，计算 a、b 值：

$$a=\frac{130.00\times 26.33-24.00\times 142.43}{6\times 130.00-24.00^2}=0.02245$$

$$b=\frac{6\times142.43-24.00\times26.33}{6\times130.00-24.00^2}=1.09147$$

于是得到直线回归方程

$$y=1.09147x+0.02245$$

故

$$10A=1.09147\rho+0.02245$$

$$\rho=9.1620A-0.0206$$

四、标准对照法

标准对照法又称比较法，其实质是一种简化的标准曲线法。

配制一份组分浓度已知的标准溶液，与试液在同一实验条件下分别测定其吸光度。

设 c_s、A_s 分别为标准溶液的浓度和吸光度；c_x、A_x 分别为试样溶液的浓度和吸光度。根据光吸收定律

$$A_s=\varepsilon bc_s \qquad A_x=\varepsilon bc_x$$

由于吸收池厚度相同，又是同一种吸光物质，故

$$\frac{A_s}{A_x}=\frac{c_s}{c_x} \qquad c_x=\frac{A_x}{A_s}c_s \tag{8-10}$$

由此可计算出试样溶液的浓度 c_x。此法简化了绘制标准曲线的手续，适用于个别样品的测定。操作时应注意，配制标准溶液的浓度要接近被测试液的浓度，以减小测量误差。

【例 8-5】 浓度为 1.00×10^{-4} mol/L 的 Fe^{3+} 标准溶液，显色后在一定波长下用 1cm 吸收池测得吸光度为 0.304。有一含 Fe^{3+} 的试样水，按同样方法处理测得的吸光度为 0.510，求试样水中 Fe^{3+} 的浓度。

解 已知 $c_s=1.00\times10^{-4}$ mol/L，$A_s=0.304$，$A_x=0.510$，代入式(8-10) 得

$$c_x=\frac{0.510\times1.00\times10^{-4}}{0.304}=1.68\times10^{-4}\ (\text{mol/L})$$

使用 722 型分光光度计直接测量试液浓度，实质上就是利用标准对照法进行定量分析。该仪器的浓度旋钮控制仪器内部一个连续可调放大倍数的输出信号放大器。当已知浓度的标准溶液置入光路

时，用浓度旋钮调至 $A_s = c_s$，再将试样溶液移入光路，按式(8-10)，显然 $c_x = A_x$，于是仪器显示值即为 c_x。

以上介绍的是目视比色和采用普及型单光束分光光度计进行定量分析的常用方法。有些仪器能自动测绘标准曲线并建立曲线方程。现代分光光度计已制成双光束自动记录式，能够自动描绘待测物质的吸收曲线，可以自选波长测定吸光度，并给予数字显示或直接打印出结果。近年来已将激光和电子计算机技术引入分光光度仪器，双波长分光光度计和导数分光光度计发展很快，大大扩展了光度分析的应用领域和自动化水平。

实验 24　液态化工产品色度的测定

一、目的要求

1. 了解液态化工产品色度测定的意义和方法原理。

2. 掌握目视标准系列比色分析的基本操作。

二、仪器与试剂

1. 仪器

比色管（50mL 或 100mL）　500mL 容量瓶一组　250mL 容量瓶一组　可见分光光度计（校准用）

2. 试剂

氯铂酸钾（K_2PtCl_6）　氯化钴（$CoCl_2 \cdot 6H_2O$）　盐酸（12mol/L）

三、实验步骤

1. 标准比色母液的制备（500 黑曾）

准确称取 1.000g 氯化钴（$CoCl_2 \cdot 6H_2O$）和 1.245g 氯铂酸钾（K_2PtCl_6），溶于 100mL 盐酸和适量水中，稀释至 1000mL，摇匀，贮于棕色瓶中。注意，如果试剂不纯，应根据试剂纯度修正称取量。

此标准液配制是否合格，可按下法进行检验。用 1cm 吸收池，以蒸馏水为参比进行分光光度测定，溶液在不同波长的吸光度应符合表 8-3 所示范围。

表 8-3　溶液在不同波长的吸光度范围

波长/nm	吸光度	波长/nm	吸光度
430	0.110～0.120	480	0.105～0.120
450	0.130～0.145	510	0.055～0.065

2. 标准系列对比溶液的配制

在 10 个 500mL 及 14 个 250mL 的两组容量瓶中，分别加入表 8-4 所列数量的标准比色母液，用水稀释至刻度线，保存在棕色玻璃瓶中。

表 8-4　色度标准对比溶液

500mL 容量瓶		250mL 容量瓶	
标准比色母液的体积/mL	相应的铂-钴色号/黑曾	标准比色母液的体积/mL	相应的铂-钴色号/黑曾
5	5	30	60
10	10	35	70
15	15	40	80
20	20	45	90
25	25	50	100
30	30	62.5	125
35	35	75	150
40	40	87.5	175
45	45	100	200
50	50	125	250
		150	300
		175	350
		200	400
		225	450

3. 测定试样

向一支 50mL 或 100mL 的比色管中注入液态样品至刻度处，同样向另一支比色管中注入具有类似颜色的标准铂-钴对比溶液至刻度处。比较样品与铂-钴标准对比溶液的颜色，比色时在日光或日光灯照射下正对白色背景，从上至下观察，避免侧面观察，提出接近的颜色。

四、结果表述

液态样品的颜色以最接近于样品的标准铂-钴对比溶液的铂-钴色号（黑曾）表示。如果样品的颜色与任何标准铂-钴对比溶液不相符合，则根据情况估计一个接近的铂-钴色号，并描述观察到的颜色。

五、思考与讨论

1. 配制标准比色母液时，氯化钴和氯铂酸钾的称取量是如何确定的？

2. 如果试液的色度介于 60 黑曾和 70 黑曾之间，如何报告测定结果？

实验 25　纯碱中微量铁的测定

一、目的要求

1. 初步掌握可见分光光度计的使用方法。

2. 学习测绘光吸收曲线和选择测定波长。

3. 掌握校准曲线法定量分析的操作步骤，求出试样分析结果。

二、仪器与试剂

1. 仪器

分光光度计　100mL 容量瓶一组　100mL 烧杯一组　250mL 容量瓶　1000mL 容量瓶　5mL 分度吸量管　10mL 分度吸量管

2. 试剂

邻二氮菲溶液（2g/L：称取 1,10-邻二氮菲 0.2g，用少量乙醇溶解，再用水稀释至 100mL）　抗坏血酸溶液（20g/L 水溶液，临用时配制）　铁标准溶液（0.010mg/mL）　缓冲溶液（pH＝4.5，称取无水乙酸钠 50g，加 60mL 冰醋酸，加水溶解后稀释至 500mL）　盐酸溶液［(1＋1)、(1＋3)］　氨水［(2＋3)、(1＋9)］　精密 pH 试纸　铁标准溶液（0.010mg/mL）的配制：准确称取硫酸铁铵 $[NH_4Fe(SO_4)_2 \cdot 12H_2O]$ 0.8634g，溶于水，加 2.5mL 硫酸，移入 1L 容量瓶中，用水稀释至刻度，摇匀作贮备液。吸取贮备液 10.00mL 于 100mL 容量瓶中，用水稀释至刻度，摇匀。此溶液 1mL 含铁 0.010mg。

三、实验步骤

1. 标准系列的配制

取一组 100mL 烧杯，用分度吸量管依次加入 0.0、1.0mL、2.0mL、4.0mL、6.0mL、8.0mL、10.0mL 铁标准溶液（0.010mg/mL），各加水至约 60mL，用盐酸溶液（1＋3）或氨水（1＋9）调节溶液 pH 约为 2（用 pH 试纸检验）。将溶液分别转入 100mL 容量瓶中。

在每支容量瓶中各加 2.5mL 抗坏血酸溶液（20g/L），摇匀，再加 10mL 乙酸-乙酸钠缓冲溶液（pH≈4.5）、5mL 邻二氮菲溶液（2g/L），用水稀释至刻度，摇匀，放置 15min。

2. 吸收曲线的测绘

用 3cm 玻璃吸收池，取上述含 4.00mL 铁标准溶液的显色溶液，以未加铁标准溶液的试剂溶液作参比，在分光光度计上于波长 440～600nm 之间测定吸光度。一般每隔 20nm 测一个数据；在最大吸收波长附近，每隔 5nm 测定一个数据。

以波长为横坐标，吸光度为纵坐标，绘制吸收曲线，从而选择测定铁的适宜波长。

3. 测绘标准曲线

在选定波长下，用 3cm 玻璃吸收池分别取配制的标准系列显色溶液，以未加铁标准溶液的试剂溶液作参比，测定各溶液的吸光度。

以 100mL 溶液中铁含量（mg）为横坐标，相应的吸光度为纵坐标，绘制吸光度对铁含量的标准曲线。

4. 试样中铁含量的测定

称取 10g 纯碱样品（精确至 0.01g）置于烧杯中，加少量水润湿，滴加 35mL 盐酸溶液（1＋1），煮沸 3～5min，冷却（必要时过滤），移入 250mL 容量瓶中，加水至刻度，摇匀。

吸取 50mL（或 25mL）上述试液，置于 100mL 烧杯中；另取

7mL 盐酸溶液（1＋1）置于另一烧杯中，用氨水（2＋3）中和后，与试样溶液一并用氨水（1＋9）和盐酸溶液（1＋3）调至 pH 为 2（用精密 pH 试纸检验）。分别移入 100mL 容量瓶中。以下按配制标准系列同样的操作，顺序加入各种试剂进行还原和显色，并在同样条件下测定试样溶液和空白溶液的吸光度。

平行测定两份。从标准曲线上查出相应的铁含量。

四、结果计算

$$w(\mathrm{Fe})=\frac{m_1-m_0}{m\times\frac{V}{250}\times10^3}$$

式中 m_1——试样溶液吸光度在标准曲线上查得的铁含量，mg；

m_0——空白溶液吸光度在标准曲线上查得的铁含量，mg；

m——称取样品的质量，g；

V——吸取试样溶液的体积，mL。

五、思考与讨论

1. 实验中加入抗坏血酸和乙酸-乙酸钠缓冲溶液的作用如何？为什么预先用稀盐酸和氨水调节溶液 pH 为 2？

2. 测定纯碱试样时，为什么取 7mL 盐酸（1＋1）做空白试验？如果吸取 25mL 试液，应取多少盐酸溶液？

3. 根据实验数据计算邻二氮菲亚铁配合物的摩尔吸光系数 ε。

实验 26　工业乙二醇中微量醛的测定

一、目的要求

1. 掌握可见分光光度法测定微量醛的原理和显色反应条件。

2. 熟练可见分光光度计的使用操作。

3. 掌握试剂空白的意义和运用要点。

二、仪器与试剂

1. 仪器

可见分光光度计　1cm 吸收池　50mL 容量瓶一组　100mL 容量瓶　1mL 单标线吸量管　10mL 分度吸量管

2. 试剂

0.3% 3-甲基-2-苯并噻唑酮腙（MBTH）溶液：称取0.40g盐酸盐的单水合物溶于适量水中，然后移入100mL容量瓶中，并用水稀释至刻度。溶液应呈无色，如浑浊应予过滤。宜储存于棕色瓶中，并放置于暗冷处，每天新鲜配制。

氧化剂溶液（1.0%氯化铁+1.2%氨基磺酸）：分别称取六水合氯化铁1.67g和氨基磺酸1.20g溶于适量水中，并稀释至100mL。

甲醛（>36%的水溶液）：使用前用滴定分析法标定其准确含量。

甲醛标准溶液：用微量注射器差减法称取甲醛约50μL（精确至0.1mg）。注入50mL容量瓶中（瓶中预先放置约40mL水），用水稀释至刻度，摇匀。用单标线吸量管准确移取该溶液1.00mL至100mL容量瓶中，再用水稀释至刻度，摇匀备用。该标准溶液甲醛含量约为4μg/mL（其准确浓度按甲醛实际标定浓度计算）。

三、实验步骤

1. 标准系列的配制

在一组50mL容量瓶中分别加入0mL、1.0mL、2.0mL、3.0mL、4.0mL、5.0mL甲醛标准溶液（相当于甲醛含量为0μg、4.0μg、8.0μg、12.0μg、16.0μg和20.0μg），依次分别加入水5.0mL、4.0mL、3.0mL、2.0mL、1.0mL、0mL，摇匀。然后各加入5.0mL MBTH溶液，充分摇匀。室温反应30min。再各加入5mL氧化剂溶液，充分摇匀，放置20min。用水稀释至刻度，摇匀。

2. 测绘吸收曲线

用1cm吸收池，取上述含5.0mL甲醛标液的显色溶液，以水作参比液，在分光光度计上在波长500～700nm之间，每隔20nm测一次吸光度。以波长为横坐标，吸光度为纵坐标绘制吸收曲线，从而选择测定醛的适宜波长。

3. 测绘标准曲线

在选定波长下，用 1cm 吸收池分别取配制的标准系列显色溶液，以水作参比液，测定各溶液的吸光度。以 50mL 溶液中甲醛的含量（μg）为横坐标，相应的净吸光度（扣去试剂空白的吸光度）为纵坐标，绘制标准曲线。

注意实验场所应避免阳光直射。试剂空白的吸光度应小于 0.070。如超过此控制上限，则必须重新清洗玻璃器皿，并重新进行校准。

4. 试样中醛含量的测定

在 50mL 容量瓶中称取 3～5mL 工业乙二醇样品（精确至 0.2mg），加入 4mL 水。以下加入试剂和放置等操作与“标准系列的配制”后半部分相同，同时做一试剂空白试验。再按“测绘标准曲线”同样的条件，测定显色试样溶液和试剂空白溶液的吸光度，由二者的差值从标准曲线上查得醛的含量。

四、结果计算

乙二醇试样中醛的质量分数（以甲醛计）按下式计算：

$$w_{甲醛}=\frac{m_1}{m}\times10^{-6}$$

式中　m_1——试样溶液的净吸光度在标准曲线上查得的甲醛含量，μg；

m——称取乙二醇试样的质量，g。

取两次重复测定结果的算术平均值作为分析结果，要精确至 0.00001%。

五、思考与讨论

1. 本实验对所用试剂和显色反应的条件有哪些要求？为什么？

2. 如何标定试剂甲醛溶液的含量？如何计算甲醛标准溶液的准确浓度？

3. 测绘标准曲线和测定试样时，为什么要扣除试剂空白？若试剂空白值过大怎么办？

4. 测定试样时，如果试液吸光度超出了标准曲线的范围，应如何处理？

实验 27　环己烷中微量苯的测定

一、目的要求

1. 了解苯在紫外光区的吸收曲线，选择测定波长。

2. 初步掌握紫外-可见分光光度计的基本操作。

3. 用标准对照法进行定量分析。

二、仪器与试剂

1. 仪器

紫外-可见分光光度计　　1cm 石英吸收池　　10mL 容量瓶　　25mL 容量瓶　　1mL 单标线吸量管　　2mL 单标线吸量管

2. 试剂

苯　　环己烷（优级纯）　　试样环己烷（工业品）

三、实验步骤

1. 苯标准溶液的配制

（1）准确吸取 1mL 苯于 10mL 容量瓶中，用不含苯的优级纯环己烷溶解并稀释至刻度。

（2）吸取上述溶液 2mL 于 25mL 容量瓶中，用优级纯环己烷稀释至刻度。此溶液苯的质量浓度为 7.032g/L，作为贮备液。

（3）吸取 1mL 贮备液于 25mL 容量瓶中，用优级纯环己烷稀释至刻度。此溶液苯的质量浓度为 0.2813g/L，作为标准溶液。

2. 苯的光吸收曲线的测绘

（1）取洁净的 1cm 石英吸收池 2 个，其中一个装入优级纯环己烷，另一个装入上述配制的苯标准溶液。加盖，置于紫外-可见分光光度计的吸收池架中，盖好暗箱盖。

（2）以优级纯环己烷作参比，在波长 230～280nm 范围内每隔 5nm 测定一次苯标准溶液的吸光度。

（3）绘制苯的光吸收曲线，并确定最大吸收波长。

3. 试样环己烷中杂质苯的测定

（1）将试样环己烷装入 1cm 石英吸收池，以优级纯环己烷作参比，在选定的测定波长处，测定试样的吸光度。

（2）如果试样中苯含量过高，可以用优级纯环己烷在容量瓶中定量稀释后，再进行测定。

四、结果计算

试样环己烷中的苯含量按下式计算：

$$\rho_x = \frac{kA_x}{A_s}\rho_s$$

式中 ρ_x——苯在试样环己烷中的质量浓度，g/L；

ρ_s——苯的环己烷标准溶液的质量浓度，g/L；

A_s——苯的环己烷标准溶液的吸光度；

A_x——试样环己烷的吸光度；

k——试样环己烷的稀释倍数。

五、思考与讨论

1. 苯的环己烷标准溶液的质量浓度（0.2813g/L）是如何计算出来的？

2. 在紫外光区测定溶液的吸光度为什么要用石英吸收池？

3. 根据标准溶液的测定数据，如何求出苯在 λ_{max} 处的吸光系数？

本章要点

1. 紫外-可见分光光度分析的对象和步骤

紫外-可见分光光度分析是高灵敏度的分析方法，检测下限可达 $10^{-5} \sim 10^{-6}$mol/L，主要用于测定试样中的微量组分，如化工产品中杂质分析、水质分析等。

（1）少数离子和化合物本身有色，可以直接用比色或可见分光光度法进行测定。

（2）多数离子和化合物本身无色，欲用可见分光光度法进行测定，需要与显色剂反应生成一种有色物质，然后再加以测定。

常用的显色剂多数为有机试剂，常用的显色反应多数为配位反应。应选用灵敏度高、选择性强、反应条件容易控制的反应，或按规定采用指定的显色反应。

（3）有些物质本身无色，但能吸收一定波长的紫外光，可以不经显色，在紫外光区（200～380nm）直接测定。这些物质主要是含有共轭双键或双键上连有氧、氮、硫等杂原子的化合物，以及芳香族化合物。

2. 光吸收定律与定量分析

分光光度定量分析的依据是光吸收定律：

$$A=-\lg\tau=\varepsilon bc$$

其中摩尔吸光系数 ε 是吸光物质在一定波长下的特征常数。ε 越大，表示吸光物质对该波长光的吸收能力越强，显色反应的灵敏度越高。根据这个定律，当一定波长的单色光通过液层厚度一定的吸光物质溶液时，吸光度与吸光物质的浓度成正比，即

$$A=Kc \quad 或 \quad A=K'\rho$$

因此可以同时测定试样溶液和标准溶液的吸光度，按照标准曲线法或标准对照法进行定量分析。

应当注意，对于每个光度分析项目，都有一个保持 A 与 c 成直线关系的“线性范围”，待测试液浓度必须在此线性范围内,否则应适当调整。

3. 分光光度计

722 型分光光度计是适用于可见光区的分光光度计，754 型是紫外-可见分光光度计。它们都属于单光束分光光度计，由光源、单色器、吸收池、接收器和测量系统组成。采用这类仪器测定溶液吸光度的基本步骤如下：

（1）选择测定波长；

（2）调零　光门关，调 $\tau=0$。

（3）调百　光门开，参比溶液置入光路，调 $\tau=100\%$（$A=0$）。

（4）测量　光门开，试液置入光路，直读A 或 τ（%）。

测定溶液的吸光度时，需要选定的测量条件如下。

① 波长　如果分析规程上没有给定波长，应先测绘光吸收曲线，一般选择该曲线的最大吸收波长作为测定波长。

② 参比溶液　根据试液或显色剂是否有色，酌情选择溶剂空白、试剂空白或试液空白等。

③ 读数范围　吸光度过大或过小都会导致较大的测量误差，最好让 $A=0.2\sim0.8$，一般可放宽到 $0.1\sim1.0$。否则，应改换吸收池（b）或调整试液浓度（c）。

4. 技能训练环节

（1）配制标准显色系列溶液。

（2）目视标准系列法的练习。

（3）可见分光光度计的使用与维护。

（4）测绘光吸收曲线并选择测定波长。

（5）测绘标准曲线并求出试样分析结果。

（6）紫外分光光度计的一般操作。

（7）分度吸量管的使用操作。

（8）将试样处理成待分析的溶液状态。

复习与练习

1. 何谓比色分析？何谓分光光度分析？它们有什么特点？

2. 什么是光吸收曲线？如何测绘？它有什么用途？

3. 什么是单色光？什么是复色光？可见光的波长范围如何？

4. 溶液呈现的颜色与可见光有什么关系？目视比色的基本原理如何？

5. 朗伯-比尔定律的内容和应用条件如何？吸光度、透射比和摩尔吸光系数的含义如何？

6. 分光光度分析的定量方法有哪些？各适用于什么情况？

7. 如何选择显色剂？应控制哪些显色反应条件？

8. 测定微量铁的显色反应有哪些？说明用 1,10-邻二氮菲显色测定铁的反应原理和加入各种试剂的作用。

9. 单光束分光光度计由哪些部分构成？说明其主要调节器的

作用。

10. 说明使用722型分光光度计测定溶液吸光度的操作步骤。

11. 说明使用722型分光光度计直接测量溶液浓度的原理和操作步骤。

12. 什么是参比（空白）溶液？如何选择参比溶液？

13. 用分光光度计测定溶液吸光度适宜的读数范围是多少？如何控制读数在此范围内？

14. 紫外分光光度法主要测定哪些物质？举例说明。

15. 紫外-可见分光光度计的光源、吸收池等仪器部件与可见分光光度计有何不同？为什么？

16. 说明使用754C型紫外-可见分光光度计的基本操作步骤。

17. 用1cm吸收池，在540nm测得$KMnO_4$溶液的吸光度为0.322，问该溶液的透射比是多少？如果改用2cm吸收池，该溶液的透射比将是多少？

答：47.6%；22.7%

18. 用双硫腙光度法测定Pb^{2+}，已知Pb^{2+}的浓度为0.08mg/50mL，用2cm吸收池，在520nm处测得$\tau=53\%$，求摩尔吸光系数。

答：1.8×10^4 L/(cm·mol)

19. 有两种不同浓度的有色溶液，当液层厚度相同时，对某一波长的光，τ值分别为：(1) 65.0%；(2) 41.8%。求它们的A值。如果已知溶液(1)的浓度为6.51×10^{-4}mol/L，求溶液(2)的浓度。

答：0.187；0.379；1.32×10^{-3}mol/L

20. 用硅钼蓝比色法测定某试样中的硅含量。由标准溶液测得下列数据：

SiO_2含量/(mg/50mL)	0.05	0.10	0.15	0.20	0.25
A	0.210	0.421	0.630	0.839	1.00

分析试样时，称样500mg，溶解后转入50mL容量瓶中。在相同条件下进行显色和比色，测得吸光度为0.522。求试样中硅的百分含量。

答：0.012%

21. 在 456nm 处，用 1cm 吸收池测定显色的锌配合物标准溶液，得到下列数据：

Zn 含量/(mg/L)	2.0	4.0	6.0	8.0	10.0
A	0.105	0.205	0.310	0.415	0.515

要求：(1) 绘制校准曲线；(2) 求校准曲线的回归方程；(3) 求摩尔吸光系数；(4) 求吸光度为 0.260 的未知试液的质量浓度。

答：3.4×10^3L/(cm·mol)；5mg/L

22. 称取维生素 C 0.05g，溶于 100mL 0.01mol/L 的硫酸溶液中，量取此溶液 2mL，准确稀释至 100mL。取此溶液于 1cm 的石英吸收池中，在 245nm 处测得其吸光度为 0.551，已知维生素 C 的质量吸光系数 $a=56$L/(cm·g)。求样品中维生素 C 的百分含量。

答：98.4%

有机化合物的“指纹”红外光谱

用波长 3～30μm 的红外光照射样品，测量样品对这个区域各个波长红外光的吸收程度，可以得到红外光吸收曲线即红外光谱。这种分析方法称为红外分光光度法，主要应用于有机化合物的鉴定和结构分析。

与紫外-可见光吸收曲线不同，红外光谱通常以透射比 τ 为纵坐标，以波长 λ 和波数 ν 为横坐标，其吸收曲线表现为一系列的倒峰。吸收强度愈大，透光率愈小，倒峰愈大。例如图 8-10 为戊酮的红外光谱。波数的概念是：当波长以 cm 为单位时，其倒数就是波数，即 $\nu=1/\lambda$，单位为 cm^{-1}。波数表示了红外光的频率特征。

在红外光谱中，吸收峰数目多，峰形复杂，具有精细结构。这是由于红外光具有的能量与组成物质的分子的振动、转动能级的

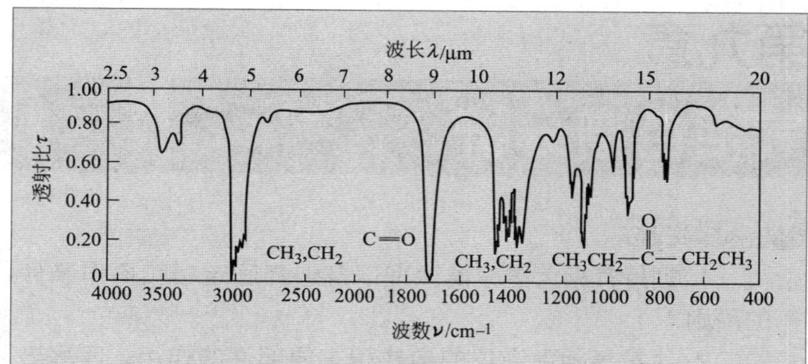

图 8-10 戊酮的红外光谱

能量相当，当分子中某些化学键或基团的振动频率与红外光的频率一致时，分子便对此频率的红外光产生共振吸收。有机物分子的振动形式是多种多样的，包括沿化学键方向的伸缩振动和化学键之间不同形式的弯曲振动，因此不同化学键和基团具有其特征吸收频率。例如，—OH 基团在 3650～3200cm^{-1}区间有强宽峰，同时在 1400～1260cm^{-1}出现弱峰；$\rangle$C═O 基团在 1700cm^{-1}左右有强峰；—CH_3、—CH_2—基团在 2960cm^{-1}、2850cm^{-1}有强峰，同时在 1450cm^{-1}、1375cm^{-1}处有相关峰等。在图 8-10 中，从1300～4000cm^{-1}的频率范围内可以清楚地看到—CH_3、—CH_2—与 $\rangle$C═O 基团的特征吸收峰。除了特征吸收峰以外，在 1300～600cm^{-1}区间还有反映该化合物的一组精细吸收带，犹如人手的指纹，具有极强的专属性。由此可见，不同结构的两个化合物一定不会具有相同的红外光谱。这样就可以用标准谱图对照法，对有机化合物进行定性鉴定和结构分析；也可以根据主要吸收峰的强度进行定量分析。

红外光谱法具有分析速度快,样品用量少，气态、液态和固态样品均可测定等特点；但仪器比较昂贵，目前主要在科研部门应用。

Chapter 9

第九章 气相色谱分析

知识目标

1. 理解气相色谱分离原理以及选择固定相和操作条件的原则。

2. 了解气相色谱仪的构成和主要部件的作用，理解热导检测器和氢焰检测器的工作原理。

3. 掌握气相色谱常用术语，了解色谱定性分析要点。

4. 掌握归一化法、内标法和外标法等色谱定量分析的基本方法。

技能目标

1. 初步掌握普及型气相色谱仪的开机、停机和正常操作。

2. 学会测量保留值和峰面积，能用色谱数据处理机打印分析结果。

3. 了解填充气液色谱柱的制备过程。

4. 初步掌握气路系统连接、检漏和处理方法。

5. 掌握用微量注射器进液体试样和用六通阀进气体试样的操作技术。

色谱法是基于试样混合物中各组分在某种固定相（固体或液体）和流动相（气体或液体）之间分配特性的不同而建立起来的分离分析方法。按照流动相聚集状态的不同，以气体作为流动相（又叫载气）的称为气相色谱法（GC）；以液体作为流动相的称为液相色谱法（LC）。本章主要讨论国内化工分析中普遍应用的气相色谱法。

气相色谱法适用于分析气体、易挥发或可以转化为易挥发的液体及固体样品（一般指沸点在450℃以下的物质），具有分离效能高、分析速度快、仪器易于普及等特点，现已成为石油、化工、生化、医药、环境监测等领域广泛应用的分离分析手段。

第一节　气相色谱分离原理及条件

一、气固色谱法（GSC）

气固色谱以气体作为流动相，以固体吸附剂作为固定相。气固色谱分离是基于固定相对试样中各组分吸附能力的差异。例如，在填充有13X型分子筛的色谱柱中，以氢气作流动相，能将空气的主要成分 O_2 和 N_2 分离，其分离过程如图9-1所示。图9-1(a) 为样品空气刚注入色谱柱，立即被吸附剂分子筛吸附；由于分子筛对 O_2 的吸附力略小于对 N_2 的吸附力，当氢气连续流过色谱柱时，O_2 比 N_2 易于脱附；图9-1(b) 表示 O_2 与 N_2 向前移动速度不同，逐渐分离；图9-1(c) 表示经过多次反复的吸附和脱附，二者已完全分离，随载气先后流出色谱柱。

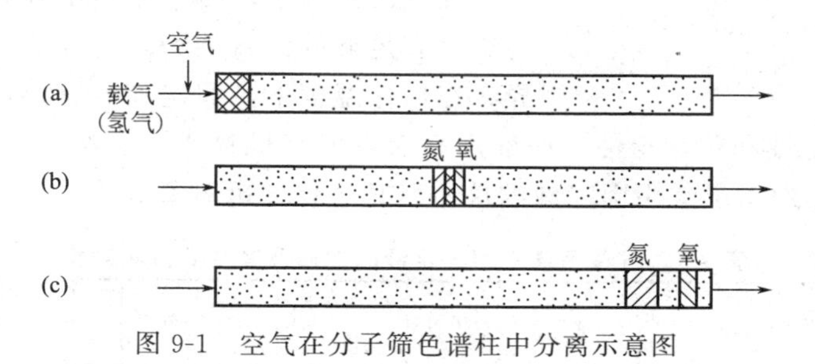

图9-1　空气在分子筛色谱柱中分离示意图

气固色谱常用的吸附剂有分子筛、硅胶、氧化铝、石墨化炭黑及活性炭等，主要用于分离分析永久性气体和低沸点烃类。另一类固定相是人工合成的多孔聚合物微球（商品名为GDX），改变聚合原料和反应条件，能够合成极性、孔径、分离性能不同的微球，如GDX-1型、GDX-2型为非极性固定相，GDX-3型、GDX-4型为极性固定相。这类聚合物微球能降低极性物质的拖尾现象，适用于水、多元醇、羧酸等极性物质的分离。

二、气液色谱法（GLC）

气液色谱以气体作为流动相，以涂渍在载体上的固定液作为固定相。气液色谱分离是基于固定液对试样中各组分溶解能力的不同。当汽化了的试样混合物进入色谱柱时，首先溶解到固定液中；随着载气的流动，已溶解的组分会从固定液中挥发到气相，接着又溶解在以后的固定液中，这样反复多次溶解、挥发、再溶解、再挥发，由于各组分在固定液中溶解度的差异，当色谱柱足够长时，各组分就彼此分离。例如，在硅藻土载体上涂以异三十烷作为固定相，用氢气作载气，$C_1 \sim C_3$ 烃类得到了良好的分离，如图 9-2 所示。

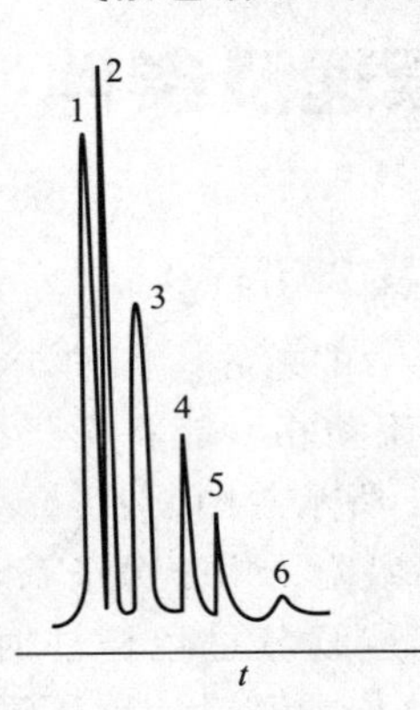

图 9-2 石油裂解气中 $C_1 \sim C_3$ 烃类的色谱图

1—甲烷；2—乙烯；3—乙烷；4—丙烯；5—丙烷；6—丙二烯

在气液色谱中，要求固定液对样品中各组分有足够的溶解能力，且存在一定差异；在操作温度下，固定液要有足够的化学稳定性和热稳定性。一般用高沸点的有机物或聚合物作固定液。表 9-1 列出了常用固定液的性质及其主要分析对象。

表 9-1 气液色谱常用固定液的性质及其主要分析对象

名　称	牌　号	极性	最高使用温度/℃	溶　剂	分析对象
异三十烷	SQ	非	150	乙　醚	$C_1 \sim C_8$ 烃类
邻苯二甲酸二壬酯		弱	130	乙醚、甲醇	烃、醇、醛、酮、酸、酯
甲苯聚硅氧烷	SE-30 OV-101 DC-200	弱	350 350 250	氯仿、甲苯	多核芳烃、脂肪酸、金属螯合物

续表

名称	牌号	极性	最高使用温度/℃	溶剂	分析对象
苯基(25%)甲基聚硅氧烷	OV-17 DC-550	弱	300 225	丙酮、苯	高沸点极性化合物及芳烃
三氟丙基(50%)甲基聚硅氧烷	QF-1 OV-210	中等	250 250	氯仿	含卤化合物、金属螯合物
β-氰乙氧基(25%)甲基聚硅氧烷	XE-60 OV-225	中等	275 275	氯仿	苯酚、醚、芳胺、生物碱、甾类化合物
聚乙二醇	PEG-400 PEG-20M	强	200	丙酮、氯仿、二氯甲烷	醇、酯、醛、腈、芳烃
乙二酸二乙二醇聚酯	DEGA	强	250	氯仿、二氯甲烷	$C_1\sim C_{24}$ 脂肪酸甲酯、甲酚异构体
1,2,3-三(α-氰乙氧基)丙烷	TCEP	强	175	甲醇、氯仿	胺类、不饱和烃、环烷烃、芳烃、脂肪酸异构体

根据“相似相溶”原则，通常利用固定液与待测组分极性相似的规律选择固定液。例如，分离非极性混合物，一般选用非极性固定液，各组分按沸点次序先后流出色谱柱，图 9-2 就是典型的实例。

分离极性混合物，显然应该选用极性固定液，各组分按极性弱强次序出峰。分离非极性和极性或易被极化的混合物，一般选用极性固定液，非极性组分先出峰。分离复杂的混合物或异构体，可以采用混合固定液。

载体是负载固定液的惰性多孔颗粒（常用 60～80 目），一般由天然硅藻土煅烧制成。红色硅藻土载体如 6201 型，适用于涂非极性固定液；白色硅藻土载体如 101 型，适用于涂极性固定液。前述多孔聚合物微球也可以作载体使用。为了降低载体的吸附性，一般商品载体已经过酸洗、碱洗或硅烷化处理。常用载体的粒度为60～

80目。

填充柱所用固定液与载体用量之比称为液载比。合理的液载比应使固定液覆盖载体表面形成薄的液体膜。这样，被分离组分溶解-挥发过程进行的快，分离效果好；但若液载比过低，可能覆盖不完全。各种载体比表面不同，适宜的液载比也不同。一般在5%～25%之间选择。

为了提高气液色谱分离效率，近年来发展了毛细管色谱。经典毛细管柱是在内径0.25～1.5mm的空心毛细管内壁涂以固定液。新型的多孔涂层毛细管柱是在空心毛细管内壁涂一薄层多孔载体，然后涂渍固定液或进行化学键合处理。由于毛细管柱渗透性好，柱效率高，可以使用较长的柱子（30～300m），适宜于分离组成复杂的混合物。

本章主要介绍已广泛应用的气液色谱填充柱的操作条件、仪器及应用。

三、分离操作条件的选择

1. 柱长

增加柱长，组分在固定相和载气之间进行的分配过程次数增多，有利于分离；但也延长了流出时间。在满足分离要求的前提下，应使用尽可能短的柱子。一般填充柱柱长为1～5m。

2. 载气及其流速

选用何种气体作载气，与所采用的检测器有关。一般热导检测器用氢气作载气，氢焰检测器用氮气作载气。

载气流速对柱效率影响很大。提高流速可以减小样品分子的自身扩散作用，提高柱效率；但随着载气流速的增大，加剧了分配过程不平衡引起的谱峰展宽，又对分离不利。由于载气流速的变化引起了互相矛盾的影响，必然存在一个最佳流速，该最佳载气流速可通过试验求出。对于填充柱，用氮气作载气时，一般实用线速度为10～12cm/s；用氢气作载气时，则为15～20cm/s。

3. 柱温

在气液色谱中，柱温不能高于固定液的最高允许使用温度。

柱温对分离效果影响很大。降低柱温有利于分离；但柱温过低导致峰形展宽，且延长了分析时间。对于气态样品，柱温可选在50℃左右；对于液态样品，柱温通常低于或接近样品组分的平均沸点；对于沸程较宽的多组分混合物，可以采用程序升温的办法，即在分析过程中按一定速率逐渐升温，使沸点差别较大的组分都能得到良好的分离。

4. 进样条件

进样条件包括汽化温度、进样量和进样技术。进样后要有足够的汽化温度，使液态样品迅速完全汽化并随载气进入色谱柱。一般选择汽化温度比柱温高30～70℃。

进样量与固定相总量及检测器灵敏度有关。允许的进样量应控制在峰面积与进样量呈线性关系的范围内。液态样品一般进样0.1～5μL；气态样品为0.1～10mL。

第二节　气相色谱仪及其操作

一、仪器的构成

1. 气路和分离系统

图9-3为单柱单气路气相色谱仪气路流程。载气由高压气瓶供应，经减压、净化、调至适宜的压力和流量，流经进样-汽化室、色谱柱和检测器。试样用注射器由进样口注入汽化室，汽化了的样品由载气携带经过色谱柱进行分离，被分离的各组分依次流入检测器，在此将各组分的浓度或质量的变化转换为电信号，并在记录仪上记录出色谱图。国产102G型、HP4890型气相色谱仪都属于这种类型。

图9-4为双柱双气路气相色谱仪气路流程。载气经净化、稳压后分成两路，分别进入两根色谱柱。每个色谱柱前装有进样-汽化室，柱后连接检测器。双气路能够补偿气流不稳及固定液流失对检测器产生的影响，特别适用于程序升温。新型双气路仪器的两个色谱柱可以装入性质不同的固定相，供选择进样，具有两台气相色谱

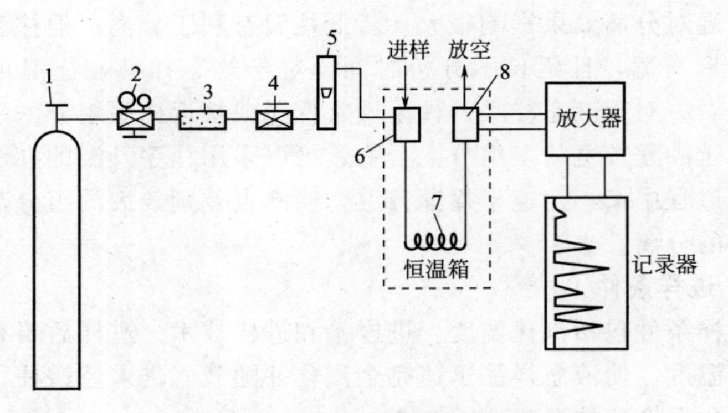

图 9-3　单柱单气路气相色谱仪气路流程

1—载气钢瓶；2—减压阀；3—净化器；4—气流调节阀；
5—转子流速计；6—汽化室；7—色谱柱；8—检测器

仪的功能。国产 SP2305 型、GC9790 型、GC900A 型和 SP3400 系列气相色谱仪都属于这种类型。

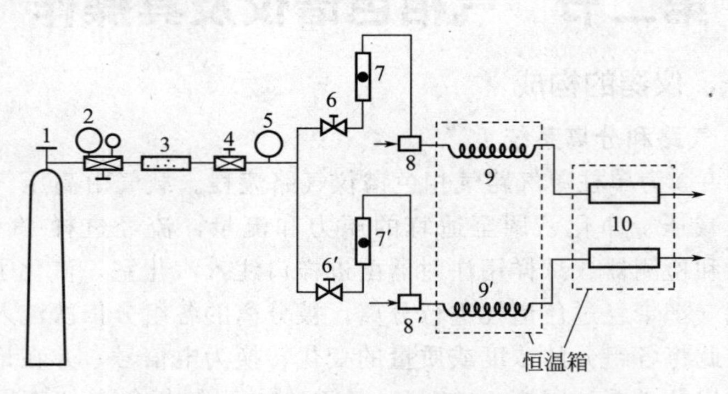

图 9-4　双柱双气路气相色谱仪气路流程

1—载气钢瓶；2—减压阀；3—净化器；4—稳压阀；
5—压力表；6,6′—针形阀；7,7′—转子流速计；
8,8′—进样-汽化室；9,9′—色谱柱；10—检测器

由于汽化室、色谱柱和检测器都需要调控温度，故仪器设有加热装置及温度控制系统，分别控制汽化室、柱箱和检测器的加热温度。

2. 检测和记录系统

检测器有多种，常用的是热导检测器和氢火焰离子化检测器。

热导检测器（TCD）是基于载气和被测组分通过热敏元件时，由于二者热导率不同，使其电阻变化而产生电信号。图 9-5 为热导池的结构。在金属块中钻有四个孔道，其中各固定一根电阻值相同的铼钨丝作热敏元件，这四个热敏元件组成惠斯登电桥的四个臂，如图 9-6 所示。纯载气流过的两个臂叫做参考臂（见图 9-6 中 R_1、R_4）；载气携带被测组分流过的两个臂叫做测量臂（见图 9-6 中 R_2、R_3）。未进试样时，流经参考臂和测量臂的都是载气，热导率相同，热敏元件电阻值也相同，电桥平衡（$R_1R_4=R_2R_3$），无信号输出；当载气携带被测组分流经测量臂时，由于混合气体热导率的变化，导致测量臂电阻变化，$R_1R_4 \neq (R_2+\Delta R)(R_3+\Delta R)$，电桥即输出不平衡信号，在记录仪上画出相应的色谱峰。图 9-6 中 A 点和 D 点处连接的电位器是供精细调节电桥平衡用的，实际仪器上一般称为“热导调零”或“池平衡”调节器。“衰减”开关的作用是取出一定比例的信号，控制

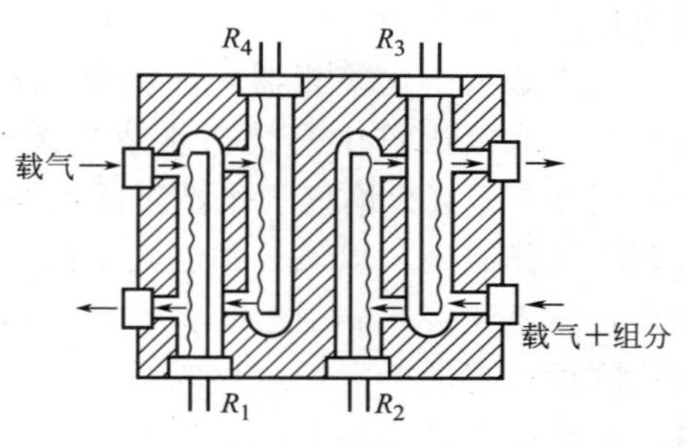

图 9-5 热导池

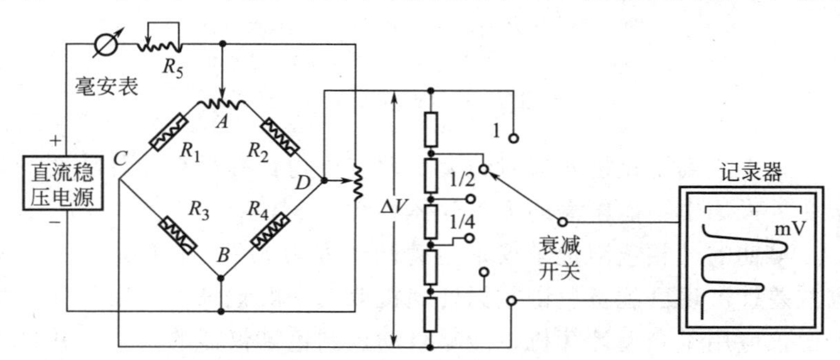

图 9-6 热导检测器的电路原理

输出电平，以适应记录仪量程。

热导检测器结构简单、稳定性好，对所有物质都有响应，是广泛应用的一种检测器。

氢火焰离子化检测器，简称氢焰检测器（FID）。它是基于有机物蒸气在氢火焰中燃烧时生成的离子，在电场作用下产生电信号。图 9-7 为氢火焰离子化检测器工作示意图。使用这种检测器一般以氮气作载气，以氢气作燃气。载气携带被分离组分从色谱柱中流出，与氢气混合一起进入离子室，同时通入空气使氢气燃烧。在火焰附近设置两个电极，形成一直流电场。火焰中被测组分电离产生的离子在电场作用下形成电流（10^{-6}～10^{-14}A），经放大在记录仪上描绘出色谱图。

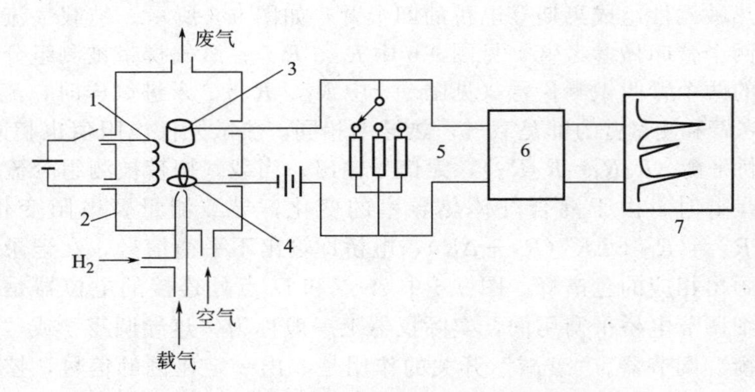

图 9-7　氢火焰离子化检测器工作示意图

1—点火线圈；2—离子室；3—收集极；4—极化极；
5—高电阻；6—放大器；7—记录仪

氢火焰离子化检测器对绝大多数有机物具有很高的灵敏度，对于在氢火焰中不能电离的无机气体和水，没有响应。

早期的气相色谱记录仪是用满标量程为 5mV 或 10mV 的电子电位差计。现已配备色谱数据处理机取代一般记录仪。新一代气相色谱仪应用了微型计算机，能够自动控制色谱仪器的操作，并自动采集数据，给出定量分析结果。

二、基本操作技术

1. 填充色谱柱的制备

气液色谱填充柱常用内径 2～4mm 的不锈钢管，弯成螺旋状。选定柱长以后，按照柱长、内径和载体的表观密度估算所需载体量，实际用量要多出 20%。再按选定的固定液和液载比，算出所需固定液量。有了这些数据即可按以下步骤进行操作。

(1) 柱管检查与清洗　首先检查柱管是否有损坏泄漏之处。可堵住柱子出口，将柱管全部浸入水中，另一端通入气体。在高于使用的操作压力下，不应有气泡冒出，否则应更换柱管。清洗不锈钢柱管，可用 50～100g/L 的热氢氧化钠水溶液抽洗 4～5 次，以除去管内壁的油污，然后用自来水冲洗至中性，烘干备用。

(2) 固定液的涂渍　称取需要量的固定液和载体，分别置于两个干燥的烧杯中。在固定液中加入低沸点有机溶剂，如乙醚、丙酮、苯等。所用溶剂应能与固定液完全互溶且易挥发，其用量应刚好能浸没所称取的载体。待固定液完全溶解后，倒入准备好的载体，轻轻摇匀。将烧杯置于通风橱中，让溶剂自然挥发，并随时轻摇。近干时可用红外灯烘烤，直至溶剂完全挥发。最后用 60～80 目筛子筛分，除去细粉。

(3) 柱子的装填　将洗净烘干的柱管一端塞入一小段玻璃棉，管口包扎纱布。按图 9-8 所示，通过缓冲瓶和带调压阀的三通接真空泵减压抽气；另一端接一小漏斗，向漏斗中连续加入涂渍好的固定相，并用小木棒轻敲柱管，使固定相填充均匀、紧密，直到填

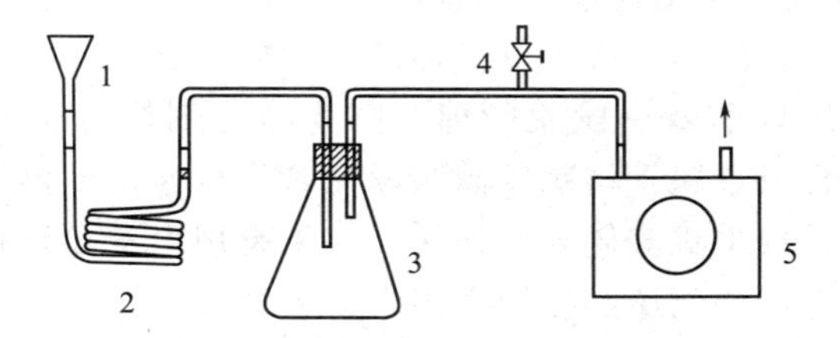

图 9-8　泵抽装柱示意

1—漏斗；2—色谱柱；3—缓冲瓶；4—调压阀；5—真空泵

满。全开调压阀，停泵。取下柱管，在入口一端也塞入一小段玻璃棉，并加以标记。

(4) 老化处理　色谱柱在高于操作温度下通载气处理，使其稳定的过程称为老化。老化的目的是彻底除去固定相上残存的溶剂和易挥发杂质，同时促进固定液更均匀、更牢固地涂布到载体表面上。将色谱柱入口端接入气相色谱仪气路中，出口端不接检测器而是直接通大气放空。开启载气，控制较低流速，先在较低温度下加热1～2h，然后缓慢升温到固定液最高使用温度之下20～30℃，连续老化处理数小时。后期将柱子出口端接到检测器上，开启记录仪，继续老化至基线平稳为止。

2. 气路安装与检查

气相色谱仪的外气路和色谱柱需要使用者自行安装。由于气体管路多用不锈钢管，各部件之间靠压环、密封圈和螺母连接。有的也采用尼龙管或聚乙烯管连接。为确保气路系统的严格密封，不仅需要缜密地安装，而且在仪器使用前还必须进行气密性检查。

(1) 安装

① 安装减压阀　高压钢瓶所用减压阀有两种："氢气减压阀"(左螺纹)，适合安装到氢气钢瓶上；"氧气减压阀"(右螺纹)，适合安装到氮气或空气钢瓶上。在安装氢气钢瓶减压阀时，钢瓶出口与减压阀连接处应加入尼龙垫圈，且应注意螺母的旋转方向。各减压阀的输出接口要换上气相色谱仪专用气体接口，再锁紧阀上的螺帽。

② 连接气体净化管　净化管的作用是除去气体中夹带的微量水分和杂质。将洗净并烘干的气体净化管内分别装入分子筛、硅胶等，在气体出口前塞一段脱脂棉（防止净化剂粉尘吹入色谱柱）。用聚乙烯导管或金属管将减压阀与净化管入口连接，再将净化管出口与气相色谱仪主机气体入口连接。如果是用聚乙烯导管直接套在金属管接头上，外面还必须用紧固卡子锁紧。

③ 安装色谱柱　新填充固定相的色谱柱进行老化处理时，要将色谱柱入口接到汽化室出口上，色谱柱出口通过软管接至室外。

在老化的后期，再将色谱柱出口接到检测器入口上。安装色谱柱需将专用垫圈和螺母装到接头上，让这段柱管与相连接的接头保持在一条直线上对准（否则垫圈受力不均，易造成漏气）。先用手拧紧螺母，再用扳手将螺母拧紧。

（2）气密性检查　检查气路系统气密性可分段进行，利用观察压力和涂抹皂液的方法，找出可能存在的漏气点，进行紧固密封处理。

① 钢瓶至减压阀之间　打开钢瓶总阀，观察减压阀上的两个压力表，高压表指示钢瓶内的压力，低压表指示输出压力。此时输出压力应为零；如不是零说明减压阀漏气。关闭钢瓶总阀，高压表示值应不变；如压力有所下降，可用皂液涂在各接头处观察气泡，找出漏点做紧固处理。

② 减压阀至汽化室之间　用垫有橡胶垫的螺帽封堵汽化室出口。打开减压阀调节输出压力为0.03MPa，打开仪器上的稳压阀，用皂液检查各管接头和进样口密封垫是否有漏气。关闭气源，待30min后，仪器上压力表指示值下降小于0.005MPa，说明汽化室前的气路无漏处。这步检查要在安装色谱柱之前进行。对于已经安装好色谱柱的仪器，不必拆开，可参照②、③步骤逐段排查。

③ 汽化室至检测器出口之间　接好色谱柱。开启载气，输出压力调在0.2～0.4MPa。将载气流量调至最大，封堵检测器气体出口。若流量计中的转子能下降至零点，表明不漏气；否则需用皂液检查各接头，以排除漏处。或者关闭载气稳压阀，30min后仪器上压力表指示值下降小于0.005MPa，说明无漏处。

3. 仪器一般操作程序

气相色谱仪种类、型号繁多，结构和性能各具特色，其具体使用操作步骤详见有关仪器说明书。这里仅说明普及型气相色谱仪的一般操作程序。

（1）使用热导检测器（TCD）的操作

① 检查气密性　将载气钢瓶输出气压调至0.3MPa左右，封堵仪器排气口，缓慢开启载气稳压阀，这时载气流量计应无指示。

若有指示值，表示有漏气处，应找到漏处加以处理。

② 调节载气流量　打开仪器排气口，调节载气稳压阀和针形阀，使载气流量计指示到实验所需的载气流量值。热导检测器多用氢气作载气，仪器的气体出口要用软管通至室外。

③ 调控温度　打开主机电源和加热电源开关，缓慢调节各温度调节旋钮，将汽化室、柱箱和检测器温度分别调控到设定的温度值。

④ 开启记录仪或色谱数据处理机，设定数据处理机的相关参数（见本章第三节）。

⑤ 设定TCD工作条件　当各点温度达到设定值后，开启检测器电源，设定电桥电流（100～250mA），预调输出电平（衰减），反复调节“调零”和“池平衡”旋钮，使基线稳定在零点。

⑥ 进样测定　待基线稳定后，用注射器进样，记录仪画出试样的色谱图。使用色谱数据处理机时，进样的同时按下数据处理机的“起始”（START）键；样品出峰完毕后，按下数据处理机的“停止”（STOP）键，即完成数据采集与处理。

⑦ 关机　测定结束后，依次关闭记录仪或数据处理机，关闭检测器，关闭加热系统，关闭总电源。待柱温降至室温后，关闭钢瓶总阀，待压力表指针回零后，再关闭减压阀和主机上的载气稳压阀。

(2) 使用氢焰检测器（FID）的操作

① 检查气路、调节载气流量、调控温度、开启记录仪或数据处理机等操作与使用TCD时①、②、③、④步的操作相同，只是FID常用氮气作载气。

② 调控氢气和空气流量　开启氢气钢瓶，将减压阀输出气压调在0.2MPa；开启空气压缩机或空气钢瓶，用各自的调节阀门将氢气和空气流量调节到实验所需的流量值。

③ 设定FID工作条件　设定检测器的灵敏度，预设输出电平（衰减），调节“调零”旋钮，使基线稳定在零点。

④ 点火　按下点火开关或用点火枪在检测器顶部直接点

火，观察基线是否变化。若基线位置未变，说明火未点着，需重新点火（点火时氢气流量可适当加大，点燃后再调回正常值）。若基线显著离开原来的位置，表明火已点燃。之后再调节“基流”旋钮，将基线调回到指定位置。待基线稳定后即可进样分析。

⑤ 进样分析　操作方法与使用 TCD 时相同，只是进样量较少。

⑥ 关机　先关氢气钢瓶总阀，压力表回零后关减压阀，关主机上的氢气阀；关空气压缩机或空气钢瓶，关主机上的空气阀。之后依次关闭数据处理机、关闭加热系统、关闭仪器总电源。最后，关闭载气钢瓶总阀、减压阀和主机上的载气稳压阀。

4. 进样技术

如前所述，进样量、汽化温度和进样技术对样品的分离和定量有很大影响。熟练而正确地进样是气相色谱分析的重要操作技术之一，必须加以重视。下面说明使用较多的两种进样器的操作方法。

(1) 用微量注射器进样　液体样品常用微量注射器进样；固体样品通常以溶剂溶解后，再用微量注射器进样。这种进样器有 1μL、10μL、50μL、100μL 等规格，其外观如图 9-9 所示。

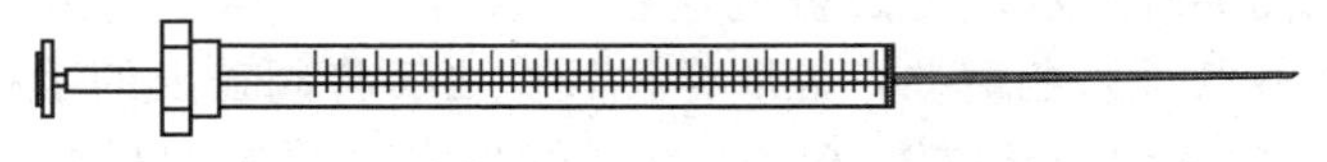

图 9-9　微量注射器

用微量注射器取样前，应先用溶剂抽洗 5～6 次，再用被测样品抽洗 5～6 次。然后缓慢抽取稍多于进样量的试样。此时若有空气带入，可将针头朝上，排除气泡，再排出过量的试样，并用滤纸吸去针外面所沾的试样。

取样后要立即进样。进样时要求注射器垂直于进样口，左手扶着针防弯曲，右手拿注射器 [见图 9-10(a)]，迅速刺穿进样口的硅橡胶垫，平稳推进针筒，注意针头不能碰到汽化室内壁；这时用右手食指轻巧、迅速地将试样注入，如图 9-10(b)；完成后立即拔出注射器。整个过程要稳重、连贯、迅速，进针位置及速度、针尖停留和拔出速度都会影响进样的重现性。

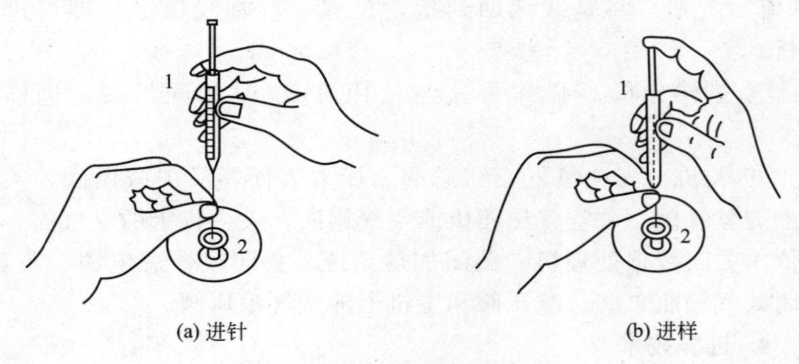

(a) 进针　　(b) 进样

图 9-10　微量注射器进样姿势

1—微量注射器；2—仪器进样口

(2) 用六通阀进样　气体样品进样量较大，多用专门设计的六通阀进样。常用的旋转六通阀（也称平面六通阀）由阀座和阀盖（阀瓣）构成，靠弹簧将这两个部件压紧，保持其接触面的气密性。阀座上有 6 个孔，分别连接 6 个气体管道；阀盖上加工有互成 120°角的 3 个通道，每个通道恰好连通阀座上相邻的两个孔道。如图9-11所示，当阀盖处于位置（a）时，样品气体进入定量管，载气进入色谱柱，为取样位置。之后将阀盖上的手柄旋转 60°角，即达到进样位置（b），载气就将定量管中的样品气带入

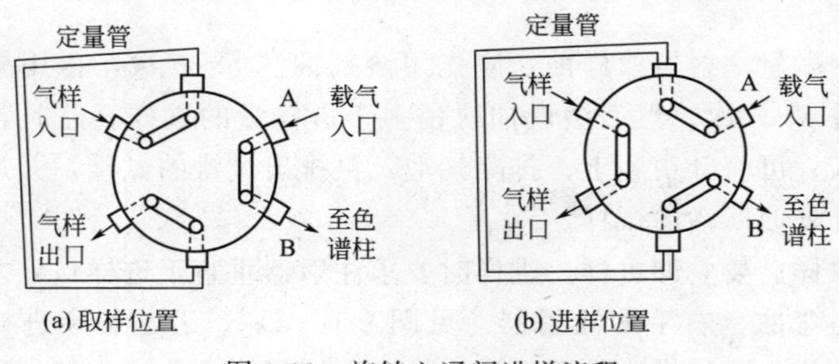

(a) 取样位置　　(b) 进样位置

图 9-11　旋转六通阀进样流程

色谱柱，完成进样。定量管可根据需要选用 0.5mL、1mL、3mL、5mL 数种。

使用六通阀应避免带有小颗粒固体杂质的气体进入。否则在转动阀盖时，固体颗粒会擦伤阀体造成漏气。

第三节 定性和定量分析

一、色谱图及有关术语

气相色谱记录仪描绘的峰形曲线称为色谱图。图 9-12 表示一个典型的二组分试样的气液色谱图，现以这个色谱图为例说明有关术语。

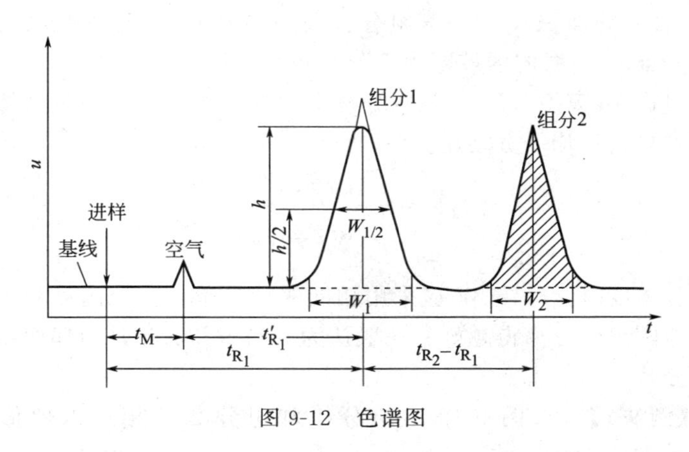

图 9-12 色谱图

(1) 基线 在正常操作条件下，仅有载气通过检器系统时所产生的响应信号的曲线。稳定的基线是一条平行于时间坐标轴的直线。

(2) 保留时间 (t_R) 被测组分从进样开始到检测器出现其峰最大值所需的时间。

(3) 死时间 (t_M) 不与固定相作用的组分（如空气）的保留时间。

(4) 调整保留时间 (t'_R) 扣除死时间后的保留时间，即

$$t'_R = t_R - t_M \tag{9-1}$$

(5) 相对保留值（γ_{is}）在相同操作条件下组分 i 和参比组分 s 调整保留时间之比。

$$\gamma_{is} = \frac{t'_{R(i)}}{t'_{R(s)}} \tag{9-2}$$

(6) 峰底 从色谱峰的起点与终点之间连接的直线（图中虚线）。

(7) 峰高（h） 色谱峰的最大值到峰底的垂直距离。

(8) 峰宽（W） 通过色谱峰两侧的拐点所作切线与峰底相交两点间的距离。

(9) 半高峰宽（$W_{1/2}$） 通过峰高中点作平行与峰底的直线，此直线与峰两侧相交两点之间的距离。

(10) 峰面积（A） 某组分色谱峰与峰底之间所围成的面积。图 9-12 画有斜线的区域即为组分 2 的峰面积。

(11) 分离度（R） 又叫分辨率。指相邻两个组分色谱峰保留值之差与其平均峰宽之比。

$$R = \frac{t_{R_2} - t_{R_1}}{\frac{1}{2}(W_1 + W_2)} \tag{9-3}$$

计算分离度时，t_R 与 W 应采用相同的计量单位。分离度越大，表明相邻两组分分离得越好。一般认为，当 $R \geqslant 1.5$ 时相邻两组分已完全分开。

【例 9-1】 求图 9-12 中组分 1 和组分 2 的相对保留值和分离度。

解 可以一律采用长度单位进行测量和计算。通过测量该色谱图得到

$$t_M = 10\text{mm}，t_{R_1} = 33\text{mm}，t_{R_2} = 56\text{mm}，$$
$$W_1 = 14\text{mm}，W_2 = 11\text{mm}$$

将测得值代入式(9-2) 和式(9-3) 中，得

$$\gamma_{1,2} = \frac{t'_{R_1}}{t'_{R_2}} = \frac{33-10}{56-10} = 0.50$$

$$R=\frac{t_{R_2}-t_{R_1}}{\frac{1}{2}(W_1+W_2)}=\frac{56-33}{\frac{1}{2}\times(14+11)}\approx 1.8$$

二、定性分析

在一定的色谱条件下，每种物质都有各自确定的保留值。可以通过比较未知物与纯物质保留值是否相同来定性。

（1）绝对保留值法　在相同的色谱条件下，分别测定并比较未知物和纯物质的保留值（t'_R或t_R）。保留值相同时，可能就是同一物质。

（2）相对保留值法　相对保留值仅与固定相及柱温有关，不受其他操作条件的影响。文献上已经发表了多种物质的相对保留值。在规定的固定相及柱温条件下，测出未知组分对基准物的相对保留值，与文献数据对照即可作出定性判断。

（3）增加峰高法　在试样中加入适量的某纯物质，进样后峰高增加的色谱峰可能与加入的纯物质为同一物质。

（4）双柱（或多柱）定性　不同物质在同一色谱柱上可能具有相同的保留值。采用两根（或多根）性质不同的色谱柱做色谱试验，观察未知物与纯物质的保留值是否总是相同，即可得出可靠的定性结果。

利用保留值定性有一定的局限性。近年来发展了气相色谱与质谱、红外光谱的联用技术，使色谱的高分离效能和质谱、红外光谱的强鉴别能力相结合，加上电子计算机对数据的快速处理及检索，为未知试样的定性分析开辟了新的前景。

三、定量分析

在仪器操作条件一定时，被测组分的进样量与它的色谱峰面积成正比，这是色谱定量分析的基本依据。即

$$m_i=f_iA_i \tag{9-4}$$

式中　m_i——组分 i 的质量；

f_i——组分 i 的校正因子；

A_i——组分 i 的峰面积。

由式(9-4) 可见，色谱定量分析需要解决三个问题：准确测量峰面积；确定校正因子；用适当的定量计算方法，将色谱峰面积换算为试样中组分的含量。

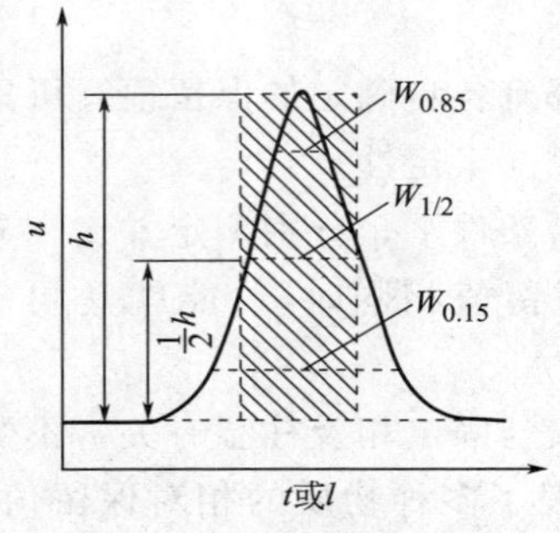

图 9-13　色谱峰面积的测量

1. 峰面积的测量

手工测量峰面积可用峰高乘平均峰宽法。在峰高的 0.15 和 0.85 处分别测出峰宽，取平均值得平均峰宽（见图 9-13），按下式计算峰面积：

$$A=\frac{1}{2}h(W_{0.15}+W_{0.85}) \quad (9\text{-}5)$$

当峰形对称时，峰高乘半高峰宽即得峰面积。在试样中微量组分的测定中，有时可用峰高代替峰面积进行定量分析。

使用色谱数据处理机时，只要设置相关参数，仪器能自动打印出峰面积和计算结果。

2. 定量校正因子

校正因子$\left(f_i=\frac{m_i}{A_i}\right)$表示单位峰面积所代表的组分 i 的量。由于受到实验技术的限制，校正因子不易准确测定。在定量分析中常用相对校正因子（f'_i），即某组分的校正因子（f_i）与一种基准物或内标物的校正因子（f_s）之比。

$$f'_i=\frac{f_i}{f_s}=\frac{\frac{m_i}{A_i}}{\frac{m_s}{A_s}}=\frac{m_iA_s}{m_sA_i} \quad (9\text{-}6)$$

式中　A_i，A_s——组分 i 和基准物 s 的峰面积；

m_i，m_s——组分 i 和基准物 s 的质量。

当 m_i、m_s 用质量表示时，所得相对校正因子称为相对质量校正因子，用f'_m表示。当 m_i、m_s 用物质的量（单位为 mol）表示时，所得相对校正因子称为相对摩尔校正因子，用f'_M表示。

根据式(9-6)，只要准确称取一定量待测组分的纯物质（m_i）和基准物（m_s），混匀后进样$\left(\frac{m_i}{m_s}一定\right)$，分别测量出相应的峰面积 A_i、A_s，即可求出组分 i 的相对校正因子f'_i。

由于相对校正因子只与待测组分、基准物及检测器类型有关，不受操作条件的影响，因而具有一定的通用性。国内外的色谱工作者在这方面已经做了大量的工作，测出了多种有机化合物和无机气体的相对校正因子数据，发表于文献中。有些文献还以相对响应值（s'）形式发表。在采用相同的单位时，s'和 f'之间是倒数关系。

$$s'=\frac{1}{f'} \tag{9-7}$$

本书附录中三和附录中四分别列出了文献上发表的一些物质的相对响应值和相对校正因子数据。这些数据都是以苯作基准物测定出来的。附录中三适用于以氢气或氦气作载气的热导检测器；附录中四适用于氢焰检测器。当文献中查不到待测组分的 f'或 s'数据时，需自行测定。

3. 常用的定量方法

（1）归一化法　把所有出峰组分的质量分数之和按 1.00（或 100%）计的定量方法称为归一化法。其计算式为：

$$w_i=\frac{m_i}{m_1+m_2+\cdots+m_n}=\frac{f'_iA_i}{f'_1A_1+f'_2A_2+\cdots+f'_nA_n} \tag{9-8}$$

式中　w_i——试样中组分 i 的质量分数；

m_1，m_2，…，m_n——各组分的质量；

A_1，A_2，…，A_n——各组分的峰面积；

f'_1，f'_2，…，f'_n——各组分的相对质量校正因子；

m_i，A_i，f'_i——试样中组分 i 的质量、峰面积和相对质量校正因子。

对于气体试样，可代入各组分的相对摩尔校正因子（f'_M），按式(9-8) 的形式求出试样中各组分的体积分数（φ）。

若试样各组分的 f' 值近乎相等，如同系物中沸点接近的组分，用式(9-8) 计算时可略去 f'，直接用面积归一化。

此法简便、准确，进样量和操作条件变化时，对分析结果影响很小。但要求试样中所有组分都必须流出色谱柱，并在记录仪上单独出峰。

【例 9-2】 某涂料稀释剂由丙酮、甲苯和乙酸丁酯组成。利用气相色谱/热导检测器（TCD）分析得到各组分的峰面积为 $A_{丙酮}=1.63\text{cm}^2$，$A_{甲苯}=1.52\text{cm}^2$，$A_{乙酸丁酯}=3.30\text{cm}^2$。求该试样中各组分的质量分数。

解 由附录中三查出有关组分在热导检测器上的相对质量校正因子：

$$f'_{丙酮}=0.87,\ f'_{甲苯}=1.02,\ f'_{乙酸丁酯}=1.10$$

$$\sum f'_m A=0.87\times1.63+1.02\times1.52+1.10\times3.30=6.60$$

按式(9-8)，试样中各组分的质量分数分别为：

$$w_{丙酮}=\frac{0.87\times1.63}{6.60}=0.215$$

$$w_{甲苯}=\frac{1.02\times1.52}{6.60}=0.235$$

$$w_{乙酸丁酯}=\frac{1.10\times3.30}{6.60}=0.550$$

(2) 内标法　当只要求测定试样中的某几个组分，或试样中所有组分不能全部出峰时，可采用内标法定量。将已知量的内标物（试样中没有的一种纯物质）加入到试样中，进样出峰后根据待测组分和内标物的峰面积及相对校正因子计算待测组分的含量。

设 m 为称取试样的质量；m_s 为加入内标物的质量；A_i、A_s 分别为待测组分和内标物的峰面积；f_i、f_s 分别为待测组分和内标物的校正因子。则

$$\frac{m_i}{m_s}=\frac{f_iA_i}{f_sA_s}$$

$$w_i=\frac{m_i}{m}=f'_i\frac{A_im_s}{A_sm} \tag{9-9}$$

内标法定量准确，不像归一化法有使用上的限制。但需要称量试样和内标物的质量，不适宜于快速控制分析。

【例 9-3】 测定工业氯苯中的微量杂质苯，以甲苯作内标物。称取氯苯样品 5.119g，加入甲苯 0.0421g。将混合样注入色谱仪（检测器为 FID）得到如图 9-14 所示的色谱图。求试样中杂质苯的质量分数。

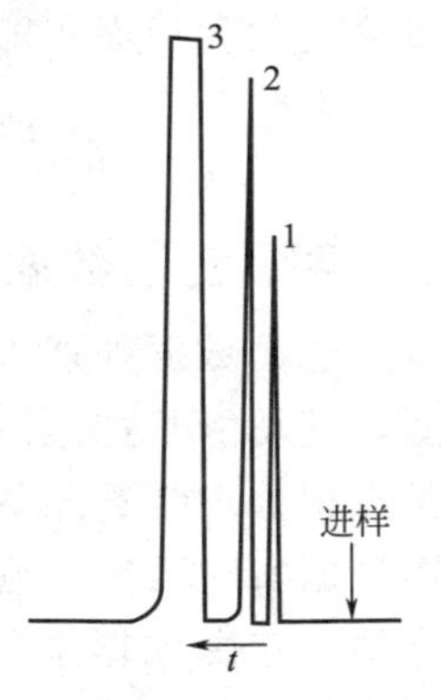

图 9-14 测定氯苯中杂质苯的色谱图

1—苯；2—甲苯；3—氯苯

解 由色谱图测量出苯和甲苯的峰高：$h_{苯}=3.8\text{cm}$，$h_{甲苯}=5.4\text{cm}$。由附录四查出相对质量校正因子：$f'_{苯}=1.00$，$f'_{甲苯}=1.04$。

用峰高代替峰面积，代入式(9-9)，得

$$w_{苯}=\frac{f'_{苯}h_{苯}}{f'_{甲苯}h_{甲苯}}\times\frac{m_{甲苯}}{m}$$

$$=\frac{1.00\times3.8}{1.04\times5.4}\times\frac{0.0421}{5.119}=0.56\%$$

(3) 外标法 所谓外标法就是校准曲线法。利用待测组分的纯物质配成不同含量的标准样，取一定体积标准样进样分析，测绘峰面积对含量的校准曲线。分析试样时，在同样的操作条件下，注入相同体积的试样，根据待测组分的峰面积，在校准曲线上查出其含量。

当被测组分含量变化范围不大时，也可以不绘制校准曲线，而用单点校正法。即配制一个和被测组分含量接近的标准样，分别准确进样，根据所得峰面积直接计算被测组分的含量。

$$w_i=\frac{A_i}{A'_i}\times w'_i \tag{9-10}$$

式中 w_i，w'_i——试样和标样中待测组分的含量；

A_i，A'_i——试样和标样中待测组分的峰面积。

外标法操作和计算都简便，适用于生产控制分析。但要求操作条件稳定，进样量准确。

【例 9-4】 用气固色谱（检测器为 TCD）测定富氧空气中的氧

含量时，以新鲜空气作标样。在一定条件下测得试样气体和标样的峰高分别为23.5cm和15.8cm。求富氧空气中氧的体积分数。

解 已知新鲜空气中O_2的体积分数$\varphi'_{O_2}=0.210$，根据式(9-10)以峰高代替峰面积即可求出富氧空气的含氧量。

$$\varphi_{O_2}=\frac{h_{O_2}}{h'_{O_2}}\times\varphi'_{O_2}=\frac{23.5}{15.8}\times 0.210=0.312$$

四、色谱数据处理机的使用

色谱数据处理机的种类很多，大致可分为三类：第一类属基本型，其功能是把色谱图和处理结果即时通过打印绘图仪输出；第二类数据处理装置配备打印绘图机、磁盘驱动装置和监视器，可将色谱数据实时监视、输出和存盘后再进行解析处理；第三类是色谱工作站，它由数据采集-转化装置、工作站软件和一套计算机组成，初步具备智能功能。限于篇幅，这里仅简介基本型（CDMC型）数据处理机的功能和使用方法。这类数据处理机由处理器机芯、操作面板和打印机构成。操作面板上有三组操作键。其中功能键如“起始”、“停止”、“走纸”等，用于执行相应的操作；数字键和参数键配合用于设置分析参数与计算参数。

1. 参数及其设置

分析参数指本机能检测到的色谱峰的有关参数，如峰宽、最小面积等。其中经常使用的是首峰号（H）键，其他分析参数一般可利用机内设置的初始值，不必另行设定。

计算参数包括选定的定量计算方法及计算所需的有关数据，必须预先设定。

(1) 方法（MD） 用数字代码表示指定的定量计算方法。如41表示面积归一化法；42表示校正因子归一化法；43表示内标法；44表示外标法。

(2) 保留时间（RT） 指被测组分的标准保留时间，由初试得到。单位为min。

(3) 时间窗（TW） 相对于标准保留时间而言的一个允许的

时间区间（百分数），在此区间内出峰都可被检测到。该参数只需在首峰处设置一次，如设为5%。

（4）响应因子(F)　即为相对校正因子f'。在归一化法中，规定首峰F=1.00；在内标法中，规定内标物峰F=1.00。

（5）浓度(CONC)　指标准样中组分的浓度，求f'时需以设置；求试样中被测组分含量时，该键置入“0”(表示待求)。

（6）样品量(SPWT)　在内标法中，加入内标物前的样品质量（g）。

（7）内标量(ISWT)　在内标法中，往样品中加入内标物的质量（g）。

（8）峰鉴定号(ID)　指试样中各组分色谱峰的编号。其中首峰号由人为指定，其他峰按自然顺序排号。

2. 归一化法定量分析

使用本机前，需根据试样色谱初试情况确定各组分的峰鉴定号、标准保留时间、时间窗和相对校正因子等数据，并列成峰鉴定表（ID表）。例如表9-2。

表9-2　峰鉴定表示例

ID	RT	TW	F	CONC
1	1.02	5	1.00	0
2	1.91	0	1.04	0
3	3.66	0	1.10	0

然后，按下列步骤进行操作：

① 开机，选择文件号。（每个文件存储一套分析方案）。预热10min。

② 设置分析参数。如利用机内初始值，可以不再设置。

③ 设置计算参数，输入“42方法”。接着按照峰鉴定表的顺序依次输入各组分的ID、RT、TW、F和CONC等数据。

④ 输入首峰号。如本例为1H。

⑤ 进样，同时按“起始”或“遥控”功能键。待出峰完毕，按“停止”键，仪器自动打印出色谱图、各组分的保留时间

(RT)、峰面积（AR）和浓度（CONC）等定量分析结果。

打印示例见表 9-3。

表 9-3 CDMC-1C 机打印示例

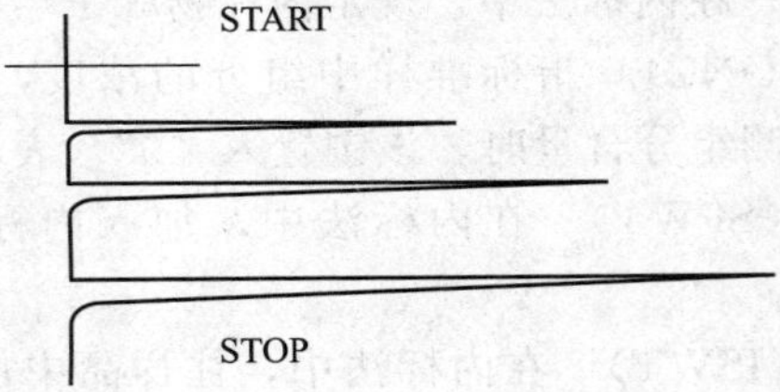

	START	
	STOP	
CDMC		2
04-20		09-45
		5 SC
		42MD
RT		AR
102		19508
191		47455
366		69923
ID	RT	CONC
1	102	13.382
2	191	33.855
3	366	52.762
		100.00

3. 内标法定量分析

内标法的峰鉴定表与归一化法有所不同。无论内标物什么时间出峰，都规定列为首峰号，且 $F=1.00$。峰鉴定表中还应包含样品量和内标量两个称量数据。例如表 9-4。

表 9-4 包含样品量和内标量的峰鉴定表示例

ID	RT	TW	F	CONC
30	1.81	5	1.00	0
31	1.60	0	1.20	0
32	1.95	0	0.90	0
	5.4813	SP WT		
	0.9328	IS WT		

具体操作步骤如下：

① 开机，选择文件号，预热 10min。

② 设置分析参数。

③ 设置计算参数输入“43 方法”。接着按峰鉴定表的顺序，依次输入内标物和被测组分的 ID、RT、TW、*F*、CONC 和 SPWT、ISWT 等。

④ 输入首峰号（即内标物的峰号），如本例为 30H。

⑤ 进样，同时按“起始”或“遥控”功能键。待出峰完毕，按“停止”键，仪器自动打印出色谱图及分析结果。在打印结果中，内标物的 CONC 处打印 IS 字样。

第四节 应用实例

一、常见永久性气体的分析

在大气、煤气、合成气及烟道气的分析中，经常遇到 H_2、N_2、O_2、CO、CO_2、CH_4 等永久性气体的分析问题。如果这些组分是气体试样的主成分，在常温下用 5A 或 13X 型分子筛柱，热导检测器，H_2、N_2、O_2、CO、CH_4 等能够得到较好的分离。只有 CO_2 在分子筛中常温下不易脱附，必须在 CO 流出之前开始程序升温，在较高的温度下使 CO_2 最后流出色谱柱。图 9-15 是以氦气作载气，在室温下 3min 后，以 10℃/min 速度程序升温测得的上述六种组分的色谱图。

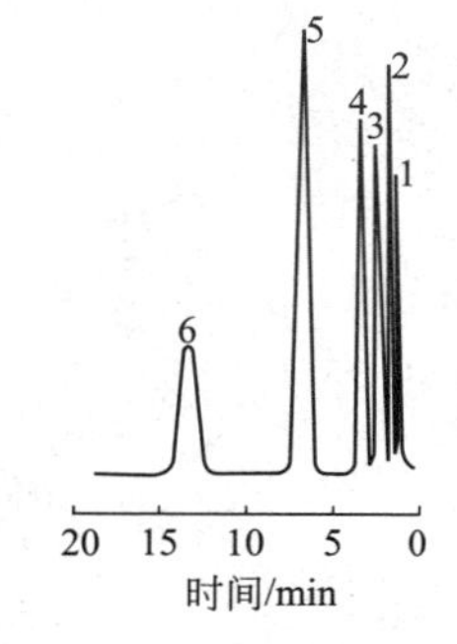

图 9-15 常见永久性气体在 5A 分子筛柱上的色谱图

1—H_2；2—O_2；3—N_2；4—CH_4；5—CO；6—CO_2

由于程序升温色谱仪比较复杂，氦气价格较贵。目前生产控制分析，如分析作为合成氨原料气的半水煤气，大多以氢气作载气，利用多孔高分子微球（GDX）能够分离 CO_2 的特性，采用分子筛和 GDX 两根色谱柱，在恒定温度下完成含有 CO_2 的混合气体的全分析。具体方法有两种：

（1）双柱双气路法　利用双气路气相色谱仪（检测器为TCD)，一柱装 13X 型分子筛；另一柱装 GDX-104 高分子微球。通过两次进样，分别得到各组分的色谱图。通常用外标法定量，以差减法确定样气中 H_2 的含量。

（2）双柱串联法　将 GDX-104 柱和 13X 分子筛柱串联在热导检测器一臂的前后，如图 9-16（a）所示。气样先通过 GDX 色谱柱，在此 CO_2 与其他组分分开，其他组分以混合峰形式首先流出该色谱柱。这时热导池 A 为测量池，B 为参比池。载气继续流动，当混合组分进入分子筛柱时，O_2、N_2、CH_4 及 CO 彼此得到分离，这时 A 变成了参比池，B 变成了测量池。这样，得到图 9-16（b）所示的色谱图。

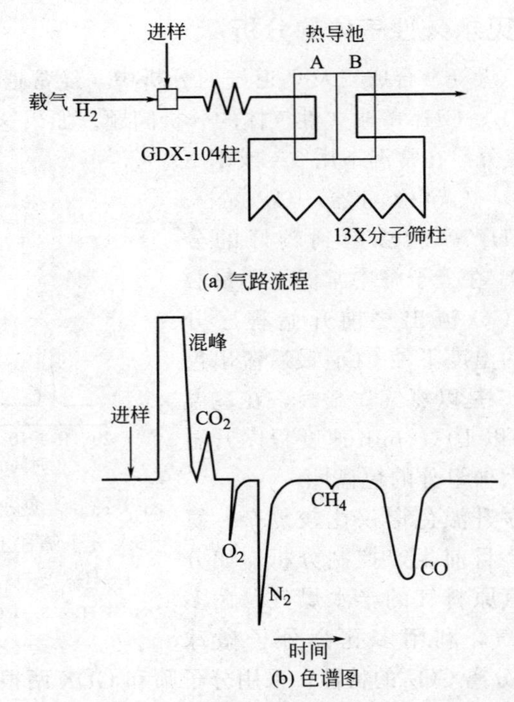

图 9-16　双柱串联分析半水煤气

二、烃类的分析

天然气、石油裂解气作为近代合成化工的基本原料，其主要成分是低分子烃类。适用于分析 $C_1 \sim C_4$ 范围烷烃、烯烃、炔烃类的固定液有异三十烷、β,β'-氧二丙腈、丁酮酸乙酯、硅油等，也可以利用改性氧化铝吸附剂。图 9-2 表明选用 20%异三十烷固定液涂在 6201 载体上作固定相，用热导检测器，氢气作载气，对石油裂解气中 $C_1 \sim C_3$ 烃类气体取得了良好的分离效果（见实验 29）。

在合成橡胶生产中，常常需要分析 C_4 各组分。用丁酮酸乙酯作固定液，热导检测器，氢气作载气，可将 C_4 各组分较好地分离，如图 9-17 所示。

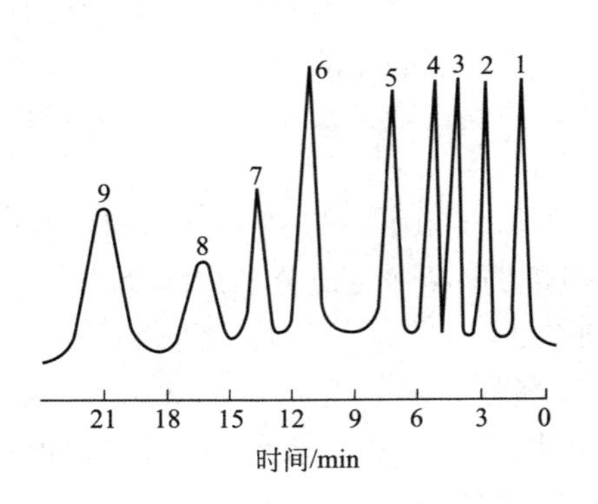

图 9-17　C_4 各组分在丁酮酸乙酯柱上的色谱图

1—空气；2—丙烷；3—丙烯；4—异丁烷；5—正丁烷；6—异丁烯；7—反-2-丁烯；8—顺-2-丁烯；9—1,3-丁二烯

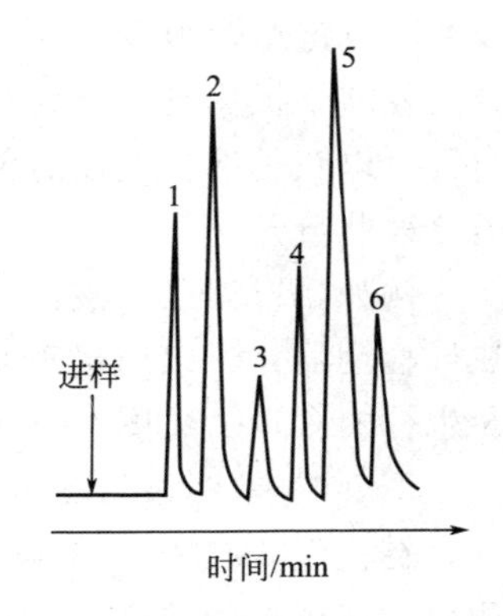

图 9-18　苯系物在邻苯二甲酸二壬酯和有机皂土混合柱上的色谱图

1—苯；2—甲苯；3—乙苯；4—对二甲苯；5—间二甲苯；6—邻二甲苯

对于芳烃的分析，使用邻苯二甲酸二壬酯和有机皂土混合固定液，可使苯系物包括二甲苯的各种异构体得到满意的分离，如图 9-18 所示（见实验 30）。

在高分子工业中，生产聚乙烯树脂要求单体乙烯的纯度在

99.5%以上，其中乙炔含量低于50μg/g，丁二烯含量低于200μg/g。用其他分析方法很难测出这两种微量杂质，而用气相色谱法30min即可报告结果。

三、含氧、含卤有机物的分析

由有机化工原料合成各种单体和有机产品的过程中，经常遇到含氧、含卤化合物的分析问题，如醇、醛、酮、酸、酯、酚、醚及卤代烃等。这些化合物的特点是具有不同程度的极性。对于同族化合物，只要其沸点存在一定差异，就能够用色谱法进行分离，对于同沸点不同族的混合物，也可以利用它们的极性差异或与氢键结合力的强弱获得分离；最难分离的物质往往是同族、沸点相近，而且极性、氢键结合力也差别很小的异构体。对于不同族复杂混合物的分离，需要根据具体分离对象，适当调节固定液的极性、氢键结合力等，以获得选择性强的色谱柱，并确定最佳操作条件，使大多数组分彼此分开。

例如，以聚己二酸乙二醇酯涂渍在401有机载体上作固定相，热导检测器，可以测定工业乙酸酯类产品中主成分乙酸酯和少量醇及水分的含量，见图9-19和实验32。

图9-20是以邻苯二甲酸二丁酯柱，热导检测器，以氢气作载气，在柱温70℃分析工业二氯甲烷的色谱图。按照归一化法可以测出二氯甲烷的纯度和各种杂质的含量。

图9-21是采用PBOB液晶色谱柱，氢焰检测器，分析以无水乙醇稀释的混合酚的色谱图。PBOB液晶是一种芳羧酸双酯类物质，对不同空间构型的溶质分子有特殊的选择性，从而使难分离的间、对位异构体，及酚类中其他组分都得到较好的分离。

对于沸点较高、极性较强、挥发性差的有机物，进行色谱分析之前通常需要进行化学处理，使其定量地转化为相应的衍生物。如高级脂肪酸样品，可预先进行酯化，使其转化为易挥发的脂肪酸甲酯，然后再进行色谱测定。某些含羟基的较大分子有机物如醇类、酚类等，可预先进行硅醚化。它们与硅醚化试剂（六甲基二硅胺）

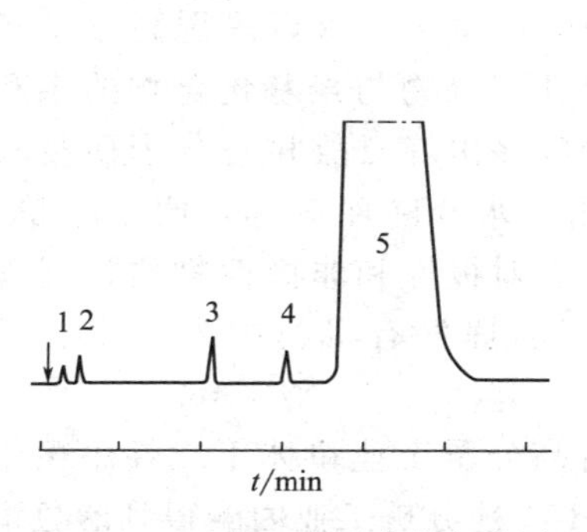

图 9-19　工业乙酸丁酯的色谱图

1—空气；2—水；3—正丁醇；
4—甲酸正丁酯；5—乙酸正丁酯

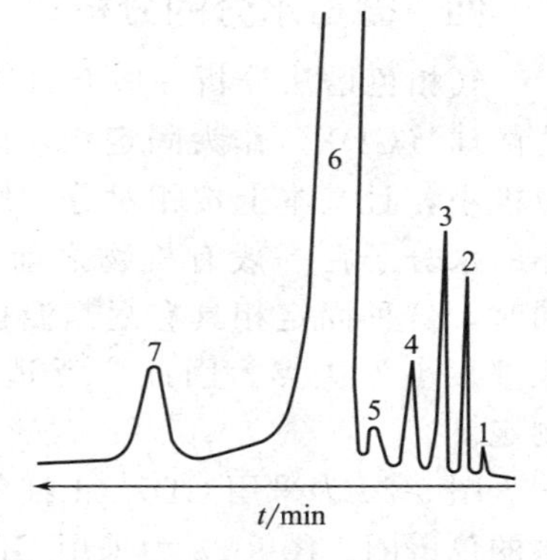

图 9-20　工业二氯甲烷的色谱图

1—空气；2—一氯甲烷；3—一氯乙烷；
4—1，1-二氯乙烯；5—氯丙烯；
6—二氯甲烷；7—三氯甲烷

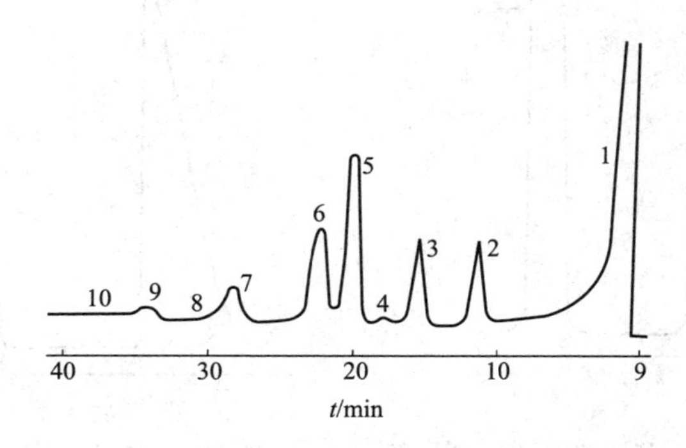

图 9-21　混合酚的色谱图

1—乙醇；2—苯酚；3—邻甲酚；4—2,6-二甲酚；5—间甲酚；
6—对甲酚；7—2,4-二甲酚和 2,5-二甲酚；8—苯；
9—2,3-二甲酚和 3,5-二甲酚；10—x（乙基酚）

反应能生成热稳定性好、易挥发的三甲基硅醚衍生物。这类利用适当的化学反应将难挥发试样转化为易挥发物质，然后再进行气相色谱分析的方法，称为反应气相色谱法。

四、微量水分的分析

气相色谱法分析一些有机物中的微量水，可以采用高分子多孔微球（GDX）作为固定相，该多孔聚合物与羟基化合物的亲和力极小，且基本上按相对分子质量顺序出峰，故相对分子质量较小的水分子在一般有机物之前流出，水峰陡而对称，便于测量。同时，这种固定相具有耐高温性好、对极性和非极性物质拖尾现象都很小等优点。因此广泛适用于易挥发有机物中微量水分的测定。

图 9-22 为采用 GDX-01 柱分析高分子工业单体丁二烯中微量水的色谱图。图 9-23 为采用 GDX-104 柱分析工业丙酮得到的色谱图，由图可见，一次进样不仅可以测出试样中的微量水，而且同时测出了试样中的微量甲醇和乙醇。

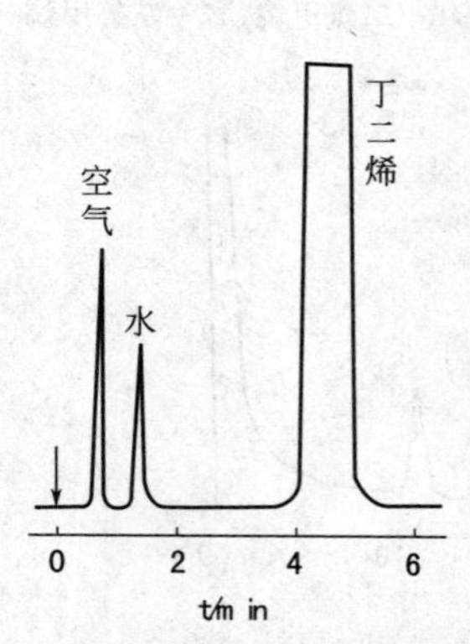

图 9-22 丁二烯中微量水的色谱图

（GDX-01 柱）

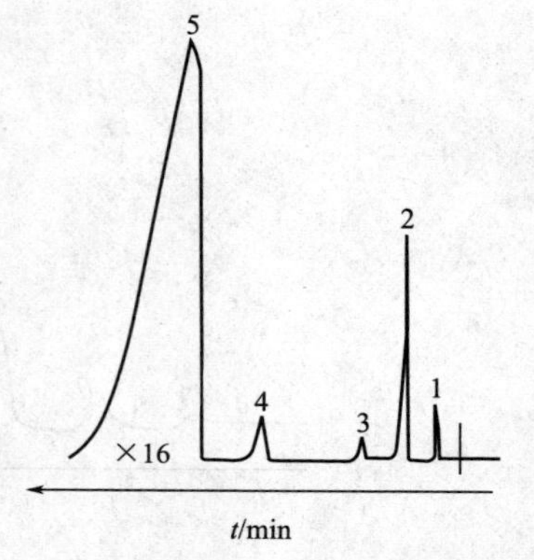

图 9-23 工业丙酮的色谱图

（GDX-104 柱）

1—空气；2—水；3—甲醇；4—乙醇；5—丙酮

用气相色谱法分析试样中的微量水时，应根据试样分离情况选用适宜的定量方法。例如，分析工业丙酮时，由于试样中各组分都能单独出峰，显然可以采用归一化法求出各组分（包括水）的含量。利用外标法测定试样中的微量水时，通常用一定温度下苯中饱和溶解水值作为定量基准（如20℃苯中饱和水溶解度为0.0614%）。实验31测定乙醇中的少量水时，采用了内标法，这种情况可以选用无水甲醇作内标物，按峰高进行定量。

此外，随着石油化工高速发展的需要，气相色谱法已由实验室分析发展到过程气相色谱（PGC）或称工业色谱。后者直接安装在工业生产装置上，一套完整的分析过程包括取样、进样、仪器调节、谱峰记录和数据处理等步骤，在工业色谱仪上按一定程序自动进行。这样就可以对生产过程中的物料，按照一定的周期自动地进行全分析，并把分析结果送入电子计算机。反过来，计算机再发出指令，推动执行机构去控制被分析的对象，实现工艺条件的最佳控制。由此可见，气相色谱法对于提高产品质量和产量，实现生产过程全盘自动化有着极其重要的作用。

实验28　填充色谱柱的制备与安装❶

一、目的要求

1. 学习气相色谱柱的填充技术。

2. 初步掌握气相色谱柱的安装和检查气密性的方法。

二、仪器与试剂

1. 仪器

气相色谱仪（TCD）　不锈钢柱管（内径4mm、长4m已经检查和清洗过）　泵抽装柱装置　托盘天平　烧杯　量筒　红外灯　筛子

2. 试剂

异三十烷（色谱纯）　6201载体（60～80目）　乙醚（分析纯）

三、实验步骤

1. 固定液的涂渍

称取3g异三十烷于烧杯中，加入60mL乙醚，溶解后加入

❶ 本实验需用时间较长，教师可根据实际情况安排学生分组轮流参与。色谱柱老化过程可在课余时间由少数学生进行操作。

30g 6201 载体，轻轻摇匀。置通风橱中让乙醚挥发，然后放在红外灯下烘烤至无乙醚味为止。用 60～80 目筛子筛分除去细粉。

2. 色谱柱的装填

按本章第二节中的方法，将涂渍好的固定相装入内径 4mm、长 4m 的柱管中。注意管端塞入一小段玻璃棉，并标注气体进出端。

3. 检查气密性

将色谱柱入口端接在汽化室出口上。开启载气钢瓶，封堵色谱柱出口，按第二节中的方法检查色谱柱前气路系统的气密性。如发现有漏气处，进行紧固处理。

4. 老化处理

将色谱柱出口端通过管道引至室外。开启气相色谱仪，载气流量调至 20mL/min，柱箱温度调至 80℃，1h 后升至 120℃，老化处理 4h 以上。

5. 结尾工作

将色谱柱出口端接在检测器入口上。经气密性检查后，开启热导检测器（桥电流 150mA）和记录仪，待基线走稳说明老化已完成。然后，按照使用热导检测器的关机程序，关闭电源和载气。

四、思考与讨论

1. 涂渍固定液时，载体和固定液用量是如何确定的？
2. 装填色谱柱应如何操作？需注意哪些事项？
3. 实验过程中为什么两次检查气密性？
4. 色谱柱老化处理分为几个阶段？为什么？

实验 29　C_1～C_3 石油裂解气的分析

一、目的要求

1. 初步掌握气相色谱仪使用热导检测器的操作步骤。
2. 掌握气体进样技术和归一化定量方法。

3．了解用纯物质保留值对照定性的方法。

二、仪器与试剂

1．仪器

气相色谱仪（配热导检测器）　用实验 28 制备安装的色谱柱

进样六通阀　秒表　色谱数据处理机

仪器操作条件：载气 H_2，流速 30mL/min；柱温 40℃；检测器温度 40℃；桥电流 180mA；气体定量管 1mL；衰减倍数适当。

2．试剂

纯气体：甲烷、乙烯、乙烷、丙烯、丙烷。

三、实验步骤

1．初试

启动仪器，按规定的操作条件调试仪器。待基线稳定后，将装有 $C_1 \sim C_3$ 石油裂解气的球胆接入色谱仪的六通阀进样口。六通阀置于取样位置，当定量管中残余气体被置换完毕，并充满样气后，将六通阀阀瓣转动 60°到进样位置，即完成进样操作。观察记录仪上出现的色谱峰，记录各峰的保留时间。

2．定性

在相同的操作条件下（仅适当改变衰减倍数），分别将各种纯气体接入六通阀，置换后各进样 1mL，记录保留时间，并与试样色谱图各组分的保留时间一一对照定性。

3．试样的测定

在稳定的操作条件下，用六通阀进气体试样 1mL，测量色谱图中各组分的峰面积。

平行测定两次或三次。

四、结果计算

试样气体中各组分的体积分数按下式计算：

$$\varphi_i = \frac{f_i' A_i}{\sum (f_i' A_i)}$$

式中　A_i——组分 i 的峰面积；

f_i'——组分 i 在热导检测器上的相对摩尔校正因子。

或者根据初试情况列出归一化法的峰鉴定表，使用色谱数据处理机打印分析结果。

五、思考与讨论

1. 说明气相色谱仪使用热导检测器的启动、调试步骤。

2. 本实验所用固定相为什么选用 6201 载体上涂异三十烷固定液？试解释各组分的出峰顺序。

3. 如何用六通阀进气体试样？

实验 30　苯系混合物的分析

一、目的要求

1. 掌握气相色谱仪使用氢焰检测器的操作方法。

2. 学习用微量注射器进液体试样的操作技术。

3. 了解气相色谱数据处理机的功能和使用操作。

二、仪器与试剂

1. 仪器

气相色谱仪（配氢焰检测器）　　1μL 微量注射器　　秒表

仪器操作条件：柱温 90℃；汽化室温度 150℃；检测器温度 150℃；载气 N_2，流速 40mL/min；氢气流速 40mL/min；空气流速 400mL/min；进样量 0.1μL。

2. 试剂

邻苯二甲酸二壬酯　　有机皂土　　101 白色载体（60～80 目）

纯品：苯、甲苯、乙苯、对二甲苯、间二甲苯、邻二甲苯等。

3. 色谱柱的制备

称取 0.5g 有机皂土于磨口烧瓶中，加入 60mL 苯，接上磨口回流冷凝管，在 90℃水浴上回流 2h。回流期间要摇动烧瓶 3～4 次，使有机皂土分散为淡黄色半透明乳浊液。冷却，再将 0.8g 邻苯二甲酸二壬酯倒入烧瓶中，并以 5mL 苯冲洗烧瓶内壁，继续回流 1h。趁热加入 17g 101 白色载体，充分摇匀后倒入蒸发皿中，在红外灯下烘烤，直至无苯气味为止。然后装入内径 3～4mm、长

3m 的不锈钢柱管中（柱管预先处理好）。将柱子接入仪器，在100℃温度下通载气老化，直至基线稳定。

三、实验步骤

1. 初试

启动仪器，按规定的操作条件调试、点火。待基线稳定后，用微量注射器进试样 0.1μL。记下各色谱峰的保留时间。根据色谱峰的大小选定氢焰检测器的灵敏度和衰减倍数。

2. 定性

根据试样来源，估计出峰组分。在相同的操作条件下，依次进入有关组分纯品 0.05μL，记录保留时间，与试样中各组分的保留时间一一对照定性。

3. 定量

在稳定的仪器操作条件下，重复进样 0.1μL，手工测量各组分的峰面积，并计算分析结果。或者根据初试情况列出归一化法的峰鉴定表，开启色谱数据处理机，按操作程序输入定量方法及有关参数。在稳定的操作条件下，进样并使用数据处理机打印分析结果。

平行测定两次。

四、结果计算

试样中各组分的质量分数按下式计算：

$$w_i=\frac{f_i'A_i}{\sum(f_i'A_i)}$$

式中　A_i——组分 i 的峰面积；

f_i'——组分 i 在氢焰检测器上的相对质量校正因子。

五、思考与讨论

1. 说明气相色谱仪使用氢焰检测器的启动、调试步骤。

2. 本实验若进样量不准确，会不会影响测定结果的准确度？为什么？

3. 如用热导检测器分析苯系混合物，在载气、进样量和计算结果等方面与本实验有何不同？

实验31　乙醇中少量水分的分析[1]

一、目的要求

1. 掌握气相色谱仪使用热导检测器的操作及液体进样技术。

2. 掌握内标法定量分析的原理和方法。

3. 学习测定相对校正因子。

二、仪器与试剂

1. 仪器

气相色谱仪（配热导检测器）　10μL 微量注射器　带胶盖的小药瓶

仪器操作条件：柱温 90℃；汽化室温度 120℃；检测器温度 120℃；载气 H_2，流速 30mL/min；桥电流 150mA。

2. 试剂

GDX-104（60～80 目）　无水乙醇（在分析纯试剂无水乙醇中，加入 500℃加热处理过的 5A 分子筛，密封放置一日，以除去试剂中的微量水分）　无水甲醇（按照与无水乙醇同样的方法作脱水处理）

3. 色谱柱的制备

将 60～80 目的聚合物固定相 GDX-104 装入长 2m 的不锈钢柱或玻璃柱，于 150℃老化处理数小时。

三、实验步骤

1. 峰高相对校正因子的测定

将带胶盖的小药瓶洗净、烘干。加入约 3mL 无水乙醇，称量（称准至 0.0001g，下同）；再加入蒸馏水和无水甲醇各约 0.1mL，分别称量。混匀。

吸取 5.0μL 上述配制的标准溶液，进样，记录色谱图，测量水和甲醇的峰高。

平行进样两次。

---

[1] 本实验适用于 95%试剂乙醇或不含甲醇的工业乙醇中少量水分的测定。若测定无水乙醇中的微量水，则需适当改变操作条件进行精密测定。

2. 乙醇试样的测定

将带胶盖的小药瓶洗净、烘干、称量。加入 3mL 试样乙醇，称量；再加入适量体积的无水甲醇（视试样中水含量而定，应使甲醇峰高接近试样中水的峰高），称量。混匀后吸取 5.0μL 进样，记录色谱图，测量水和甲醇的峰高。

平行进样两次。

四、数据处理

1. 峰高相对校正因子

$$f'_{水/甲醇}=\frac{m_{水}\ h_{甲醇}}{m_{甲醇}h_{水}}$$

式中 $m_{水}$，$m_{甲醇}$——水和甲醇的质量，g；

$h_{水}$，$h_{甲醇}$——水和甲醇的峰高，mm。

2. 乙醇试样中水的质量分数

$$w_{水}=f'_{水/甲醇}\times\frac{h_{水}}{h_{甲醇}}\times\frac{m_{甲醇}}{m}$$

式中 $f'_{水/甲醇}$——水对甲醇的峰高相对校正因子；

m——乙醇试样的质量，g；

$m_{甲醇}$——加入甲醇的质量，g；

$h_{水}$，$h_{甲醇}$——水和甲醇的峰高，mm。

五、思考与讨论

1. 本实验为什么可以用峰高定量？试推导求峰高相对校正因子的计算式。

2. 若用色谱数据处理机打印分析结果，试列出峰鉴定表并说明操作步骤。

3. 欲求乙醇试样中水的体积分数，应如何进行操作和计算？

实验 32 工业乙酸丁酯的分析

一、目的要求

1. 掌握气相色谱仪使用热导检测器的操作及液体进样技术。

2. 掌握配制标准混合物和外标法定量分析的方法。

二、仪器与试剂

1. 仪器

气相色谱仪（配热导检测器）　5μL 微量注射器　带胶盖的小药瓶

仪器操作条件：柱温 160℃；汽化室温度 250℃；检测器温度 160℃；载气 H_2，流速 30mL/min；桥电流 180mA。

2. 试剂

聚己二酸乙二醇酯（固定液）　401 有机载体（60～80 目）　丙酮（溶剂）　乙酸丁酯、正丁醇等色谱纯试剂

3. 色谱柱的制备

以丙酮为溶剂，取载体∶固定液＝100∶10（质量比）制备固定相，装入内径 4mm、长 2m 的不锈钢柱管。装填完毕后，分阶段老化。先通载气于 80℃老化 2h；逐渐升温至 120℃老化 2h；再升温至 180℃老化 4h 以上。

三、实验步骤

1. 定性

启动仪器，调试到规定的操作条件。待基线稳定后，用微量注射器进试样 2～4μL。记下各色谱峰的保留时间（主成分乙酸丁酯谱峰宽，可适当调节衰减倍数，以得到便于测量的色谱峰）。

在相同的操作条件下，分别注射进水、正丁醇和乙酸丁酯纯品 0.5μL，按保留值对照法确定试样中这三个组分的色谱峰（其他组分不必定性）。

2. 归一化法定量

在稳定的仪器操作条件下，重复进样 2～4μL，测量所得色谱图中各组分的峰面积。或者利用色谱数据处理机，按操作程序输入定量方法及有关参数。进样后用数据处理机打印分析结果。平行测定两次。

3. 外标法定量

当样品中仅有乙酸丁酯、水及正丁醇时，可以采用外标法定量。

(1) 配制标准混合物　称量洁净、带胶盖的小药瓶（称准至 0.0001g，下同）；加入约 3mL 乙酸丁酯纯品，称量；再加入蒸馏

水 20μL、正丁醇 0.1mL，分别称量；混匀。按称量数据计算出混合物中各组分的质量分数。

（2）标准混合物的测定　吸取标准混合物 4.0μL，进样，记录色谱图，测量水和正丁醇的峰高。平行进样两次。

（3）试样的测定　吸取试样 4.0μL，进样，记录色谱图，测量水和正丁醇的峰高。平行测定两次。

四、数据处理

1. 归一化法

试样中水、正丁醇和乙酸丁酯的质量分数按下式计算：

$$w_i = \frac{f_i' A_i}{\sum(f_i' A_i)}$$

式中　A_i——组分 i 的峰面积；

f_i'——组分 i 对乙酸丁酯的相对质量校正因子。

为简化计算，可用面积归一化法，其中只对水和正丁醇进行校正。其他酯类杂质属主体同系物（$f' \approx 1$），可不予校正。

2. 外标法

试样中水、正丁醇的质量分数按下式计算：

$$w_i = \frac{h_i}{h_i'} w_i'$$

式中　w_i——试样中水或正丁醇的质量分数；

w_i'——标准混合物中水或正丁醇的质量分数；

h_i——试样中水或正丁醇的峰高；

h_i'——标准混合物中水或正丁醇的峰高。

试样中乙酸丁酯的质量分数按差减法求出：

$$w_{乙酸丁酯} = 1.000 - w_{水} - w_{正丁醇}$$

五、思考与讨论

1. 测定乙酸丁酯为什么采用较高的柱温、检测器温度（160℃）和汽化室温度（250℃）？

2. 本实验用归一化法定量需测量峰面积，而用外标法时为什么可以用峰高定量？

3. 如何确定水、正丁醇对乙酸丁酯的相对质量校正因子？

本章要点

1. 气相色谱分离原理及条件

气相色谱是以气体作为流动相的柱色谱技术。按照所用固定相和分离机理的不同，气相色谱可分为两种类型。

（1）气固色谱（GSC） 以固体吸附剂作固定相，基于吸附剂对试样中各组分吸附能力的差异而进行分离。气固色谱主要用于分析气体和水等。

（2）气液色谱（GLC） 以涂渍在载体上的固定液作固定相，基于试样中各组分在固定液中溶解度的差异而进行分离。固定液种类很多，通常利用固定液与待测组分极性相似的规律选择固定液。气液色谱应用广泛。

在气相色谱分析中，选择固定相以后尚需优选分离操作条件，主要有柱长、载气流速、柱温、汽化温度及进样量等。

2. 气相色谱仪

气相色谱仪有单气路和双气路两类流程。每台仪器一般由六部分构成：①载气系统；②进样-汽化室；③色谱柱；④检测器；⑤记录仪或数据处理机；⑥恒温或程序升温控制系统。

其中载气系统和色谱柱一般由使用者自行安装。根据测试对象的不同，选择合适固定液涂渍到载体上，装入色谱柱中。组装后的气路系统必须进行气密性检查。

检测器的作用是将色谱分离后的各组分浓度或质量转化为电信号。常用的检测器有热导检测器和氢焰检测器。

（1）热导检测器（TCD） 基于待测组分与载气导热能力不同，电路产生不平衡电信号，在载气、桥电流和池体温度一定时，热导检测器的输出信号与载气中待测组分的浓度成正比。

使用 TCD 的操作：通载气→开机、升温→设定条件（桥电流等）→调零（池平衡）→进样测量→关机→关载气。

（2）氢焰检测器（FID） 基于含碳有机物在氢气火焰中部分电离，在外电场作用下产生的离子电流与单位时间内流经离子室的组分质量成正比。

使用 FID 的操作：通载气→开机、升温→通氢气、空气→设定条件（灵敏度等）→点火→调零（基流补偿）→进样测量→关氢气、空气→关机→关载气。

3. 定性和定量分析

气相色谱定性分析的依据是组分的保留值。气相色谱定量分析的依据是组分的进样量与其峰面积成正比。完成定量分析需要解决三个问题：

（1）准确测量峰面积　手工测量常用峰高乘半峰宽法或峰高乘平均峰宽法。色谱数据处理机能准确测量并打印峰面积。

（2）确定组分的校正因子　常用相对校正因子（f'）或相对响应值（s'），其数据可由文献查得或自行测定。

（3）选择一种定量方法　①归一化法适用于样品中所有组分都能出峰的情况，由各组分的峰面积和相对校正因子求出各组分的百分含量；②内标法需要选择一种内标物定量加入到样品中，由测得内标物和待测组分的峰面积，并利用相对校正因子，求出待测组分的含量；③外标法实际上就是校准曲线法，一般不需要校正因子数据；但需要标准样，要求操作条件恒定，适用于生产中间控制分析。

4. 技能训练环节

（1）启动气相色谱仪（配热导检测器），调控到指定的实验条件。

（2）启动气相色谱仪（配氢焰检测器），调控到指定的实验条件。

（3）用六通阀进气体试样；用微量注射器进液体试样。

（4）以纯物质对照，按保留值初步定性。

（5）设置色谱数据处理机的计算参数，并打印分析结果。

（6）手工测量峰面积，查阅相对校正因子，计算和报告分析结果。

（7）气液填充色谱柱的制备（选作）。

（8）气路系统组装、气密性检查和处理。

1. 气相色谱分离的基本原理如何？气固色谱与气液色谱有哪些相同和不同之处？

2. 解释术语：调整保留时间、相对保留值、半高峰宽、峰底、峰宽、时间窗、峰鉴定表。

3. 气液色谱固定液如何分类？选择固定液的原则是什么？

4. 载气流速和柱温对气相色谱分离有什么影响？如何选择？

5. 气相色谱仪由哪些主要部件构成？各有什么作用？

6. 说明气相色谱仪使用热导检测器时的操作步骤。

7. 使用氢焰检测器的气相色谱仪与使用热导检测器的气相色谱仪在操作上有何相同和不同之处？

8. 制备气液色谱填充柱需要哪些步骤？说明各步的做法和要求。

9. 做半水煤气的全分析应采用何种固定相和检测器？为什么？

10. 气相色谱仪为什么设有温度控制系统？如何进行恒温操作？

11. 气相色谱定性分析的依据是什么？如何利用纯物质对照定性？

12. 气相色谱定量分析方法有哪些？试比较各种方法的优缺点及适用范围。

13. 气相色谱数据处理机具有哪些功能？如何编制峰鉴定表？

14. 气相色谱仪的气路系统包括哪些部件？如何安装及检查？若漏气会造成什么后果？

15. 什么是相对校正因子和相对响应值？确定其值的方法有哪些？

16. 用一根3m长的色谱柱，测定某样品得到如下谱图及数据。

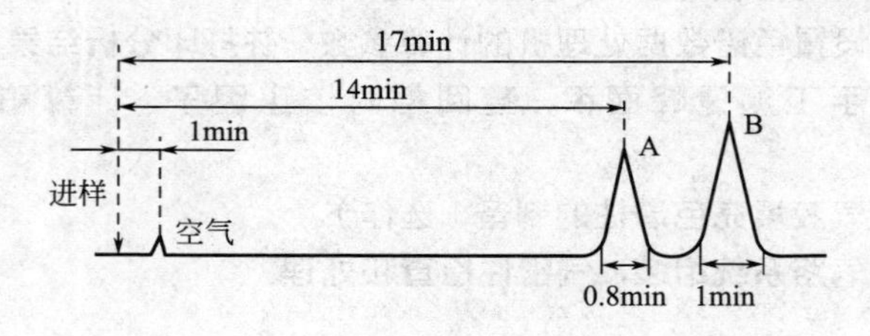

求：(1) 调整保留时间 t'_{R_A}、t'_{R_B} 及相对保留值 $\gamma_{A,B}$；

答：13min；16min；0.81

(2) 组分 A、B 之间的分离度；

答：3.33

(3) 组分 A、B 的峰面积。

答：0.39cm^2；0.60cm^2

17. 某混合物含有乙醇、正庚烷、苯和乙酸乙酯。用气相色谱(检测器为 TCD) 分析得到各组分的峰面积分别为：乙醇 5.0cm^2；正庚烷 9.0cm^2；苯 4.0cm^2；乙酸乙酯 7.0cm^2。求试样中各组分的质量分数。

答：0.1769；0.3456；0.1726；0.3050

18. 某试样含有甲酸、乙酸、丙酸、水和苯等物质。称取试样 1.055g，加入内标物环己酮 0.1907g。混匀后吸取 3μL 进样，得到下列峰面积数据并测出相对质量校正因子：

项　　目	甲　酸	乙　酸	环己酮	丙　酸
峰面积/标尺单位^2	14.8	72.6	133	42.4
相对质量校正因子 f'	3.83	1.78	1.00	1.07

求试样中甲酸、乙酸、丙酸的质量分数。

答：0.077；0.176；0.061

19. 用内标法测定环氧丙烷中的水分含量，称取 0.0115g 甲醇作内标物，加到 2.2679g 样品中，进行两次色谱分析得到下列数据：

分析次序	水峰高/mm	甲醇峰高/mm
1	150.0	174.0
2	148.8	172.3

已知水和内标物甲醇的峰高相对质量校正因子分别为 0.55 和 0.58，计算试样中水分的平均含量。

答：0.415%

20. 已知标样气体中 $\varphi_{CO_2}=20\%$，取 1.0mL 注入色谱仪，测

得 CO_2 峰高 $h=30mm$，求 CO_2 的绝对校正因子 f_{CO_2}。在相同条件下注入含 CO_2 的试样气体 1.0mL，测得峰高 $h=45mm$，求试样中 CO_2 的体积分数。

答：0.67%；30%

21. 分别取 1μL 不同浓度的苯胺标准溶液，注入色谱仪测得苯胺峰峰高如下表。测定水样中的苯胺含量时，先将水样富集50倍，取所得浓缩液 1μL 注入色谱仪，测得苯胺峰峰高为 2.7cm，已知富集的回收率为 90%。试求水样中苯胺的含量。

苯胺含量/(mg/mL)	0.02	0.1	0.2	0.3	0.4
苯胺峰高/cm	0.3	1.7	3.7	5.3	7.3

答：3.6mg/L

22. 用气固色谱法（检测器为 TCD）分析半水煤气。先取一半水煤气样品，进样 1.0mL，测得各组分峰高；同时用化学气体分析器测定该气样中各组分的含量，作为标准数据。在同样条件下测定半水煤气试样，所测得各组分峰高如下表。求各组分单位峰高百分含量校正系数 K_i 和试样气体的组成 φ_i。

成　分		CO_2	O_2	N_2	CH_4	CO	H_2
标　样	h_i'/cm	3.1	0.13	8.4	0.06	10.9	
	φ_i'/%	7.8	0.4	23.8	0.2	31.3	36.5
试　样	h_i/cm	3.4	0.10	9.2	0.2	9.7	

答：K_i：2.5、3.1、2.8、3.3、2.9。φ_i：8.5%、0.3%、25.8%、0.7%、28.1%、36.6%

高效液相色谱

气相色谱法需将样品气化后在色谱柱中分离，适用于分析沸点不很高、易挥发且成分稳定的物质。对于那些沸点很高或气化即分解的物质，只能用液相色谱法进行分离分析。

液相色谱是用液体作为流动相的色谱法。在1903年俄国化学家M. C. 茨维特首先将液相色谱法用于分离叶绿素。早期的液相色谱法由于柱径较大常压操作，分离效率很低。到20世纪中期人们借鉴日趋成熟的气相色谱理论和技术，开发了高效液相色谱法（或称高压液相色谱法）。

现代高效液相色谱仪由高压输液泵、梯度洗脱装置、进样装置、色谱柱、检测器、数据处理和微机控制单元组成。高压输液泵将流动相（又称洗脱剂）在高压下（10~40MPa）连续不断地送入柱系统，在柱前注入被分析试样，试样混合物在色谱柱中完成分离过程。梯度洗脱是通过连续改变洗脱剂的组成和极性，改善复杂样品的分离度，缩短分析周期和改善峰形，其功能类似于气相色谱中的程序升温。检测器的功能是将从色谱柱中流出的已经分离的组分显示出来并转换为相应的电信号，主要有紫外吸收检测器、荧光检测器、电化学检测器和示差折光检测器，其中以紫外吸收检测器使用最广。现代化的仪器都配有计算机，以实现自动处理数据、绘图和打印分析报告。

根据固定相和分离机理的不同，高效液相色谱可分为以下类型。

（1）液固吸附色谱　其固定相是吸附剂，如硅胶、氧化铝、分子筛、聚酰胺等。根据样品中各组分在固定相上吸附作用的不同而实现分离。使用的流动相多为非极性的烃类，如己烷、庚烷等。

（2）液液分配色谱　其固定相由固定液和载体组成。根据被测组分在固定液和流动相之间相对溶解度的差异，通过溶质在两相之间反复分配而实现分离。新型化学键合固定相是借助化学反应将有机分子键合到硅胶表面的游离羟基上而形成的固定相，可以避免固定液流失，改善了固定相的性能。根据固定相与流动相的极性不同，分为正相色谱和反相色谱。前者是用硅胶或极性键合相为固定相，非极性溶剂为流动相，主要用于分离异构体和极性不同的化合物；后者是用硅胶为基质的烷基键合相为固定相，极性溶剂为流动相，适用于非极性或低极性化合物的分离。

（3）离子交换色谱　其固定相是离子交换树脂。树脂上有可交换的离子基团，能与流动相中具有相同电荷的溶质离子进行可逆交换，依据这些离子对可交换基团亲和力的差异而实现分离。流动相多使用水缓冲溶液，有时也混入有机溶剂以提高选择性。离子交换色谱法可测定各种离子含量，主要应用于水、生物体液和环境分析等领域。

（4）体积排阻色谱　其固定相是多孔凝胶。当洗脱剂携试样混合物流经多孔凝胶柱时，体积比多孔凝胶孔隙大的分子不能渗透到凝胶孔隙中去而从凝胶颗粒间隙中流过，较早地被冲洗出柱外，而小分子可渗透到凝胶孔隙中去，较晚地被冲洗出来，混合物经过凝胶色谱柱后就按其分子大小顺序流出而达到分离的目的。本法适用于测定高分子化合物。

由于高效液相色谱法吸取了气相色谱和经典液相色谱的优点，并以现代化手段加以装备，可以解决许多用气相色谱不能处理的分析课题，因此目前在石油化工、医药卫生、环保监测、商检和法检等方面得到广泛的应用。图 9-24 为采用反相液液色谱测定食品中防腐剂和甜味剂得到的色谱图。

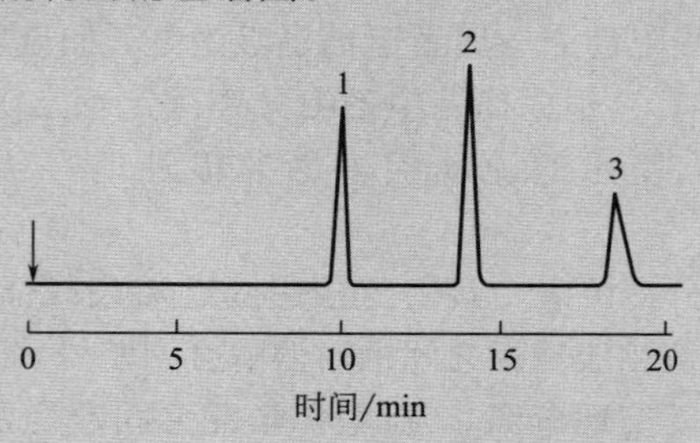

图 9-24　某些食品添加剂的 HPLC 谱图

1—苯甲酸；2—山梨酸；3—糖精钠

Chapter 10

第十章 化工产品质量检验

1. 了解分析检验中质量保证的意义和内涵。

2. 了解技术标准的种类、编号和资料来源。

3. 能够解读一般化工产品的标准分析方法，并应用于产品质量检验。

技能目标

1. 学会检索化工产品的质量标准和标准分析方法。

2. 按照标准分析方法的规定，独立进行试验准备工作。

3. 完成典型化工产品的质量检验和品级鉴定。

前述各章以分析方法为线索，讨论了化工分析中常用定量分析方法的基本原理和应用的典型例子。在实际工作中，一个产品的质量检验往往要求用几种方法进行多个指标的分析测试，这就需要综合运用所学知识和技能，按照技术标准的规定，全面完成产品质量检验的任务。

第一节 分析检验的质量保证

分析检验的目的就是准确、快速且经济地提供有关试样的检验数据，如某种化工产品的纯度、杂质含量等。检验结果的报告，可能在生产、科研、商业或法律方面有重要的价值。怎样衡量报告数据的质量呢？如果检验数据具有一致性，分析误差低于“允许差”

要求，就认为检验工作的质量是合格的；反之，若分析数据过分离散或误差满足不了准确度要求时，就认为检验工作的质量是不合格的。这种“对某一产品或服务能满足规定的质量要求，提供适当信任所必需的全部有计划、有系统的活动”就是质量保证。质量保证的任务是把检验过程中所有的误差，包括系统误差、随机误差，甚至因疏忽造成的差错减小到预期的水平。质量保证的内容包括质量控制和质量评定两个方面。

一、分析检验的质量控制

质量控制包含从试样的采集、预处理、分析测试到数据处理的全过程所遵循的步骤。质量控制的基本要素有人员、仪器、方法、试样、试剂和环境等。

（1）人员　检验人员的能力和经验是保证分析检验质量的首要条件。随着现代分析仪器的应用，对人员素质和技术能力提出了更高的要求。检验人员必须具有一定的分析化学知识并经过专门培训。

（2）仪器　实验室的仪器设备是分析检验不可缺少的物质基础。应根据实验任务的需要，选择合适的仪器设备，正确使用、保养，定期进行校准。

（3）方法　检验方法是否可靠直接影响检验结果的准确度。对于同一物质，可能有几种不同的检验方法，其灵敏度和准确度有所不同，最成熟的是采用技术标准中规定的检验方法（见本章第二节）。

（4）试样　正确地采样和处理样品是获得正确的工业分析结果的前提条件。检验人员必须按照采样和制样规则取得具有代表性、均匀性和稳定性的分析样品。

（5）试剂　使用合格的试剂，尤其是基准物质，是减免分析误差的重要条件。国家标准物质中心提供的“标准物质”，为不同时间与空间的测定取得准确、一致的结果提供了可能性。

（6）环境　实验室的空气污染、设备沾污是痕量分析误差的主要来源。保持一定的空气清洁度，稳定的湿度、温度及气压是获取可靠分析结果的环境条件。

二、分析检验的质量评定

质量评定是对检验过程进行监督的方法，通常分为实验室内部和实验室外部两种质量评定方法。

（1）实验室内部质量评定　实验室内部可采用重复测定试样的方法来评价分析方法的精密度；用测定标准物质或内部参照标准物的方法来评价分析方法的系统误差；也可以利用标准物质，采用交换操作者、交换仪器设备的方法来评价分析方法的系统误差，从而找出系统误差是来自操作者，还是来自仪器设备。

（2）实验室外部质量评定　分析检验质量的外部评定可以避免实验室内部的主观因素，是实验室和检验人员水平鉴定、认可的重要手段。外部评定可采用实验室之间共同检验一个试样、实验室间交换试样，以及检验从其他实验室得到的标准物质或质量控制样品的方法。标准物质为比较测定系统和比较各实验室在不同条件下测得的数据提供了具有可比性的依据，它已被广泛认可为评价测定系统最好的考核样品。

质量保证代表了一种新的工作方式。随着科学技术的发展，许多测定如商品贸易、环境监测等，往往需要由几个实验室、地区的甚至国际性的协作来完成，对数据的可靠性和可比性也有更严格的要求，分析检验的质量保证工作变得更加重要。

第二节　技术标准和标准分析方法

一、标准的内容和种类

标准是对重复性事物和概念所作的统一规定。它以科学、技术和实践经验的综合成果为基础，经有关方面协商一致，由主管部门批准，以特定形式发布，作为共同遵守的准则和依据。关于标准的资料种类繁多，数量很大。按标准内容分，有基础标准（如术语、符号、命名等）、制品标准（制品规格、质量、性能等）和方法标准（工艺方法、分析检验方法等）。按标准使用范围分，有国际标准、区域性标准、国家标准、行业标准、地方标准和企业标准等。标准的本质是统一。不同级别的标准是在不同范围内进行统一，不同类型的标准是从不同角度、不同侧面进行统一。

需要在全国范围内统一技术要求而制定的标准为国家标准。由国务院标准化行政主管部门（国家质检总局和国家标准化管理委员会）制定，统一编号。分为强制性标准和推荐性标准。强制性国家标准的代号为汉语拼音字母“GB”；推荐性国家标准的代号为“GB/T”。对于没有国家标准而又需要在全国某个行业范围内统一技术要求所制定的标准即为行业标准。行业标准也分为强制性标准和推荐性标准。行业标准由该标准的归口部门组织制定，由国家发展和改革委员会发布，报国家标准委备案。国家标准委规定了各个行业的标准代号，其中化工行业的标准代号为汉语拼音字母“HG”，石油化工行业的标准代号为“SH”等。

各类标准资料都有编号。规定标准编号由“标准代号-类目和标准顺序号-发布年代-标准名称”构成。例如：“GB 210.1—2004 工业碳酸钠（代替 GB 210—1992）”，表明了 2004 年我国国家标准化管理委员会发布的这份强制性国家标准，重新规定了工业碳酸钠的质量指标和分析检验方法，原有 1992 年发布的该产品标准同时作废。“HG/T 2496—2006 漂白粉”表示该标准是 2006 年国家发改委发布的漂白粉推荐性化工行业标准。

除了诸多化工产品标准以外，化工技术标准还包括若干通用试验方法标准，适用于多数产品中某特定组分的定量分析。例如：

GB/T 6283—2008 化工产品中水分含量的测定——卡尔·费休法；

GB/T 6285—2008 化工产品中水分含量的测定——气相色谱法；

GB/T 3049—2006 化工产品中铁含量测定的通用方法——

1.10-邻菲啰啉分光光度法；

GB/T 7686—2008 化工产品中砷含量测定的通用方法。

积极采用国际标准和国外先进标准，是我国标准化工作的基本方针。近年来我国发布的新国标，很多是等同或等效采用国际标准化组织（ISO）制定的国际标准。现将化工标准中经常涉及的国外标准代号介绍如下：

ISO　国际标准

ANSI　美国国家标准

ASTM　美国材料和试验协会标准

AOAC　美国官方分析方法标准

EN　欧盟标准

GOST　俄罗斯国家标准

BS　英国国家标准

DIN　德国国家标准

JIS　日本工业标准

NF　法国国家标准

二、利用计算机上网检索标准资料

“中国国家标准化管理委员会”是我国行使标准化工作的最高职能机构，负责国家标准的审查、批准和发布。在其官方网站上（http：//www.sac.gov.cn/）可以看到新标准的发布公告和其他标准化方面的信息，也可以按标准编号或标准名称查询和浏览国家标准的全文。此外，在互联网上还有一些能够检索和下载标准技术资料的网站。例如：

中国标准信息网　http：//www.chinaios.com

标准下载库　http：//www.bzxzk.com

标准网　http：//www.biaozhuns.com

中国标准服务网　http：//www.cssn.net.cn

标准搜搜网　http：//www.bzsoso.com

现以标准下载库为例，说明检索和下载标准资料的步骤。

1. 打开电脑互联网浏览器，登录 http://www.bzxzk.com 主页。

2. 在检索栏中录入标准代号或关键词，单击“搜索”按钮，检索到一组题录。选中所需要的题目即进入该标准资料的下载页面。

3. 单击“下载地址”进行下载。选定存储目录，该标准资料的压缩包被存入指定的文件夹。

4. 用鼠标双击下载的压缩包，解压缩后得到标准全文，一般为 pdf 格式文件。

由其他网站检索和下载标准资料的步骤大体相同，有的网站需要注册或付费。

[检索实例 1]　欲检索不同用途氢氧化钠的国家标准有哪些？工业用氢氧化钠和食品添加剂氢氧化钠的标准有什么差别？

登录 http://www.bzxzk.com 主页，在检索栏中录入关键词“氢氧化钠”，单击“搜索”按钮后，得到一组关于氢氧化钠的标准题录，其中包含：

GB 5175—2008 食品添加剂氢氧化钠

GB/T 11199—2006 高纯氢氧化钠

GB 209—2006 工业用氢氧化钠

GB/T 629—1997 化学试剂氢氧化钠

GB/T 11212—2003 化纤用氢氧化钠

GB/T 11199—1989 离子交换膜氢氧化钠

按照上述步骤，进一步下载工业用氢氧化钠和食品添加剂氢氧化钠标准的全文。对照一下就会得知：两种产品除了都有主成分和碳酸钠的检测要求以外，食品添加剂氢氧化钠对其中重金属、汞、砷等具有严格的技术指标，要求采用灵敏的微量分析方法进行检测。

[检索实例 2]　现有一光度法检测有机化工产品中微量羰基化合物的操作规程，是按 GB/T 6324—1986 编制的。想了解这方面是否有新的标准？新标准与旧标准的主要差异有哪些？

本例涉及的关键词较多，以标准代号检索更为简捷。登录 http：//www.bzxzk.com 主页，在检索栏中录入标准代号 GB/T 6324（不含年号），点击“搜索”按钮后，得到一组关于 GB/T 6324 的标准题录，其中包含：

GB/T 6324.6—1986 有机化工产品中微量羰基化合物含量的测定 光度法

GB/T 6324.5—2008 有机化工产品试验方法 第 5 部分 有机化工产品中微量羰基化合物含量的测定

可见 GB/T 6324.6—1986 已被 GB/T 6324.5—2008 代替。下载并阅读新的标准可知：分光光度法所用的显示剂还是 2,4-二硝基苯肼；但与旧标准相比，新标准中所用的标准物质由苯乙酮改为 2-丁酮，试验温度由 50℃改为室温，显色时间由 5min 改为 12min，测定吸光度时波长由 445nm 改为 480nm，用乙醇调节仪器零点改为用水调节仪器零点。显然，分析工作者应该按照新的国家标准编制实验操作规程。

三、利用工具书籍查阅标准资料

查找化工技术标准资料，可以利用下列工具书。

1.《中华人民共和国国家标准目录和信息总汇》 国家标准化管理委员会编写，中国标准出版社出版。

该书由四部分组成：国家标准专业分类目录（中、英文）；被废止的国家标准目录；国家标准修改、更正、勘误通知信息以及索引。其中国家标准专业分类目录按中国标准文献分类法（CCS）编排，收录现行国家标准 2 万多项。

2.《化学工业国家标准和行业标准目录》 全国化学标准化技术委员会编写，中国标准出版社出版。

该书由四部分组成：按中国标准文献分类法编入化工专业的国家标准和行业标准目录；按中国标准文献分类法编入相关专业的化工国家标准和行业标准目录；化学工业国家标准、行业标准顺序目录和石化行业工程建设标准目录。收录了化工类专业及相关专业的国家标准和行业标准目录。

3. 国家标准和行业标准单行本。

我国国家标准委发布的最新技术标准，一般是以单行本形式由中国标准出版社出版，需要者可在互联网上购买到正式版本。

4.《化学工业标准汇编》

化学工业标准汇编汇集了国家标准委批准发布的全部化学工业现行国家标准和行业标准，由全国化学标准化技术委员会组织编写，中国标准出版社出版，按专业细目不同分编成若干册。以下列出了较新版本的名称和出版年代。

化学工业标准汇编	无机化工产品卷	2010
	单质和氧化物分册	
	酸和碱分册	
	盐分册 （上）（下）	
化学工业标准汇编	无机化工方法卷	2010
	通用方法分册	
	产品方法分册（上）（下）	
化学工业标准汇编	化肥	2000
化学工业标准汇编	化学原料矿	1998
化学工业标准汇编	有机化工产品卷	2006
化学工业标准汇编	有机化工方法卷	2006
化学工业标准汇编	涂料与颜料（上）（下）	2003
化学工业标准汇编	染料中间体产品卷	2007
化学工业标准汇编	橡胶原材料（一）（二）（三）（四）	2011
化学工业标准汇编	橡胶物理和化学试验方法（上）（下）	2011
化学工业标准汇编	橡胶和塑料助剂	2003
化学工业标准汇编	胶粘剂	2005
化学工业标准汇编	水处理剂和工业用水水质分析方法	2007
化学工业标准汇编	催化剂 分子筛	2000
化学工业标准汇编	气体	2002
化学工业标准汇编	化学试剂	2001

化学工业标准汇编　化工术语卷　　2009

[查找实例 1] 查找工业硫酸的质量标准和检验方法　首先查《中华人民共和国国家标准目录和信息总汇》，在第一部分国家标准专业分类目录"G. 化工"中无机化工单元，可以查到

GB/T 534—2002 工业硫酸

根据这个标准编号和标准名称，查找《化学工业标准汇编　无机化工产品卷》酸和碱分册，即查到该标准全文。可知，原有 GB/T 534—1989 和 GB/T 11198.1～11198.15—1989 已被这个新标准代替。新标准规定了工业浓硫酸和发烟硫酸的质量指标 9 项，如酸碱滴定法测定主成分硫酸含量，1,10-菲啰啉分光光度法测定铁含量等。

[查找实例 2] 查找工业 1,2-二氯乙烷的质量标准和检验方法，首先查《中华人民共和国国家标准目录和信息总汇》，没有查到此项内容。再查《化学工业国家标准和行业标准目录》，在其"G16. 基本有机化工原料"单元中查到

HG/T 2662—1995 工业 1,2-二氯乙烷

根据这个标准编号和标准名称，查找《化学工业标准汇编　有机化工产品卷》，即查到该标准全文。可知，该产品没有更新的标准发布，目前仍执行 1995 年的化工行业标准，其主要检测项目是气相色谱法测定主成分和微量水分。

第三节　产品质量检验与品级鉴定

化工产品质量检验和品级鉴定是技术性、政策性很强的工作，具备质量保证体系的实验室和技术人员，才能从事这项工作。

对于指定的产品检验任务，首先要熟悉该产品的国家标准（或行业标准），明确其技术要求，包括不同品级产品的主成分含量、杂质含量及某些物理化学性质的要求，掌握各项指标的分析测试方法、步骤及允许差，然后才能按标准分析方法的规定逐项进行试验。试验所需的仪器、试剂也必须严格按规定选用和配制。最后写

出包含各项分析结果的检验报告，并与技术要求对照，确定产品的质量等级。

按照我国“工业产品质量分等导则”的规定，工业产品质量水平划分为优等品、一等品和合格品三个等级。

(1) 优等品　优等品的质量标准必须达到国际先进水平，且实物质量水平与国外同类产品相比达到近五年内的先进水平。

(2) 一等品　一等品的质量标准必须达到国际一般水平，且实物质量水平达到国际同类产品的一般水平。

(3) 合格品　按我国现行标准（国家标准、行业标准、地方标准或企业标准）组织生产，实物质量水平必须达到相应标准的要求。

若产品质量达不到现行标准，则为废品或等外品。

下面以化工产品尿素为例，说明产品质量检验和品级鉴定的方法及过程。

尿素（NH_2CONH_2），外观为颗粒或结晶，由氨和二氧化碳合成制得，其主要用途为农业肥料，树脂、涂料、医药等工业的原料。国家标准 GB 2440—2001 规定了尿素的技术要求，GB/T 2441.1—2008 和 GB/T 2441.2～2441.9—2010 规定了检验尿素的具体试验方法。

一、技术要求

各种品级的尿素应符合表 10-1 规定的技术要求指标。

表 10-1　尿素的技术要求　　%

项目		工业用			农业用		
		优等品	一等品	合格品	优等品	一等品	合格品
总氮(N)(以干基计)	≥	46.5	46.3	46.3	46.4	46.2	46.0
缩二脲	≤	0.5	0.9	1.0	0.9	1.0	1.5
水(H_2O)分	≤	0.3	0.5	0.7	0.4	0.5	1.0
铁(以 Fe 计)	≤	0.0005	0.0005	0.0010			
碱度(以 NH_3 计)	≤	0.01	0.02	0.03			

续表

项目			工业用			农业用		
			优等品	一等品	合格品	优等品	一等品	合格品
硫酸盐(以 SO_4^{2-} 计)		≤	0.005	0.010	0.020			
永不溶物		≤	0.005	0.010	0.040			
亚甲基二脲(以 HCHO 计)		≤				0.6	0.6	0.6
粒度	d 0.85～2.80mm d 1.18～3.35mm d 2.00～4.75mm d 4.00～8.00mm	≥ ≥ ≥ ≥	90	90	90	93	90	90

二、试验方法

在尿素的标准试验方法中，分析测试各项指标的仪器、试剂、测定手续、结果计算等都有明确规定，要求读者自行查阅。这里仅说明一下方法要点，以便深刻理解操作规程。

(1) 总氮含量（蒸馏后滴定法） 试样在浓硫酸中加热，以硫酸铜催化，使酰胺态氮转化为铵态氮；加入过量碱液蒸馏出氨，吸收在过量的硫酸标准溶液中；然后用氢氧化钠标准溶液返滴定。

(2) 缩二脲含量（分光光度法） 缩二脲在硫酸铜、酒石酸钾钠的碱性溶液中，生成紫红色配合物，在波长 550nm 处测定其吸光度，按标准曲线法定量。

(3) 水分含量（卡尔·费休法） 以甲醇作溶剂，按化工产品中水分测定的通用方法进行测定。

(4) 铁含量（分光光度法） 以邻二氮菲（邻菲啰啉）作显色剂，按化工产品中铁含量测定的通用方法进行测定。

(5) 碱度（酸碱滴定法） 用 c(HCl)＝0.1mol/L 的盐酸标准滴定溶液直接滴定试样溶液中的游离氨，以甲基红-亚甲基蓝混合指示剂指示滴定终点。

(6) 硫酸盐含量（比浊法） 试样在酸性介质中，加入氯化钡溶液，Ba^{2+} 与 SO_4^{2-} 生成白色 $BaSO_4$ 悬浮微粒，所形成的浊度与标准系列进行比较。

(7) 水不溶物含量（称量法） 将试样溶解于水，用坩埚式过滤器过滤，烘干后称量，滤渣即为水不溶物。

(8) 亚甲基二脲含量（分光光度法）在浓硫酸作用下，试样中的亚甲基二脲分解生成甲醛和尿素，生成的甲醛与萘二磺酸二钠盐（变色酸）反应，生成紫红色配合物。在波长 570nm 测定吸光度。以甲醛作标准物质，按标准曲线法定量。

(9) 粒度（筛分称量法） 指标中粒度只需符合四挡中任一挡即可。如将通过 2.80mm 孔径筛子及未通过 0.85mm 孔径筛子的样品称量，求出占样品总量的百分数。

三、品级鉴定

依据尿素的技术指标，对样品尿素进行品级鉴定。要按照实验记录和规定的数据处理方法计算出每一项目的检验结果，填写到检验报告中。报告要写明产品名称、来源、采样日期和执行的产品标准，将每一检验项目的标准要求指标与样品检验结果比较，判定是否达标。综合所有项目的检验结果，当各项指标皆符合某等级要求时，才能确认该产品的质量等级。采样人、检验员和审核人要对检验报告负责。

实验 33 化工产品的质量检验和品级鉴定（综合实验）

一、目的要求

1. 初步掌握查阅化工产品技术标准的方法。
2. 按照标准分析方法测试样品的各项指标，并进行品级鉴定。

二、推荐产品

1. 氯化钾 其检验过程主要运用称量分析、沉淀滴定、配位滴定等基本化学定量分析方法。

2. 尿素 其检验过程主要运用酸碱滴定、分光光度等常用定量分析方法。

3. 过氧碳酸钠　其检验过程主要运用氧化还原滴定、pH 测定和分光光度分析等常用定量分析方法。

4. 工业异丁醇　其检验过程主要运用气相色谱和酸度、色度、卡尔·费休法测定微量水等分析检验方法。

5. 工业丙酮　其检验过程主要运用物理参数测定、气相色谱等有机液体产品的分析检验方法。

三、准备工作

(1) 上网检索产品的国家标准或行业标准，或由标准目录中检索被检产品的国家标准代号，再从标准汇编中查阅该产品国家标准的全文。

(2) 学习、解读各项指标的试验方法原理、所需仪器与试剂、测定步骤和结果计算。必要时查阅相关参考书。写出预习笔记。

四、试样测定

按照指导教师的安排，实验分组进行，每人完成有代表性的2～3个指标的测定。各个指标的测定都要记录真实、完整的实验数据。

五、品级鉴定

将试样测定结果汇总，并与被检产品的技术要求对照，认定产品质量等级，写出产品质量检验报告。

本章要点

1. 分析检验中的质量保证

质量保证是对某一产品或服务能满足规定的质量要求，提供适当信任所必需的全部有计划、有系统的活动。分析检验中的质量保证包括质量控制和质量评定两个方面。

(1) 质量控制要求有可靠的分析测试方法、符合要求的仪器设备和工作环境、合格的试剂和材料、具备一定素质的分析人员。

(2) 质量评定的方法有：用重复测定评价方法的精密度；用标准物质或内标参考标准做平行测定，以评价方法的系统误差；交换仪器设备、交换操作者，与权威的方法比较测定结果等。

2. 技术标准和标准分析方法

技术标准是从事生产、建设及商品流通的一种共同的技术依据。化工产品的质量检验必须按技术标准中规定的要求和方法进行。

化工产品标准和通用试验方法标准来源于国家标准（GB）和化工行业标准（HG），要注意解读和贯彻标准的最新版本。获取技术标准有多种途径:

① 利用计算机上网搜索，下载所需标准的全文;

② 利用工具书检索标准代号，从标准汇编中查阅标准的全文;

③ 购买所需技术标准的单行本。

产品标准中规定了技术要求和各项指标的试验方法，对所用仪器、试剂的规格，测试步骤和结果计算等都作了具体、规范的说明。

3. 产品质量检验与品级鉴定

化工产品质量检验和品级鉴定，要严格按照技术标准的规定进行。我国工业产品的质量分为优等品、一等品和合格品三个等级，每个等级都有若干指标要求。在化工产品标准中，主要是主成分含量、杂质含量及有关物理化学性质的要求。

本书主要学习化工产品检验中常用的定量分析方法。对于某种产品检验中需要而本书未涉及的其他方法，可查阅有关分析化学和产品检验专著，弄清基本原理和方法要点之后，按分析规程进行测试。

4. 技能训练环节

（1）检索化工产品技术标准和标准分析方法。

（2）解读标准分析方法，独立进行试验准备工作。

（3）完成产品标准中有代表性的 2~3 个指标的测定。

（4）确认产品质量等级，书写检验报告。

1. 分析检验中的质量保证包含哪些内容？建立质量保证体系有何重要意义？

2. 技术标准的编号是如何构成的？举例说明。

3. 化工技术标准资料有哪些？如何检索所需要的化工产品质量标准和分析方法？

4. 我国工业产品质量分几个等级？每个等级的基本要求如何？

5. 化工产品标准中的技术要求一般包含哪些内容？如何根据分析测试结果进行产品品级鉴定？

6. 采用蒸馏后滴定法测定尿素含氮量，与甲醛法有什么不同？试比较其优缺点。

7. 说明分光光度法测定尿素中缩二脲含量的方法原理和操作步骤。

8. 试查阅下列化工产品的国家标准或行业标准，分别指出其产品检验所需用的分析方法。

碳酸钠　　浓硝酸　　过氧化氢　　氧化镁　　冰醋酸　　工业丙酮　　乙酰乙酸乙酯　　异丁醇　　苯胺

9. 试从互联网上检索第8题所列化工产品的标准编号及相关说明。

10. 现有一工业碳酸钠产品，经检验后获得下列数据。试鉴定该产品的等级。

总碱量（Na_2CO_3）98.82%　　铁（Fe）0.005%

氯化物（NaCl）0.88%　　水不溶物 0.10%

仪器分析展望

进入21世纪，仪器分析技术正在经历一场革命性的变化。传统的光学、热学、电化学、色谱、波谱类分析技术，已从经典的化学精密机械电子学结构、实验室内人工操作模式，转化为光、机、电、计算机一体化、自动化的结构，并正向带有自诊断、自控、自调、自行判断决策功能的智能化系统发展。从世界仪器分析销售增势来看，在农业、能源、信息、材料、环境、生物、医学等领域快速发展需求的刺激下，加上仪器分析技术发展推动的仪器更新换代周期不断缩短，使多年来世界仪器市场的销售额保持 10%以上的年增长率。这说明仪器分析行业在不断更新保持旺盛的生命力。

信息时代的到来，促使仪器分析发展得更快。信息科学主要是信息的采集和处理。计算机与分析仪器的结合，加快了数据处理的速度。许多以往难以完成的任务，如谱图的快速检索、复杂的数学统计可轻而易举地完成。信息的采集和变换主要依赖于各类传感器。现已出现了光导纤维的光学传感器和各种生物传感器。化学传感器的发展趋势是小型化、仿生化。例如，化学和物理芯片、生物芯片、仿嗅觉的电子鼻、仿味觉的电子舌等。生物和环境分析是现代分析化学发展的前沿领域，它们将推动仪器分析的迅速发展。

各类分析方法的联用是仪器分析发展的另一热点，特别是分离和检测方法的联用。例如气相、液相或超临界液相色谱和光谱技术（质谱、核磁共振、傅里叶变换红外或原子光谱等）相结合，就可以克服色谱识别缺乏可靠性，而光谱技术需要高纯分析物的缺点，发挥其优点——色谱分离的高效能和光谱识别的可靠性加以互补。建立仪器接口标准，将使仪器联用更加方便。分析仪器智能化的快速发展，仪器本身将具有自诊系统且与网络连接，仪器制造厂家可在厂内对遍布全球的用户仪器进行远距离诊断和指导维修。用户之间也可互通信息进行交流。

然而这些先进仪器如果只是离线分析检测，只能获得静态的分析结果，不能准确地反映生产实际和生命环境的瞬时状况。因而能瞬时反映在生命、环境和生产动态过程中的实情，随时采取措施以提高效率，降低成本，改善产品质量，保证环境安全变得迫切需要。因此，运用先进的科学技术研究新的分析原理并开发有效而实用的原位、在体、实时、在线和高灵敏度、高选择性的新型动态分析仪器已势在必行。

附　录

一、弱酸和弱碱的离解常数（25℃）

名　　称	化　学　式	$K_{a(b)}$	$pK_{a(b)}$
硼酸	H_3BO_3	$5.8\times10^{-10}(K_{a1})$	9.24
碳酸	H_2CO_3	$4.5\times10^{-7}(K_{a1})$	6.35
		$4.7\times10^{-11}(K_{a2})$	10.33
砷酸	H_3AsO_3	$6.3\times10^{-3}(K_{a1})$	2.20
		$1.0\times10^{-7}(K_{a2})$	7.00
		$3.2\times10^{-12}(K_{a3})$	11.50
亚砷酸	$HAsO_2$	6.0×10^{-10}	9.22
氢氰酸	HCN	6.2×10^{-10}	9.21
铬酸	$HCrO_4^-$	$3.2\times10^{-7}(K_{a2})$	6.50
氢氟酸	HF	7.2×10^{-4}	3.14
亚硝酸	HNO_2	5.1×10^{-4}	3.29
磷酸	H_3PO_4	$7.6\times10^{-3}(K_{a1})$	2.12
		$6.3\times10^{-8}(K_{a2})$	7.20
		$4.4\times10^{-13}(K_{a3})$	12.36
亚磷酸	H_3PO_3	$5.0\times10^{-2}(K_{a1})$	1.30
		$2.5\times10^{-7}(K_{a2})$	6.60
氢硫酸	H_2S	$5.7\times10^{-8}(K_{a1})$	7.24
		$1.2\times10^{-15}(K_{a2})$	14.92
硫酸	HSO_4^-	$1.2\times10^{-2}(K_{a2})$	1.99
亚硫酸	H_2SO_3	$1.3\times10^{-2}(K_{a1})$	1.90
		$6.3\times10^{-8}(K_{a2})$	7.20
硫氰酸	HSCN	1.4×10^{-1}	0.85
偏硅酸	H_2SiO_3	$1.7\times10^{-10}(K_{a1})$	9.77
		$1.6\times10^{-12}(K_{a2})$	11.80
甲酸(蚁酸)	HCOOH	1.77×10^{-4}	3.75
乙酸(醋酸)	CH_3COOH	1.75×10^{-5}	4.76
丙酸	C_2H_5COOH	1.3×10^{-5}	4.89
一氯乙酸	$CH_2ClCOOH$	1.4×10^{-3}	2.86
二氯乙酸	$CHCl_2COOH$	5.0×10^{-2}	1.30

续表

名　称	化学式	$K_{a(b)}$	$pK_{a(b)}$
三氯乙酸	CCl_3COOH	0.23	0.64
乳酸	$CH_3CHOHCOOH$	1.4×10^{-4}	3.86
苯甲酸	C_6H_5COOH	6.2×10^{-5}	4.21
邻苯二甲酸	$C_6H_4(COOH)_2$	$1.1\times10^{-3}(K_{a1})$	2.96
		$3.9\times10^{-6}(K_{a2})$	5.41
草酸	$H_2C_2O_4$	$5.9\times10^{-2}(K_{a1})$	1.22
		$6.4\times10^{-5}(K_{a2})$	4.19
苯酚	C_6H_5OH	1.1×10^{-10}	9.95
水杨酸	$C_6H_4OHCOOH$	$1.0\times10^{-3}(K_{a1})$	3.00
		$4.2\times10^{-13}(K_{a2})$	12.38
磺基水杨酸	$C_6H_3SO_3HOHCOOH$	$4.7\times10^{-3}(K_{a1})$	2.33
		$4.8\times10^{-12}(K_{a2})$	11.32
乙二胺四乙酸（EDTA）	H_6Y^{2+}	$0.1(K_{a1})$	0.90
	H_5Y^{+}	$3.0\times10^{-2}(K_{a2})$	1.60
	H_4Y	$1.0\times10^{-2}(K_{a3})$	2.00
	H_3Y^{-}	$2.1\times10^{-3}(K_{a4})$	2.67
	H_2Y^{2-}	$6.9\times10^{-7}(K_{a5})$	6.16
	HY^{3-}	$5.5\times10^{-11}(K_{a6})$	10.26
硫代硫酸	$H_2S_2O_3$	$5.0\times10^{-1}(K_{a1})$	0.30
		$1.0\times10^{-2}(K_{a2})$	2.00
苦味酸	$HOC_6H_2(NO_2)_3$	4.2×10^{-1}	0.38
乙酰丙酮	$CH_3COCH_2COCH_3$	1.0×10^{-9}	9.00
邻二氮菲	$C_{12}H_8N_2$	1.1×10^{-5}	4.96
8-羟基喹啉	C_9H_6NOH	$9.6\times10^{-6}(K_{a1})$	5.02
		$1.55\times10^{-10}(K_{a2})$	9.81
邻硝基苯甲酸	$C_6H_4NO_2COOH$	6.71×10^{-3}	2.17
氨水	$NH_3\cdot H_2O$	1.8×10^{-5}	4.74
联氨	H_2NNH_2	$3.0\times10^{-6}(K_{b1})$	5.52
		$7.6\times10^{-15}(K_{b2})$	14.12
苯胺	$C_6H_5NH_2$	4.2×10^{-10}	9.38
羟胺	NH_2OH	9.1×10^{-9}	8.04
甲胺	CH_3NH_2	4.2×10^{-4}	3.38
乙胺	$C_2H_5NH_2$	5.6×10^{-4}	3.25
二甲胺	$(CH_3)_2NH$	1.2×10^{-4}	3.93
二乙胺	$(C_2H_5)_2NH$	1.3×10^{-3}	2.89
乙醇胺	$HOCH_2CH_2NH_2$	3.2×10^{-5}	4.50

续表

名　　称	化 学 式	$K_{a(b)}$	$pK_{a(b)}$
三乙醇胺	$(HOCH_2CH_2)_3N$	5.8×10^{-7}	6.24
六亚甲基四胺	$(CH_2)_6N_4$	1.4×10^{-9}	8.85
乙二胺	$H_2NCH_2CH_2NH_2$	$8.5\times10^{-5}(K_{b1})$	4.07
		$7.1\times10^{-8}(K_{b2})$	7.15
吡啶	C_6H_5N	1.7×10^{-9}	8.77
喹啉	C_9H_7N	6.3×10^{-10}	9.20
尿素	$CO(NH_2)_2$	1.5×10^{-14}	13.82

二、氧化还原半反应的标准电极电位

半　　反　　应	$\varphi^{\ominus}$/V
$Li^+ + e \rightleftharpoons Li$	−3.0401
$K^+ + e \rightleftharpoons K$	−2.931
$Cs^+ + e \rightleftharpoons Cs$	−3.026
$Ba^{2+} + 2e \rightleftharpoons Ba$	−2.912
$Sr^{2+} + 2e \rightleftharpoons Sr$	−2.899
$Ca^{2+} + 2e \rightleftharpoons Ca$	−2.868
$Na^+ + e \rightleftharpoons Na$	−2.71
$Mg^{2+} + 2e \rightleftharpoons Mg$	−2.372
$\frac{1}{2}H_2 + e \rightleftharpoons H^-$	−2.230
$Be^{2+} + 2e \rightleftharpoons Be$	−1.847
$Al^{3+} + 3e \rightleftharpoons Al$(0.1mol/L NaOH)	−1.706
$Mn(OH)_2 + 2e \rightleftharpoons Mn + 2OH^-$	−1.56
$ZnO_2^{2-} + 2H_2O + 2e \rightleftharpoons Zn + 4OH^-$	−1.215
$Mn^{2+} + 2e \rightleftharpoons Mn$	−1.185
$Sn(OH)_6^{2-} + 2e \rightleftharpoons HSnO_2^- + 3OH^- + H_2O$	−0.93
$2H_2O + 2e \rightleftharpoons H_2 + 2OH^-$	−0.8277
$Zn^{2+} + 2e \rightleftharpoons Zn$	−0.7618
$Cr^{3+} + 3e \rightleftharpoons Cr$	−0.744
$Ni(OH)_2 + 2e \rightleftharpoons Ni + 2OH^-$	−0.720
$Fe(OH)_3 + e \rightleftharpoons Fe(OH)_2 + OH^-$	−0.560
$2CO_2 + 2H^+ + 2e \rightleftharpoons H_2C_2O_4$	−0.490
$NO_2^- + H_2O + e \rightleftharpoons NO + 2OH^-$	−0.460
$Cr^{3+} + e \rightleftharpoons Cr^{2+}$	−0.407
$Fe^{2+} + 2e \rightleftharpoons Fe$	−0.447

续表

半 反 应	$\varphi^{\ominus}$/V
$Cd(OH)_2 + 2e \rightleftharpoons Cd + 2OH^-$	−0.40
$Ni^{2+} + 2e \rightleftharpoons Ni$	−0.257
$2SO_4^{2-} + 4H^+ + 2e \rightleftharpoons S_2O_6^{2-} + 2H_2O$	−0.22
$Sn^{2+} + 2e \rightleftharpoons Sn$	−0.1375
$Pb^{2+} + 2e \rightleftharpoons Pb$	−0.1262
$MnO_2 + 2H_2O + 2e \rightleftharpoons Mn(OH)_2 + 2OH^-$	−0.05
$Fe^{3+} + 3e \rightleftharpoons Fe$	−0.037
$AgCN + e \rightleftharpoons Ag + CN^-$	−0.017
$2H^+ + 2e \rightleftharpoons H_2$	0.0000
$AgBr + e \rightleftharpoons Ag + Br^-$	0.07133
$S_4O_6^{2-} + 2e \rightleftharpoons 2S_2O_3^{2-}$	0.08
$S + 2H^+ + 2e \rightleftharpoons H_2S$	0.14
$Sn^{4+} + 2e \rightleftharpoons Sn^{2+}$	0.151
$Cu^{2+} + e \rightleftharpoons Cu^+$	0.153
$ClO_4^- + H_2O + 2e \rightleftharpoons ClO_3^- + 2OH^-$	0.36
$SO_4^{2-} + 4H^+ + 2e \rightleftharpoons H_2SO_3 + H_2O$	0.172
$AgCl + e \rightleftharpoons Ag + Cl^-$	0.22233
$Cu^{2+} + 2e \rightleftharpoons Cu$	0.3419
$Ag_2O + H_2O + 2e \rightleftharpoons 2Ag + 2OH^-$	0.342
$ClO_3^- + H_2O + 2e \rightleftharpoons ClO_2^- + 2OH^-$	0.33
$O_2 + 2H_2O + 4e \rightleftharpoons 4OH^-$	0.401
$[Fe(CN)_6]^{3-} + e \rightleftharpoons [Fe(CN)_6]^{4-}$	0.358
$Cd^{2+} + 2e \rightleftharpoons Cd$	0.44
$NiO_2 + 2H_2O + 2e \rightleftharpoons Ni(OH)_2 + 2OH^-$	0.490
$Cu^+ + e \rightleftharpoons Cu$	0.521
$I_2 + 2e \rightleftharpoons 2I^-$	0.5355
$AsO_4^{3-} + 2H^+ + 2e \rightleftharpoons AsO_3^{3-} + H_2O$	0.557
$IO_3^- + 2H_2O + 4e \rightleftharpoons IO^- + 4OH^-$	0.56
$MnO_4^- + e \rightleftharpoons MnO_4^{2-}$	0.564
$MnO_4^- + 2H_2O + 3e \rightleftharpoons MnO_2 + 4OH^-$	0.595
$O_2 + 2H^+ + 2e \rightleftharpoons H_2O_2$	0.695
$[Fe(CN)_6]^{3-} + e \rightleftharpoons [Fe(CN)_6]^{4-}$ (1mol/L H_2SO_4)	0.690
$FeO_4^{2-} + 2H_2O + 3e \rightleftharpoons FeO_2^- + 4OH^-$	0.72
$Fe^{3+} + e \rightleftharpoons Fe^{2+}$	0.771
$Hg_2^{2+} + 2e \rightleftharpoons 2Hg$	0.7973
$Ag^+ + e \rightleftharpoons Ag$	0.7996

续表

半反应	$\varphi^{\ominus}$/V
$2NO_3^- + 4H^+ + 2e \rightleftharpoons N_2O_4 + 2H_2O$	0.803
$\frac{1}{2}O_2 + 2H^+(10^{-7}mol/L) + 2e \rightleftharpoons H_2O$	0.815
$Hg^{2+} + 2e \rightleftharpoons Hg$	0.851
$ClO^- + H_2O + 2e \rightleftharpoons Cl^- + 2OH^-$	0.81
$2Hg^{2+} + 2e \rightleftharpoons Hg_2^{2+}$	0.920
$NO_3^- + 3H^+ + 2e \rightleftharpoons HNO_2 + H_2O$	0.934
$NO_3^- + 4H^+ + 3e \rightleftharpoons NO + 2H_2O$	0.957
Br_2 (l) $+ 2e \rightleftharpoons 2Br^-$	1.066
Br_2 (aq) $+ 2e \rightleftharpoons 2Br^-$	1.0873
$2IO_3^- + 12H^+ + 10e \rightleftharpoons I_2 + 6H_2O$	1.19
$O_2 + 4H^+ + 4e \rightleftharpoons 2H_2O$	1.229
$MnO_2 + 4H^+ + 2e \rightleftharpoons Mn^{2+} + 2H_2O$	1.224
$Cr_2O_7^{2-} + 14H^+ + 6e \rightleftharpoons 2Cr^{3+} + 7H_2O$	1.33
$Cl_2(g) + 2e \rightleftharpoons 2Cl^-$	1.35827
$ClO_4^- + 8H^+ + 8e \rightleftharpoons Cl^- + 4H_2O$	1.389
$BrO_3^- + 6H^+ + 6e \rightleftharpoons Br^- + 3H_2O$	1.44
$ClO_3^- + 6H^+ + 6e \rightleftharpoons Cl^- + 3H_2O$	1.451
$ClO_3^- + 6H^+ + 5e \rightleftharpoons \frac{1}{2}Cl_2 + 3H_2O$	1.47
$MnO_4^- + 8H^+ + 5e \rightleftharpoons Mn^{2+} + 4H_2O$	1.507
$Mn^{3+} + e \rightleftharpoons Mn^{2+}$	1.5415
$Ce^{4+} + e \rightleftharpoons Ce^{3+}$	1.61
$MnO_4^- + 4H^+ + 3e \rightleftharpoons MnO_2 + 2H_2O$	1.679
$Au^+ + e \rightleftharpoons Au$	1.692
$H_2O_2 + 2H^+ + 2e \rightleftharpoons 2H_2O$	1.776
$S_2O_8^{2-} + 2e \rightleftharpoons 2SO_4^{2-}$	2.010
$O_3 + 2H^+ + 2e \rightleftharpoons O_2 + H_2O$	2.076
$F_2 + 2e \rightleftharpoons 2F^-$	2.866

三、一些物质在热导检测器上的相对响应值和相对校正因子

组分名称	s'_M	s'_m	f'_M	f'_m	组分名称	s'_M	s'_m	f'_M	f'_m
直链烷烃					丙烷	0.645	1.16	1.55	0.86
甲烷	0.357	1.73	2.80	0.58	丁烷	0.851	1.15	1.18	0.87
乙烷	0.512	1.33	1.96	0.75	戊烷	1.05	1.14	0.95	0.88

续表

组分名称	s'_M	s'_m	f'_M	f'_m
己烷	1.23	1.12	0.81	0.89
庚烷	1.43	1.12	0.70	0.89
辛烷	1.60	1.09	0.63	0.92
壬烷	1.77	1.08	0.57	0.93
癸烷	1.99	1.09	0.50	0.92
十一烷	1.98	0.99	0.51	1.01
十四烷	2.34	0.92	0.42	1.09
C_{20}～C_{36}		1.09		0.92
支链烷烃				
异丁烷	0.82	1.10	1.22	0.91
异戊烷	1.02	1.10	0.98	0.91
新戊烷	0.99	1.08	1.01	0.93
2,2-二甲基丁烷	1.16	1.05	0.86	0.95
2,3-二甲基丁烷	1.16	1.05	0.86	0.95
2-甲基戊烷	1.20	1.09	0.83	0.92
3-甲基戊烷	1.19	1.08	0.84	0.93
2,2-二甲基戊烷	1.33	1.04	0.75	0.96
2,4-二甲基戊烷	1.29	1.01	0.78	0.99
2,3-二甲基戊烷	1.35	1.05	0.74	0.95
3,5-二甲基戊烷	1.33	1.04	0.75	0.96
2,2,3-三甲基丁烷	1.29	1.01	0.78	0.99
2-甲基己烷	1.36	1.06	0.74	0.94
3-甲基己烷	1.33	1.04	0.75	0.96
3-乙基戊烷	1.31	1.02	0.76	0.98
2,2,4-三甲基戊烷	1.47	1.01	0.68	0.99
不饱和烃				
乙烯	0.48	1.34	2.08	0.75
丙烯	0.65	1.20	1.54	0.83
异丁烯	0.82	1.14	1.22	0.88
丁烯	0.81	1.13	1.23	0.88
反-2-丁烯	0.85	1.19	1.18	0.84
顺-2-丁烯	0.87	1.22	1.15	0.82
3-甲基-1-丁烯	0.99	1.10	1.01	0.91
2-甲基-1-丁烯	0.99	1.10	1.01	0.91
戊烯	0.99	1.10	1.01	0.91
反-2-戊烯	1.04	1.16	0.96	0.86
顺-2-戊烯	0.98	1.10	1.02	0.91
2-甲基-2-戊烯	0.96	1.04	1.04	0.96
2,4,4-三甲基-1-戊烯	1.58	1.10	0.63	0.91
丙二烯	0.53	1.03	1.89	0.97
1,3-丁二烯	0.80	1.16	1.25	0.86
环戊二烯	0.68	0.81	1.47	1.23
异戊二烯	0.92	1.06	1.09	0.94
1-甲基环己烯	1.15	0.93	0.87	1.07
甲基乙炔	0.58	1.13	1.72	0.88
双环戊二烯	0.76	0.78	1.32	1.28
4-乙烯基环己烯	1.30	0.94	0.77	1.07
环戊烯	0.80	0.92	1.25	1.09
降冰片烯	1.13	0.94	0.89	1.06
降冰片二烯	1.11	0.95	0.90	1.05
环庚三烯	1.04	0.88	0.96	1.14
1,3-环辛二烯	1.27	0.91	0.79	1.10
1,5-环辛二烯	1.31	0.95	0.76	1.05
1,3,5,7-环辛四烯	1.14	0.86	0.88	1.16
环十二碳三烯(反)	1.68	0.81	0.60	1.23
环十二碳三烯	1.53	0.73	0.65	1.37
芳烃				
苯	1.00	1.00	1.00	1.00
甲苯	1.16	0.98	0.86	1.02
乙基苯	1.29	0.95	0.78	1.05
间二甲苯	1.31	0.96	0.76	1.04
对二甲苯	1.31	0.96	0.76	1.04
邻二甲苯	1.27	0.93	0.79	1.08
异丙苯	1.42	0.92	0.70	1.09
正丙苯	1.45	0.95	0.69	1.05
1,2,4-三甲苯	1.50	0.98	0.67	1.02
1,2,3-三甲苯	1.49	0.97	0.67	1.03
对乙基甲苯	1.50	0.98	0.67	1.02

续表

组分名称	s'_M	s'_m	f'_M	f'_m	组分名称	s'_M	s'_m	f'_M	f'_m
1,3,5-三甲苯	1.49	0.97	0.67	1.03	无机物				
仲丁苯	1.58	0.92	0.63	1.09	氩	0.42	0.82	2.38	1.22
联二苯	1.69	0.86	0.59	1.16	氮	0.42	1.16	2.38	0.86
邻三联苯	2.17	0.74	0.46	1.35	氧	0.40	0.98	2.50	1.02
间三联苯	2.30	0.78	0.43	1.28	二氧化碳	0.48	0.85	2.08	1.18
对三联苯	2.24	0.76	0.45	1.32	一氧化碳	0.42	1.16	2.38	0.86
三苯甲烷	2.32	0.74	0.43	1.35	四氯化碳	1.08	0.55	0.93	1.82
萘	1.39	0.84	0.72	1.19	羰基铁[$Fe(CO)_5$]	1.50	0.60	0.67	1.67
四氢萘	1.45	0.86	0.69	1.16	硫化氢	0.38	0.88	2.63	1.14
甲基四氢萘	1.58	0.84	0.63	1.19	水	0.33	1.42	3.03	0.70
乙基四氢萘	1.70	0.83	0.59	1.20	含氧化合物				
反十氢萘	1.50	0.85	0.67	1.18	酮类				
顺十氢萘	1.51	0.86	0.66	1.16	丙酮	0.86	1.15	1.16	0.87
环烷烃					甲乙酮	0.98	1.05	1.02	0.95
环戊烷	0.97	1.09	1.03	0.92	二乙酮	1.10	1.00	0.91	1.00
甲基环戊烷	1.15	1.07	0.87	0.93	3-己酮	1.23	0.96	0.81	1.04
1,1-二甲基环戊烷	1.24	0.99	0.81	1.01	2-己酮	1.30	1.02	0.77	0.98
乙基环戊烷	1.26	1.01	0.79	0.99	3,3-二甲基-2-丁酮	1.18	0.81	0.85	1.23
顺-1,2-二甲基环戊烷	1.25	1.00	0.80	1.00	甲基正戊基酮	1.33	0.91	0.75	1.10
1,3-二甲基环戊烷(顺,反)	1.25	1.00	0.80	1.00	甲基正己基酮	1.47	0.90	0.68	1.11
1,2,4-三甲基环戊烷(顺,反,顺)	1.36	0.95	0.74	1.05	环戊酮	1.06	0.99	0.94	1.01
1,2,4-三甲基环戊烷(顺,顺,反)	1.43	1.00	0.70	1.00	环己酮	1.25	0.99	0.80	1.01
环己烷	1.14	1.06	0.88	0.94	2-壬酮	1.61	0.93	0.62	1.07
甲基环己烷	1.20	0.95	0.83	1.05	甲基异丁基酮	1.18	0.91	0.85	1.10
1,1-二甲基环己烷	1.41	0.98	0.71	1.02	甲基异戊基酮	1.38	0.94	0.72	1.06
1,4-二甲基环己烷	1.46	1.02	0.68	0.98	醇类				
乙基环己烷	1.45	1.01	0.69	0.99	甲醇	0.55	1.34	1.82	0.75
正丙基环己烷	1.58	0.98	0.63	1.02	乙醇	0.72	1.22	1.39	0.82
1,1,3-三甲基环己烷	1.39	0.86	0.72	1.16	丙醇	0.83	1.09	1.20	0.92
					异丙醇	0.85	1.10	1.18	0.91
					正丁醇	0.95	1.00	1.05	1.00
					异丁醇	0.96	1.02	1.04	0.98
					仲丁醇	0.97	1.03	1.03	0.97
					叔丁醇	0.96	1.02	1.04	0.98

续表

组分名称	s'_M	s'_m	f'_M	f'_m	组分名称	s'_M	s'_m	f'_M	f'_m
3-甲基-1-戊醇	1.07	0.98	0.93	1.02	四氢吡咯	0.91	1.00	1.09	1.00
2-戊醇	1.10	0.98	0.91	1.02	吡啶	1.00	0.99	1.00	1.01
3-戊醇	1.09	0.96	0.92	1.04	1,2,5,6-四氯吡啶	1.03	0.96	0.97	1.04
2-甲基-2-丁醇	1.06	0.94	0.94	1.06	哌啶	1.02	0.94	0.98	1.06
正己醇	1.18	0.90	0.85	1.11	丙烯腈	0.78	1.15	1.28	0.87
3-己醇	1.25	0.98	0.80	1.02	丙腈	0.84	1.20	1.19	0.83
2-己醇	1.30	1.02	0.77	0.98	正丁腈	1.05	1.19	0.95	0.84
正庚醇	1.28	0.86	0.78	1.16	苯胺	1.14	0.95	0.88	1.05
5-癸醇	1.84	0.91	0.54	1.10	喹啉	1.94	1.16	0.52	0.86
2-十二烷醇	1.98	0.84	0.51	1.19	反十氢喹啉	1.17	0.66	0.85	1.51
环戊醇	1.09	0.99	0.92	1.01	顺十氢喹啉	1.17	0.66	0.85	1.51
环己醇	1.12	0.88	0.89	1.14	氨	0.40	1.86	2.50	0.54
酯类					杂环化合物				
乙酸乙酯	1.11	0.99	0.90	1.01	环氧乙烷	0.58	1.03	1.72	0.97
乙酸乙丙酯	1.21	0.93	0.83	1.08	环氧丙烷	0.80	1.07	1.25	0.93
乙酸正丁酯	1.35	0.91	0.74	1.10	硫化氢	0.38	0.88	2.63	1.14
乙酸正戊酯	1.46	0.88	0.68	1.14	甲硫醇	0.59	0.96	1.69	1.04
乙酸异戊酯	1.45	0.87	0.69	1.10	乙硫醇	0.87	1.09	1.15	0.92
乙酸正庚酯	1.70	0.84	0.59	1.19	1-丙硫醇	1.01	1.04	0.99	0.96
醚类					四氢呋喃	0.83	0.90	1.20	1.11
乙醚	1.10	1.16	0.91	0.86	噻吩烷	1.03	0.91	0.97	1.09
异丙醚	1.30	0.99	0.77	1.01	硅酸乙酯	2.08	0.79	0.48	1.27
正丙醚	1.31	1.00	0.76	1.00	乙醛	0.65	1.15	1.54	0.87
正丁醚	1.60	0.96	0.63	1.04	2-乙氧基乙醇(溶纤剂)	1.07	0.93	0.93	1.08
正戊醚	1.83	0.91	0.55	1.10	卤化物				
乙基正丁基醚	1.30	0.99	0.77	1.01	氟己烷	1.24	0.93	0.81	1.08
二醇类					氯丁烷	1.11	0.94	0.90	1.06
2,5-癸二醇	1.27	0.84	0.79	1.19	2-氯乙烷	1.09	0.91	0.92	1.10
1,6-癸二醇	1.21	0.80	0.83	1.25	1-氯-2-甲基丙烷	1.08	0.91	0.93	1.10
1,10-癸二醇	1.08	0.48	0.93	2.08	2-氯-2-甲基丙烷	1.04	0.88	0.96	1.14
含氮化合物					1-氯戊烷	1.23	0.91	0.81	1.10
正丁胺	1.14	1.22	0.88	0.82	1-氯己烷	1.34	0.87	0.75	1.14
正戊胺	1.52	1.37	0.66	0.73	1-氯庚烷	1.47	0.86	0.68	1.16
正己胺	1.04	0.80	0.96	1.25	溴代乙烷	0.98	0.70	1.02	1.43
吡咯	0.86	1.00	1.16	1.00					
二氢吡咯	0.83	0.94	1.20	1.06					

续表

组分名称	s'_M	s'_m	f'_M	f'_m	组分名称	s'_M	s'_m	f'_M	f'_m
溴丙烷	1.08	0.68	0.93	1.47	1-溴-2-氯乙烷	1.10	0.59	0.91	1.69
2-溴丙烷	1.07	0.68	0.93	1.47	1,1-二氯乙烷	1.03	0.81	0.97	1.23
溴乙烷	1.19	0.68	0.84	1.47	1,2-二氯丙烷	1.12	0.77	0.89	1.30
2-溴丁烷	1.16	0.66	0.86	1.52	顺-1,2-二氯乙烯	1.00	0.81	1.00	1.23
1-溴-2-甲基丙烷	1.15	0.66	0.87	1.52	2,3-二氯丙烯	1.10	0.77	0.91	1.30
溴戊烷	1.28	0.66	0.78	1.52	三氯乙烯	1.15	0.69	0.87	1.45
碘代甲烷	0.96	0.53	1.04	1.89	氟代苯	1.05	0.85	0.95	1.18
碘代乙烷	1.06	0.53	0.94	1.89	间二氟代苯	1.07	0.73	0.93	1.37
碘丙烷	1.17	0.54	0.85	1.85	邻氟代甲苯	1.16	0.83	0.86	1.20
碘丁烷	1.29	0.55	0.78	1.82	对氟代甲苯	1.17	0.83	0.85	1.20
2-碘丁烷	1.23	0.52	0.81	1.92	间氟代甲苯	1.18	0.84	0.85	1.19
1-碘-2-甲基丙烷	1.22	0.52	0.82	1.92	1-氯-3-氟代苯	1.19	0.72	0.84	1.38
碘戊烷	1.38	0.55	0.73	1.82	间-溴-a,a,a-三氟代甲苯	1.45	0.52	0.68	1.92
二氯甲烷	0.94	0.87	1.06	1.14	氯代苯	1.16	0.80	0.86	1.25
氯仿	1.08	0.71	0.93	1.41	邻氯代甲苯	1.28	0.79	0.78	1.27
四氯化碳	1.20	0.61	0.83	1.64	氯代环己烷	1.20	0.79	0.83	1.27
二溴甲烷	1.07	0.48	0.93	2.08	溴代苯	1.24	0.62	0.81	1.61
溴氯甲烷	1.00	0.61	1.00	1.64					
1,2-二溴乙烷	1.17	0.48	0.85	2.08					

四、一些物质在氢焰检测器上的相对质量响应值和相对质量校正因子

组分名称	s'_m	f'_m	组分名称	s'_m	f'_m
直链烷烃			2，2-二甲基丁烷	0.93	1.08
甲烷	0.87	1.15	2，3-二甲基丁烷	0.92	1.09
乙烷	0.87	1.15	2-甲基戊烷	0.94	1.06
丙烷	0.87	1.15	3-甲基戊烷	0.93	1.08
丁烷	0.92	1.09	2-甲基己烷	0.91	1.10
戊烷	0.93	1.08	3-甲基己烷	0.91	1.10
己烷	0.92	1.09	2，2-二甲基戊烷	0.91	1.10
庚烷	0.89	1.12	2，3-二甲基戊烷	0.88	1.14
辛烷	0.87	1.15	2，4-二甲基戊烷	0.91	1.10
壬烷	0.88	1.14	3，3-二甲基戊烷	0.92	1.09
支链烷烃			3-乙基戊烷	0.91	1.10
异戊烷	0.94	1.06	2，2，3-三甲基丁烷	0.91	1.10

续表

组分名称	s'_m	f'_m	组分名称	s'_m	f'_m
2-甲基庚烷	0.87	1.15	反-1，3-二甲基环戊烷	0.89	1.12
3-甲基庚烷	0.90	1.11	顺-1，3-二甲基环戊烷	0.89	1.12
4-甲基庚烷	0.91	1.10	1-甲基-反-2-乙基环戊烷	0.90	1.11
2，2-二甲基己烷	0.90	1.11	1-甲基-顺-2-乙基环戊烷	0.89	1.12
2，3-二甲基己烷	0.88	1.14	1-甲基-反-3-乙基环戊烷	0.87	1.15
2，4-二甲基己烷	0.88	1.14	1-甲基-顺-3-乙基环戊烷	0.89	1.12
2，5-二甲基己烷	0.90	1.11	1，1，2-三甲基环戊烷	0.92	1.09
3，4-二甲基己烷	0.88	1.14	1，1，3-三甲基环戊烷	0.93	1.08
3-乙基己烷	0.89	1.12	反-1，2-顺-3-三甲基环戊烷	0.90	1.11
2-甲基-3-乙基戊烷	0.88	1.14			
2，2，3-三甲基戊烷	0.91	1.10	反-1，2-顺-4-三甲基环戊烷	0.88	1.12
2，2，4-三甲基戊烷	0.89	1.12			
2，3，3-三甲基戊烷	0.90	1.11	顺-1，2-反-3-三甲基环戊烷	0.88	1.12
2，3，4-三甲基戊烷	0.88	1.14			
2，2-二甲基庚烷	0.87	1.15	顺-1，2-反-4-三甲基环戊烷	0.88	1.12
3，3-二甲基庚烷	0.89	1.12	异丙基环戊烷	0.88	1.12
2，4-二甲基-3-乙基戊烷	0.88	1.14	正丙基环戊烷	0.87	1.15
2，2，3-三甲基己烷	0.90	1.11	六元环烷烃		
2，2，4-三甲基己烷	0.88	1.14	环己烷	0.90	1.11
2，2，5-三甲基己烷	0.88	1.14	甲基环己烷	0.90	1.11
2，3，3-三甲基己烷	0.89	1.12	乙基环己烷	0.90	1.11
2，3，5-三甲基己烷	0.86	1.16	1-甲基-反-4-甲基环己烷	0.88	1.14
2，4，4-三甲基己烷	0.90	1.11	1-甲基-顺-4-乙基环己烷	0.86	1.16
2，2，3，3-四甲基戊烷	0.89	1.12	1，1，2-三甲基环己烷	0.90	1.11
2，2，3，4-四甲基戊烷	0.88	1.14	异丙基环己烷	0.88	1.14
2，3，3，4-四甲基戊烷	0.88	1.14	环庚烷	0.90	1.11
3，3，5-三甲基庚烷	0.88	1.14	芳烃		
2，2，3，4-四甲基己烷	0.90	1.11	苯	1.00	1.00
2，2，4，5-四甲基戊烷	0.89	1.12	甲苯	0.96	1.04
五元环烷烃			乙基苯	0.92	1.09
环戊烷	0.93	1.08	对二甲苯	0.89	1.12
甲基环戊烷	0.90	1.11	间二甲苯	0.93	1.08
乙基环戊烷	0.89	1.12	邻二甲苯	0.91	1.10
1，1-二甲基环戊烷	0.92	1.09	1-甲基-2-乙基苯	0.91	1.10
反-1，2-二甲基环戊烷	0.90	1.11	1-甲基-3-乙基苯	0.90	1.11
顺-1，2-二甲基环戊烷	0.89	1.12	1-甲基-4-乙基苯	0.89	1.12

续表

组分名称	s'_m	f'_m
1,2,3-三甲苯	0.88	1.14
1,2,4-三甲苯	0.87	1.15
1,3,5-三甲苯	0.88	1.14
异丙苯	0.87	1.15
正丙苯	0.90	1.11
1-甲基-2-异丙苯	0.88	1.14
1-甲基-3-异丙苯	0.90	1.11
1-甲基-4-异丙苯	0.88	1.14
仲丁苯	0.89	1.12
叔丁苯	0.91	1.10
正丁苯	0.88	1.14
不饱和烃		
乙炔	0.96	1.04
乙烯	0.91	1.10
己烯	0.88	1.14
辛烯	1.03	0.97
癸烯	1.01	0.99
醇类		
甲醇	0.21	4.76
乙醇	0.41	2.43
正丙醇	0.54	1.85
异丙醇	0.47	2.13
正丁醇	0.59	1.69
异丁醇	0.61	1.64
仲丁醇	0.56	1.79
叔丁醇	0.66	1.52
戊醇	0.63	1.59
1,3-二甲基丁醇	0.66	1.52
甲基戊醇	0.58	1.72
己醇	0.66	1.52
辛醇	0.76	1.32
癸醇	0.75	1.33
醛类		
丁醛	0.55	1.82
庚醛	0.69	1.45
辛醛	0.70	1.43
癸醛	0.72	1.40
酮类		
丙酮	0.44	2.27
甲乙酮	0.54	1.85
甲基异丁基酮	0.63	1.59
乙基丁基酮	0.63	1.59
二异丁基酮	0.64	1.56
乙基戊基酮	0.72	1.39
环己烷	0.64	1.56
酸类		
甲酸	0.009	1.11
乙酸	0.21	4.76
丙酸	0.36	2.78
丁酸	0.43	2.33
己酸	0.56	1.79
庚酸	0.54	1.85
辛酸	0.58	1.72
酯类		
乙酸甲酯	0.18	5.56
乙酸乙酯	0.34	2.94
乙酸异丙酯	0.44	2.27
乙酸仲丁酯	0.46	2.17
乙酸异丁酯	0.48	2.08
乙酸丁酯	0.49	2.04
乙酸异戊酯	0.55	1.82
乙酸甲基异戊酯	0.56	1.79
己酸乙基(2)乙酯	0.64	1.56
乙酸-2-乙氧基乙醇酯	0.45	2.22
己酸己酯	0.70	1.42
氮化物		
乙腈	0.35	2.86
三甲基胺	0.41	2.44
叔丁基胺	0.48	2.08
二乙基胺	0.54	1.85
苯胺	0.67	1.49
二正丁基胺	0.67	1.49
噻吩烷	0.51	1.96

五、常见化合物的摩尔质量

化合物	摩尔质量 $M/(g/mol)$	化合物	摩尔质量 $M/(g/mol)$
$AgBr$	187.77	$Ca_3(PO_4)_2$	310.18
$AgCl$	143.32	$CaSO_4$	136.14
$AgCN$	133.89	$CdCO_3$	172.42
$AgSCN$	165.95	$CdCl_2$	183.32
Ag_2CrO_4	331.73	CdS	144.47
AgI	234.77	$Ce(SO_4)_2$	332.24
$AgNO_3$	169.87	$CoCl_2$	129.84
$AlCl_3$	133.34	$Co(NO_3)_2$	182.94
$AlCl_3 \cdot 6H_2O$	241.43	CoS	90.99
$Al(NO_3)_3$	213.01	$CoSO_4$	154.99
$Al(NO_3)_3 \cdot 9H_2O$	375.13	$CO(NH_2)_2$	60.06
Al_2O_3	101.96	$CrCl_3$	158.36
$Al(OH)_3$	78.00	$Cr(NO_3)_2$	238.01
$Al_2(SO_4)_3$	342.14	Cr_2O_3	151.99
$Al_2(SO_4)_3 \cdot 18H_2O$	666.46	$CuCl$	99.00
As_2O_3	197.84	$CuCl_2$	134.45
As_2O_5	229.84	$CuCl_2 \cdot 2H_2O$	170.48
As_2S_3	246.02	$CuSCN$	121.62
$BaCO_3$	197.34	CuI	190.45
$BaCl_2$	208.24	$Cu(NO_3)_2$	187.56
BaC_2O_4	225.32	$Cu(NO_3)_2 \cdot 3H_2O$	241.60
$BaCrO_4$	253.32	CuO	79.55
BaO	153.33	Cu_2O	143.09
$Ba(OH)_2$	171.34	CuS	95.61
$BaSO_4$	233.39	$CuSO_4$	159.60
$BiCl_3$	315.34	$CuSO_4 \cdot 5H_2O$	249.68
$BiOCl$	260.43	$FeCl_2$	126.75
CO_2	44.01	$FeCl_2 \cdot 4H_2O$	198.81
CaO	56.08	$FeCl_3$	162.21
$CaCO_3$	100.09	$FeCl_3 \cdot 6H_2O$	270.30
CaC_2O_4	128.10	$FeNH_4(SO_4)_2 \cdot 12H_2O$	482.18
$CaCl_2$	110.99	$Fe(NO_3)_3$	241.86
$Ca(NO_3)_2 \cdot 4H_2O$	236.15	$Fe(NO_3)_3 \cdot 9H_2O$	404.01
$Ca(OH)_2$	74.09	FeO	71.85

续表

化合物	摩尔质量 M/(g/mol)	化合物	摩尔质量 M/(g/mol)
Fe_2O_3	159.69	$Hg_2(NO_3)_2 \cdot 2H_2O$	561.22
Fe_3O_4	231.54	HgO	261.59
$Fe(OH)_3$	106.87	HgS	232.65
FeS	87.91	$HgSO_4$	296.65
Fe_2S_3	207.87	Hg_2SO_4	497.24
$FeSO_4$	151.91	$KAl(SO_4)_2 \cdot 12H_2O$	474.41
$FeSO_4 \cdot 7H_2O$	278.03	KBr	119.00
$Fe(NH_4)_2(SO_4)_2 \cdot 6H_2O$	392.13	$KBrO_3$	167.00
H_3AsO_3	125.94	KCl	74.55
H_3AsO_4	141.94	$HClO_3$	122.55
H_3BO_3	61.83	$KClO_4$	138.55
HBr	80.91	KCN	65.12
HCN	27.03	$KSCN$	97.18
$HCOOH$	46.03	K_2CO_3	138.21
CH_3COOH	60.05	K_2CrO_4	194.19
H_2CO_3	62.03	$K_2Cr_2O_7$	294.18
$H_2C_2O_4 \cdot 2H_2O$	126.07	$K_3Fe(CN)_6$	329.25
HCl	36.46	$K_4Fe(CN)_6$	368.35
HF	20.01	$KFe(SO_4)_2 \cdot 12H_2O$	503.28
HI	127.91	$KHC_2O_4 \cdot H_2O$	146.15
HIO_3	175.91	$KHSO_4$	136.18
HNO_3	63.01	$KHC_8H_4O_4$(KHP)	204.22
HNO_2	47.01	KI	166.00
H_2O	18.016	KIO_3	214.00
H_2O_2	34.02	$KMnO_4$	158.03
H_3PO_4	98.00	$KNaC_4H_4O_6 \cdot 4H_2O$	282.22
H_2S	34.08	KNO_3	101.10
H_2SO_3	82.07	KNO_2	85.10
H_2SO_4	98.07	K_2O	94.20
$Hg(CN)_2$	252.63	KOH	56.11
Hg_2Cl_2	472.09	K_2SO_4	174.25
$HgCl_2$	271.50	$LiBr$	86.84
HgI_2	454.40	LiI	133.85
$Hg(NO_3)_2$	324.60	$MgCO_3$	84.31
$Hg_2(NO_3)_2$	525.19	$MgCl_2$	95.21

续表

化合物	摩尔质量 $M/(g/mol)$	化合物	摩尔质量 $M/(g/mol)$
$MgCl_2 \cdot 6H_2O$	203.31	$NaSCN$	81.07
MgC_2O_4	112.33	Na_2CO_3	105.99
$Mg(NO_3)_2 \cdot 6H_2O$	256.41	$Na_2C_2O_4$	134.00
$MgNH_4PO_4$	137.32	$NaCl$	58.44
MgO	40.30	CH_3COONa	82.03
$Mg(OH)_2$	58.32	$NaClO$	74.44
$Mg_2P_2O_7$	222.55	$NaHCO_3$	84.01
$MgSO_4 \cdot 7H_2O$	246.49	$Na_2HPO_4 \cdot 12H_2O$	358.14
$MnCO_3$	114.95	$Na_2H_2Y \cdot 2H_2O$	372.24
$MnCl_2 \cdot 4H_2O$	197.91	$NaNO_2$	69.00
$Mn(NO_3)_2 \cdot 6H_2O$	287.04	$NaNO_3$	85.00
MnO	70.94	Na_2O	61.98
MnO_2	86.94	Na_2O_2	77.98
MnS	87.00	$NaOH$	40.00
$MnSO_4$	151.00	Na_3PO_4	163.94
NH_3	17.03	Na_2S	78.04
NO	30.01	Na_2SO_3	126.04
NO_2	46.01	Na_2SO_4	142.04
NH_4Cl	53.49	$Na_2S_2O_3 \cdot 5H_2O$	248.17
$(NH_4)_2CO_3$	96.09	$NaHSO_4$	120.07
CH_3COONH_4	77.08	$NiCl_2 \cdot 6H_2O$	237.69
$(NH_4)_2C_2O_4$	124.10	NiO	74.69
NH_4SCN	76.12	$Ni(NO_3)_2 \cdot 6H_2O$	290.79
NH_4HCO_3	79.06	NiS	90.75
$(NH_4)_2MoO_4$	196.01	$NiSO_4 \cdot 7H_2O$	280.85
NH_4NO_3	80.04	OH	17.01
$(NH_4)_2HPO_4$	132.06	P_2O_5	141.95
$(NH_4)_2S$	68.14	$PbCO_3$	267.21
$(NH_4)_2SO_4$	132.13	PbC_2O_4	295.22
NH_4VO_3	116.98	$PbCl_2$	278.11
Na_3AsO_3	191.89	$PbCrO_4$	323.19
$Na_2B_4O_7$	201.22	$Pb(CH_3COO)_2$	325.29
$Na_2B_4O_7 \cdot 10H_2O$	381.42	PbI_2	461.01
$NaBiO_3$	279.97	$Pb(NO_3)_2$	331.21
$NaCN$	49.01	PbO	223.20

续表

化合物	摩尔质量 M/(g/mol)	化合物	摩尔质量 M/(g/mol)
PbO_2	239.20	$Sr(NO_3)_2$	211.63
Pb_3O_4	685.6	$Sr(NO_3)_2 \cdot 4H_2O$	283.69
$Pb_3(PO_4)_2$	811.54	$SrSO_4$	183.68
PbS	239.26	$ZnCO_3$	125.39
$PbSO_4$	303.26	ZnC_2O_4	153.40
$SbCl_3$	228.11	$ZnCl_2$	136.29
$SbCl_5$	299.02	$Zn(CH_3COO)_2$	183.47
Sb_2O_3	291.50	$Zn(NO_3)_2$	189.39
Sb_2S_3	339.68	$Zn(NO_3)_2 \cdot 6H_2O$	297.51
SO_3	80.06	ZnO	81.39
SO_2	64.06	ZnS	97.44
SiF_4	104.08	$ZnSO_4$	161.44
SiO_2	60.08	$ZnSO_4 \cdot 7H_2O$	287.57
$SnCl_2 \cdot 2H_2O$	225.63	$(C_9H_7N)_3H_3(PO_4 \cdot 12MoO_3)$(磷钼酸喹啉)	2212.74
$SnCl_4 \cdot 5H_2O$	350.58	$NiC_8H_{14}O_4N_4$(丁二酮肟镍)	288.91
SnO_2	150.7	TiO_2	79.90
SnS_2	150.75	V_2O_5	181.88
$SrCO_3$	147.63	WO_3	231.85
SrC_2O_4	175.64		
$SrCrO_4$	203.61		

六、相对原子质量（2005 年）

原子序数	元素名称	符号	相对原子质量	原子序数	元素名称	符号	相对原子质量
1	氢	H	1.00794	10	氖	Ne	20.1797
2	氦	He	4.002602	11	钠	Na	22.98976928
3	锂	Li	6.941	12	镁	Mg	24.3050
4	铍	Be	9.012182	13	铝	Al	26.9815386
5	硼	B	10.811	14	硅	Si	28.0855
6	碳	C	12.0107	15	磷	P	30.973762
7	氮	N	14.0067	16	硫	S	32.065
8	氧	O	15.9994	17	氯	Cl	35.453
9	氟	F	18.9984032	18	氩	Ar	39.948

续表

原子序数	元素名称	符号	相对原子质量	原子序数	元素名称	符号	相对原子质量
19	钾	K	39.0983	56	钡	Ba	137.327
20	钙	Ca	40.078	57	镧	La	138.90547
21	钪	Sc	44.955912	58	铈	Ce	140.116
22	钛	Ti	47.867	59	镨	Pr	140.90765
23	钒	V	50.9415	60	钕	Nd	144.242
24	铬	Cr	51.9961	61	钷	Pm	[145]
25	锰	Mn	54.938045	62	钐	Sm	150.36
26	铁	Fe	55.847	63	铕	Eu	151.964
27	钴	Co	58.933199	64	钆	Gd	157.25
28	镍	Ni	58.6934	65	铽	Tb	158.92535
29	铜	Cu	63.546	66	镝	Dy	162.500
30	锌	Zn	65.409	67	钬	Ho	164.93032
31	镓	Ga	69.723	68	铒	Er	167.259
32	锗	Ge	72.61	69	铥	Tm	168.9342
33	砷	As	74.92160	70	镱	Yb	173.04
34	硒	Se	78.96	71	镥	Lu	174.967
35	溴	Br	79.904	72	铪	Hf	178.49
36	氪	Kr	83.798	73	钽	Ta	180.94788
37	铷	Rb	85.4678	74	钨	W	183.84
38	锶	Sr	87.62	75	铼	Re	186.207
39	钇	Y	88.90585	76	锇	Os	190.23
40	锆	Zr	91.224	77	铱	Ir	192.217
41	铌	Nb	92.90638	78	铂	Pt	195.084
42	钼	Mo	95.94	79	金	Au	196.966569
43	锝	Tc	98.9062	80	汞	Hg	200.59
44	钌	Ru	101.07	81	铊	Tl	204.3833
45	铑	Rh	102.90550	82	铅	Pb	207.2
46	钯	Pd	106.42	83	铋	Bi	208.98040
47	银	Ag	107.8682	84	钋	Po	[209]
48	镉	Cd	112.411	85	砹	At	[210]
49	铟	In	114.818	86	氡	Rn	[222]
50	锡	Sn	118.710	87	钫	Fr	[223]
51	锑	Sb	121.760	88	镭	Ra	226.03
52	碲	Te	127.60	89	锕	Ac	227.0278
53	碘	I	126.90447	90	钍	Th	232.03806
54	氙	Xe	131.29	91	镤	Pa	231.03588
55	铯	Cs	132.9054519	92	铀	U	238.028913

七、 分析检验中常用的量及其法定单位

量的名称	量的符号	法定单位及符号	
		单位名称	单位符号
长度	L	米 厘米 毫米 纳米	m cm mm nm
面积	A,(S)	平方米 平方厘米 平方毫米	m^2 cm^2 mm^2
体积　容积	V	立方米 立方分米,升 立方厘米,毫升 立方毫米,微升	m^3 dm^3,L cm^3,mL mm^3,μL
时间	t	秒 分 小时 天(日)	s min h d
物质的量	n	摩尔 毫摩尔 微摩尔	mol mmol μmol
摩尔质量	M	千克每摩(尔) 克每摩(尔)	kg/mol g/mol
元素相对原子质量	A_r	无量纲	
相对分子质量	M_r	无量纲	
摩尔体积	V_m	立方米每摩(尔) 升每摩(尔)	m^3/mol L/mol
密度	ρ	千克每立方米 克每立方厘米 (克每毫升)	kg/m^3 g/cm^3 (g/mL)
物质的质量	m	千克 克 毫克 微克	kg g mg μg

续表

量的名称	量的符号	法定单位及符号	
		单位名称	单位符号
物质B的质量分数	w_B	无量纲	
物质B的质量浓度	ρ_B	克每升 克每毫升 毫克每毫升 微克每毫升	g/L g/mL mg/mL μg/mL
物质B的体积分数	φ_B	无量纲	
物质B的物质的量浓度	c_B	摩(尔)每立方米 摩(尔)每升	mol/m^3 mol/L
热力学温度	T	开(尔文)	K
摄氏温度	t	摄氏度	℃
摩尔吸光系数	ϵ	升每摩尔厘米	L/(mol·cm)
压力、压强	P	帕(斯卡) 千帕	Pa kPa

参 考 文 献

[1] 姚金柱．化工分析例题与习题．北京：化学工业出版社，2009.

[2] 黄一石．分析仪器操作技术与维护．第2版．北京：化学工业出版社，2013.

[3] 张振宇．化工产品检验技术．第2版．北京：化学工业出版社，2013.

[4] 王秀萍．实用分析化验工读本．第3版．北京：化学工业出版社，2011.

[5] 王燕．化学检验工．第2版．北京：机械工业出版社，2013.

[6] 夏玉宇．化验员实用手册．第2版．北京：化学工业出版社，2004.

[7] 邱德仁．工业分析化学．上海：复旦大学出版社，2003.

[8] 刘珍．化验员读本．第4版．北京：化学工业出版社，2004.

[9] 张铁垣．化验工作实用手册．第2版．北京：化学工业出版社，2008.

[10] 中华人民共和国国家标准 GB/T 14666—2003. 分析化学术语． 北京：中国标准出版社，2004.

[11] 中华人民共和国国家标准 GB/T 4946—2008. 气相色谱术语．北京：中国标准出版社，2009.

[12] 国家标准化管理委员会．中华人民共和国国家标准目录及信息总汇（2009）. 北京：中国标准出版社，2009.

[13] 全国化学标准化技术委员会．化学工业标准汇编 无机化工产品卷．北京：中国标准出版社，2010.

[14] 全国化学标准化技术委员会．化学工业标准汇编 有机化工产品卷．北京：中国标准出版社，2006.